哲人石
丛书

珍 藏 版

Philosopher's Stone Series

哲人石丛书

立足当代科学前沿

彰显当代科技名家

绍介当代科学思潮

激扬科技创新精神

珍藏版策划

王世平　姚建国　匡志强

出版统筹

殷晓岚　王怡昀

生机勃勃的尘埃

地球生命的起源和进化

Vital Dust

The Origin and Evolution of Life on Earth

Christian de Duve

[比] 克里斯蒂安 · 德迪夫 —— 著

王玉山 等 —— 译

上海科技教育出版社

出版前言

“哲人石”,架设科学与人文之间的桥梁

“哲人石丛书”对于同时钟情于科学与人文的读者必不陌生。从1998年到2018年,这套丛书已经执着地出版了20年,坚持不懈地履行着“立足当代科学前沿,彰显当代科技名家,绍介当代科学思潮,激扬科技创新精神”的出版宗旨,勉力在科学与人文之间架设着桥梁。《辞海》对“哲人之石”的解释是:“中世纪欧洲炼金术士幻想通过炼制得到的一种奇石。据说能医病延年,提精养神,并用以制作长生不老之药。还可用来触发各种物质变化,点石成金,故又译‘点金石’。”炼金术、炼丹术无论在中国还是西方,都有悠久传统,现代化学正是从这一传统中发展起来的。以“哲人石”冠名,既隐喻了科学是人类的一种终极追求,又赋予了这套丛书更多的人文内涵。

1997年对于“哲人石丛书”而言是关键性的一年。那一年,时任上海科技教育出版社社长兼总编辑的翁经义先生频频往返于京沪之间,同中国科学院北京天文台(今国家天文台)热衷于科普事业的天体物理学家卞毓麟先生和即将获得北京大学科学哲学博士学位的潘涛先生,一起紧锣密鼓地筹划“哲人石丛书”的大局,乃至共商“哲人石”的具体选题,前后不下十余次。1998年年底,《确定性的终结——时间、混沌与新自然法则》等“哲人石丛书”首批5种图书问世。因其选题新颖、译笔谨严、印制精美,迅即受到科普界和广大读者的关注。随后,丛书又推

出诸多时代感强、感染力深的科普精品，逐渐成为国内颇有影响的科普品牌。

“哲人石丛书”包含4个系列，分别为“当代科普名著系列”、“当代科技名家传记系列”、“当代科学思潮系列”和“科学史与科学文化系列”，连续被列为国家“九五”、“十五”、“十一五”、“十二五”、“十三五”重点图书，目前已达128个品种。丛书出版20年来，在业界和社会上产生了巨大影响，受到读者和媒体的广泛关注，并频频获奖，如全国优秀科普作品奖、中国科普作协优秀科普作品奖金奖、全国十大科普好书、科学家推介的20世纪科普佳作、文津图书奖、吴大猷科学普及著作奖佳作奖、《Newton-科学世界》杯优秀科普作品奖、上海图书奖等。

对于不少读者而言，这20年是在“哲人石丛书”的陪伴下度过的。2000年，人类基因组工作草图亮相，人们通过《人之书——人类基因组计划透视》、《生物技术世纪——用基因重塑世界》来了解基因技术的来龙去脉和伟大前景；2002年，诺贝尔奖得主纳什的传记电影《美丽心灵》获奥斯卡最佳影片奖，人们通过《美丽心灵——纳什传》来全面了解这位数学奇才的传奇人生，而2015年纳什夫妇不幸遭遇车祸去世，这本传记再次吸引了公众的目光；2005年是狭义相对论发表100周年和世界物理年，人们通过《爱因斯坦奇迹年——改变物理学面貌的五篇论文》、《恋爱中的爱因斯坦——科学罗曼史》等来重温科学史上的革命性时刻和爱因斯坦的传奇故事；2009年，当甲型H1N1流感在世界各地传播着恐慌之际，《大流感——最致命瘟疫的史诗》成为人们获得流感的科学和历史知识的首选读物；2013年，《希格斯——“上帝粒子”的发明与发现》在8月刚刚揭秘希格斯粒子为何被称为“上帝粒子”，两个月之后这一科学发现就勇夺诺贝尔物理学奖；2017年关于引力波的探测工作获得诺贝尔物理学奖，《传播，以思想的速度——爱因斯坦与引力波》为读者展示了物理学家为揭示相对论所预言的引力波而进行的历时70年的探索……“哲人石丛书”还精选了诸多顶级科学大师的传记，《迷人的科学风采——费恩曼传》、《星云世界的水手——哈勃传》、《美丽心灵——纳什传》、《人生舞台——阿西莫夫自传》、《知无涯者——拉马努金传》、《逻辑人生——哥德尔传》、《展演科学的艺术家——萨根传》、《为世界而生——霍奇金传》、《天才的拓荒者——冯·诺伊曼传》、《量子、猫与罗曼史——薛定谔传》……细细追踪大师们的岁月足迹，科学的力量便会润物细无声地拂过每个读者的心田。

“哲人石丛书”经过20年的磨砺，如今已经成为科学文化图书领域的一个品牌，也成为上海科技教育出版社的一面旗帜。20年来，图书市场和出版社在不断变化，于是经常会有人问：“那么，‘哲人石丛书’还出下去吗?”而出版社的回答总是：“不但要继续出下去，而且要出得更好，使精品变得更精!”

“哲人石丛书”的成长，离不开与之相关的每个人的努力，尤其是各位专家学者的支持与扶助，各位读者的厚爱与鼓励。在“哲人石丛书”出版20周年之际，我们特意推出这套“哲人石丛书珍藏版”，对已出版的品种优中选优，精心打磨，以全新的形式与读者见面。

阿西莫夫曾说过：“对宏伟的科学世界有初步的了解会带来巨大的满足感，使年轻人受到鼓舞，实现求知的欲望，并对人类心智的惊人潜力和成就有更深的理解与欣赏。”但愿我们的丛书能助推各位读者朝向这个目标前行。我们衷心希望，喜欢“哲人石丛书”的朋友能一如既往地偏爱它，而原本不了解“哲人石丛书”的朋友能多多了解它从而爱上它。

上海科技教育出版社

2018年5月10日

学者对谈

“哲人石丛书”：20年科学文化的不懈追求

◇ 江晓原(上海交通大学科学史与科学文化研究院教授)
◆ 刘兵(清华大学社会科学学院教授)

◇ 著名的“哲人石丛书”发端于1998年，迄今已经持续整整20年，先后出版的品种已达128种。丛书的策划人是潘涛、卞毓麟、翁经义。虽然他们都已经转任或退休，但“哲人石丛书”在他们的后任手中持续出版至今，这也是一幅相当感人的图景。

说起我和“哲人石丛书”的渊源，应该也算非常之早了。从一开始，我就打算将这套丛书收集全，迄今为止还是做到了的——这必须感谢出版社的慷慨。我还曾向丛书策划人潘涛提出，一次不要推出太多品种，因为想收全这套丛书的，应该大有人在。将心比心，如果出版社一次推出太多品种，读书人万一兴趣减弱或不愿一次掏钱太多，放弃了收全的打算，以后就不会再每种都购买了。这一点其实是所有开放式丛书都应该注意的。

“哲人石丛书”被一些人士称为“高级科普”，但我觉得这个称呼实在是太贬低这套丛书了。基于半个世纪前中国公众受教育程度普遍低下的现实而形成的传统“科普”概念，是这样一幅图景：广大公众对科学技术极其景仰却又懂得很少，他们就像一群嗷嗷待哺的孩子，仰望着高踞云端的科学家们，而科学家则将科学知识“普及”(即“深入浅出地”

单向灌输)给他们。到了今天,中国公众的受教育程度普遍提高,最基础的科学教育都已经在学校课程中完成,上面这幅图景早就时过境迁。传统"科普"概念既已过时,鄙意以为就不宜再将优秀的"哲人石丛书"放进"高级科普"的框架中了。

◆ 其实,这些年来,图书市场上科学文化类,或者说大致可以归为此类的丛书,还有若干套,但在这些丛书中,从规模上讲,"哲人石丛书"应该是做得最大了。这是非常不容易的。因为从经济效益上讲,在这些年的图书市场上,科学文化类的图书一般很少有可观的盈利。出版社出版这类图书,更多地是在尽一种社会责任。

但从另一方面看,这些图书的长久影响力又是非常之大的。你刚刚提到"高级科普"的概念,其实这个概念也还是相对模糊的。后期,"哲人石丛书"又分出了若干子系列。其中一些子系列,如"科学史与科学文化系列",里面的许多书实际上现在已经成为像科学史、科学哲学、科学传播等领域中经典的学术著作和必读书了。也就是说,不仅在普及的意义上,即使在学术的意义上,这套丛书的价值也是令人刮目相看的。

与你一样,很荣幸地,我也拥有了这套书中已出版的全部。虽然一百多部书所占空间非常之大,在帝都和魔都这样房价冲天之地,存放图书的空间成本早已远高于图书自身的定价成本,但我还是会把这套书放在书房随手可取的位置,因为经常会需要查阅其中一些书。这也恰恰说明了此套书的使用价值。

◇ "哲人石丛书"的特点是:一、多出自科学界名家、大家手笔;二、书中所谈,除了科学技术本身,更多的是与此有关的思想、哲学、历史、艺术,乃至对科学技术的反思。这种内涵更广、层次更高的作品,以"科学文化”称之,无疑是最合适的。在公众受教育程度普遍较高的西方发达社会,这样的作品正好与传统“科普”概念已被超越的现实相适应。所以“哲人石丛书”在中国又是相当超前的。

这让我想起一则八卦:前几年探索频道(Discovery Channel)的负责人访华,被中国媒体记者问到“你们如何制作这样优秀的科普节目”时,立即纠正道:“我们制作的是娱乐节目。”仿此,如果“哲人石丛书”的出版人被问到“你们如何出版这样优秀的科普书籍”时,我想他们也应该立即纠正道:“我们出版的是科学文化书籍。”

这些年来,虽然我经常鼓吹“传统科普已经过时”、“科普需要新理念”等等,这当然是因为我对科普作过一些反思,有自己的一些想法。但考察这些年持续出版的“哲人石丛书”的各个品种,却也和我的理念并无冲突。事实上,在我们两人已经持续了17年的对谈专栏“南腔北调”中,曾多次对谈过“哲人石丛书”中的品种。我想这一方面是因为丛书当初策划时的立意就足够高远、足够先进,另一方面应该也是继任者们在思想上不懈追求与时俱进的结果吧!

◆ 其实,究竟是叫“高级科普”,还是叫“科学文化”,在某种程度上也还是个形式问题。更重要的是,这套丛书在内容上体现出了对科学文化的传播。

随着国内出版业的发展,图书的装帧也越来越精美,“哲人石丛书”在某种程度上虽然也体现出了这种变化,但总体上讲,过去装帧得似乎还是过于朴素了一些,当然这也在同时具有了定价的优势。这次,在原来的丛书品种中再精选出版,我倒是希望能够印制装帧得更加精美一些,让读者除了阅读的收获之外,也增加一些收藏的吸引力。

由于篇幅的关系,我们在这里并没有打算系统地总结“哲人石丛书”更具体的内容上的价值,但读者的口碑是对此最好的评价,以往这套丛书也确实赢得了广泛的赞誉。一套丛书能够连续出到像“哲人石丛书”这样的时间跨度和规模，是一件非常不容易的事，但唯有这种坚持，也才是品牌确立的过程。

最后，我希望的是，“哲人石丛书”能够继续坚持以往的坚持，继续高质量地出下去，在选题上也更加突出对与科学相关的“文化”的注重，真正使它成为科学文化的经典丛书！

2018年6月1日

对本书的评价

◇

一幅令人叹为观止的地球生命全景画。

——《出版商周刊》

◇

《生机勃勃的尘埃》挑战了当代许多疑难问题，以丰富的内在驱动力去解释地球生命的错综复杂，在这一过程中显示出该书的独特重要性，并带给读者无穷的精神享受。任何对生物学进行过深思熟虑的人最终都会殊途同归。德迪夫提供给我们的这卷精美的入门手册，是一笔宝贵的财富。

——诺尔(Andrew H. Knoll)，哈佛大学生物学教授

◇

《生机勃勃的尘埃》和它的标题一样迷人。它令读者在40亿年造就生命的时光隧道中穿梭，进行一次令人愉快又颇有价值的快速旅行。这是一本关于生命的诱人读物。

——波拉尼(John Polanyi)，1986年诺贝尔化学奖得主

◇

本书是对众多科学奇葩的一次美丽展示，使读者能对传奇中的传奇——生命起源——有一个概略了解。权威人士和当代最伟大的科学家将在书中侃侃而谈，启迪智慧。它是德迪夫教授创造的奇迹之一，综合了化学和生物学中的多个深层次论点，令专家和门外汉都觉得趣味盎然。

——勒纳(Richard A. Lerner)，斯克里普斯研究所所长

内容提要

地球生命的起源是一次偶然事件的产物或者一系列幸运事件的综合结果,还是编织宇宙织物的生物化学推动力的结局?假如是后者,这些推动力是什么?它们怎样不仅对生命起源负责,也对朝着复杂性不断提高方向前进的进化过程负责?本书试图对以上问题做出解答,并极大地激发你的想象力。《生机勃勃的尘埃》记述了地球生命的奠基性历史,是一部只有具备诺贝尔奖得主克里斯蒂安·德迪夫教授那样的权威地位和渊博学识的人才能写出的生命传记。

作者简介

克里斯蒂安·德迪夫(Christian de Duve),比利时细胞学家,以电子显微镜探究细胞的内部构造,发现了溶酶体。由于其在结构性和功能性细胞组织方面的杰出工作,德迪夫获得1974年诺贝尔生理学医学奖。他是比利时卢万大学荣誉教授,比利时细胞和分子病理学国际研究所的奠基人,曾任该所所长,并为纽约洛克菲勒大学安德鲁·W·梅隆荣誉教授,著有《漫游活细胞》和《细胞蓝图》。

献 给 生 命

目录

CONTENTS

目　录

目录

CONTENTS

中文版序

我非常高兴地迎来了《生机勃勃的尘埃》中文版的面世。中国是一个孕育了历史最悠久、生命力最旺盛的文明的国度，并将其非同凡响的技术成就与优美的艺术、古老的智慧融汇起来。这个古老、博大而举足轻重的国家如今已将现代科学与代代相传的财富加以整合，在大学设立传统科目的基础上建设了一流的研究中心。生命科学在这一新秩序中居首要地位。

生命是一种我们皆共享的遗产，其本质昭示了我们的本质，其历史就是我们的历史，其意义对我们所有人至关重要。生命的未来对全人类皆为一种责任，这种责任由于我们所获得的新知和前所未有的新力量而更加紧迫。最近50年中，我们对这些问题的觉悟急剧强化，我们应对这些问题的能力也迅速提高。

本书致力于将这些遥不可及的论题以一般读者足以理解的简单语言描述出来。这一任务不是仅靠单个人的努力就可以完成的，至少需要具有方方面面专业知识的一批作者。尽管我敏锐地意识到自己的缺陷，但我还是努力尝试，因为我相信我们对生命进程认识的进步、对生命进程的掌握，已提出了如此之多的重要问题，以至于对于生物学家而言，分享他们的知识，分享与其他学科的典型事例相关、与一般公众相关的结果，就成为一项职责。

现在能够将这一不太大的贡献提供给中国的知识大众，我无比欣慰。

克里斯蒂安·德迪夫

1999年12月

序

我自己只求满足于生命永恒的奥秘,满足于觉察现存世界的神奇的结构,窥见它的一鳞半爪,并且以诚挚的努力去领悟在自然界中显示出来的那个理性的一部分,即使只是其极小的一部分,我也就心满意足了。*

——爱因斯坦(Albert Einstein)

已有大量书籍在讨论生命起源、基因、细胞、进化、生物多样性、人类的出现、脑、意识、社会、环境、生命的未来、生命的意义及缺无,但至今还无人敢鲁莽地同时讨论这些主题,一个简单的原因就是没有一个人能精通其中之一二,更不要说全部了。尽管无超出这一限制的例外,我还是自不量力地冒险做一尝试,因为我感到,如果我们想要认识宇宙和我们在宇宙中的位置,这种努力就必不可少。生命是我们所知最为复杂的现象,而我们又是生命产生以来最为复杂的事物。

本书代表了我一览这种"大图景"的努力。这可追溯至60年前的一个青春梦想,那时,我还是比利时卢万天主教大学一名年轻的医学院学生,刚刚踏入科学的殿堂。吸引我进入实验室的,除了解决疑难问题所获得的乐趣,还有强烈的求知欲。似乎对我来说,以合理性和客观性为支柱的科学,是接近真理的最好方式。对生命的研究显得特别大有

---

* 引自许良英等编译《爱因斯坦文集》(第三卷)第46页,商务印书馆1979年第1版。——译者

可为，它将是我到达真理的途径：通过活体接近真理（*per vivum an verum*）。

这个梦想很快就被淡忘了，首先是迫于学业和专业训练的强制性要求——先是医学，然后是化学，最后是生物化学。尔后，通过努力在战后的比利时建立一个研究小组并做出一些发现的兴奋念头，促使我加入一个以现代手段研究活细胞的小团体。1962年，我获得同时在比利时母校和纽约洛克菲勒研究所（现为洛克菲勒大学）工作的殊荣。对学术生活的责任和义务，在布鲁塞尔建立生物医学研究所的额外工作，以及1974年对斯德哥尔摩的一次破坏性旅行，所有这些都令我每天穷于应付，几乎没有给广泛性思考留下任何时间余地。科学的活跃性使人的思维变得狭窄而不是更加拓展，原因在于事实和概念不断增加、技术越来越专业化。我们挖掘得越深，眼界就越窄。

1976年在洛克菲勒大学作阿尔弗雷德·E·米尔斯基圣诞讲演的邀请，开始将我解救出来。这次讲演面向大约550名从纽约各地区挑选出来的高中生。我将年轻的听众们"缩小"100万倍，令他们充当合适的"细胞操作员"，带领他们参观一下细胞中已发现的主要位点。通过对内容的修正和补充，4小时的远足扩展为4年心血的结晶，最终化为1984年出版的《漫游活细胞》。为了撰写和阐释这本书，我自己首先必须变成细胞操作员，跳出自己熟悉的研究范围，考察以往我仅仅略有了解的细胞组成部分。这是一次令人愉快的经历，是发现之旅的第一步，它令我在接下来的10年中忙碌不已。

当我开始沉思我曾涉猎的细胞起源问题时，第二步接踵而来。首先，细胞形成源于原始细菌，关于这个主题的一系列启发性线索还未被揭示，这要追溯至最初细菌的起源。第二个问题，像大多数生物学家一样，我总是不加批判地接受前生命化学物质自我装配成细胞的原始汤的标准观点。我开始更加深入地审视自己，很快便发现自己陷入这一主题。它成为我新的研究兴趣，导致了《细胞蓝图》的产生，该书出版于1991年，以一种全新的眼光看待生命起源。这本书以一个肯定式陈述结尾——生命是物质的组合特性的强制性表现；也提出了一些问题：生命进化的前景如何？我们自身的进化前景又如何？

这些问题构成了我剩余的旅程。这一富有成果的旅程，比我所想的更加忙碌和不完备，但时间变得更加不够用。这一旅程代表了圆我青春梦想的最接近方式。我自己可以原谅这种方式的缺点，明白它的不充分，但仍希望它能激发其他人进一步思考。即使证明我以往的结论有误，也不无裨益。

请注意：在这本书中，我尝试建立一种通用规则，能将生命视为一个自然过程，其起源、进化和表现，甚至包括人类，都能与非生命过程一样被同种规律所支配。我排除三"论"：生机论，将活体视为一些有生命的精神的产物；目的论，将生物学过程视为一个目的性活动；特创论，求助于《圣经》所描绘的文学景象。我的方法提出的要求是：地球上生命起源和发育的每一步，都能依据其祖先和快速物理化学原因做出解释；这些解释不是依据今天我们所知的结果，而是依据事件发生时隐藏在其背后的未来。

在这一背景下，《生机勃勃的尘埃》致力于追溯地球生命40亿年的历史，从最初的生物分子，到人的心智及超越心智的部分。它带领读者穿越7个相继的"时代"，这7个时代对应于7个层次的复杂性：化学时代、信息时代、原细胞时代、单细胞时代、多细胞生物时代、心智时代，以及向我们的远见提出挑战的未知时代，包括未来和永恒。

化学时代直接带我们步入生命的本质，这是它的普遍特质方面。生命作为一个化学过程，可从化学角度加以认识。它一开始经历了广泛分布于宇宙中的有机小分子的自发形成和相互作用。在前生命时期地球给定的物理化学条件下，这些分子会聚于复杂性不断上升的反应螺旋中，最终产生了主宰如今生命的核酸（RNA和DNA）、蛋白质和其他复杂分子。这一大约40亿年前形成的化学反应网络，持续提供了今天生命表现的基础。

尽管本书中化学无处不在，读者却找不到比H_2O或CO_2更复杂的分子式。我主要侧重于地球生命形式的共同原则。这种考察得出的一个重要结论是，原始代谢与现今代谢之间必然是调和的。原始代谢是首次将生命纳入正轨的一系列化学反应，现今代谢是今天支撑生命的一系列化学反应。于是，我们对现今代谢的认识产生了对生命初始期的洞见。

关于化学时代的另一个教益是，生命是决定性力量的产物。生命在给定的条件下注定会产生，只要具备相同的条件，无论何时无论何处都会如此。这几乎未给“幸运事件”在这一渐进的多步的生命起源过程留下任何余地。这个结论是将生命的发展视为一个化学过程而得出的必然结论。

信息时代引入了分子互补性——锁钥关系——作为生物识别的通用机制，制约着多种多样的现象，如酶的专一性、自装配、细胞通信、免疫、激素效应、药物活动和其他许多生物学事件。其中最基本的现象是碱基配对，碱基成对成对地掺入到核酸的主要结构中，沃森（James Watson）和克里克（Francis Crick）首先揭示了DNA双螺旋结构的关键机制。现在，已知这种机制支配着各种形式遗传信息的传递。

在回顾生命发展的这一关键阶段时，我着重强调了内禀机制。碱基配对源于与信息传递无关的化学事件。分子复制，这一碱基配对的衍生物，是前生命化学的附加利益。但是，一旦复制发生，它就为遗传的连续性敞开了大门。这种连续性以遗传信息的精确“拷贝”为基础，并通过信息的突变和自然选择的筛选而进化。但为了实现这一目标，必须以一种适于自然选择作用的方式汇集出一种体系，便于信息表达，组建这一体系的每一步都是决定性化学过程的产物，由选择进行调控。

与信息时代一同出现的关键因子是偶然性。突变是偶然事件，这一事实经常被人宣称为由机遇所支配的一种进化观。不可否认，偶然性在进化过程中有着重要作用。我认为，机遇在限制性条件的范围内发生作用——物理的、化学的、生物学的、环境的限制性条件，这些条件制约了机遇的自由发挥。这一受限偶然性观点作为主旋律贯穿于我对地球生命历史的重建过程。

原细胞时代是一个较长的时期，在这一时期，细胞组织的主要贡献是连续的装配过程。其结果是今天所有地球生命形式共同祖先的出现。所有活的生物体皆由一个共同祖先进化而来的论点，以广泛的事实为依据。生命出现于大约38亿—37亿年以前。

单细胞时代主要由两大事件操纵。一是细菌或说原核生物的进化和分化，它们如今占据着我们这个星球上几乎每一个可利用的生态位。这一进化的决定性后果是，能够利用太阳能由水中分离出氢并释放氧的生物出现了。氢为生物自建所必需。这一事件导致20亿—15亿年前大气中氧含量的上升。这对那时统治地球的厌氧生命形式是一个极大的威胁，它们被暴露于含量不断增加的有毒的（对它们而言）氧分子中。生物必须适应，否则就会消亡。许多细菌物种在这场"氧大屠杀"中灭亡了，而通过革新存活下来的物种在日后的进化中扮演了关键性角色。

单细胞时代第二个关键事件，是原核生物向真核生物转化。通过这一转化过程，祖先细菌细胞成为更大、更复杂的细胞，它们组成藻类、变形虫、酵母和其他许多单细胞生物，以及植物、真菌和动物，包括人。这一划时代的转变，可能历时10亿年，导致了原始吞噬细胞的发育，这是一种大的高度组化的细胞，可吞咽和消化细菌及其他庞大的物体。这一类型的细胞，通常与被吞噬的细菌建立互利的伙伴关系，后者作为永久性的客人(或内共生体)居留下来,进化成细胞的功能性部分,包括线粒体和叶绿体。对氧的适应性需求,参与了这一进化。

随着多细胞生物时代的到来,生命进入我们最为熟悉的阶段。地球在对看不见的微生物进行了30亿年的养育之后,进一步被复杂性全面提高的植物和动物所占据,首先是水域,接下来是陆地。这一进化以适应于变化环境的生殖策略的相继改善为标志。其中一个重大步骤是有性生殖的产生。在植物界,这一发展过程包括从孢子到种子到花和果实。在动物界,偶然的水中受精方式给交配提供了途径,受精卵首先被置于水中,并被允许在水中发育,然后才在陆地以羊膜卵的形式被保护起来,最后被置于子宫内。在有袋目动物中这一发育阶段较短,在后来的胎盘动物中这一阶段较长。

这一进化过程似乎被生物多样性、物种丰富性和特定条件下恰具有优势的偶然突变的产物所支配。然而,在这一多变性条件下,仍有一个朝向复杂化的总趋势。有两种特征解释"生命之树"的结构。第一种,有一主干,被一系列"分叉生物"所遮盖,每一种生物皆受一种突变的影响,这种突变显著改变了在更大复杂性方向上的物种的形体构型。第二种,有一个分叉不断增加的系统,表示不断增加的已确立形体构型的细小改变,这是每一主要类群中多样性的主要源泉。这一区别将关于生命的两种观点调和起来,这两种观点在过去常常是对立的。它将偶然性和必然性置于正确的视角。生命之树的发展中,同样重要的一件事,是活的生物体之间及生物体与生态系统复杂性不断增加的环境之间相互关联的网络的延展。

与动物进化相伴随的是脑的发育。神经元出现得较早,一旦神经元出现,它们就形成复杂性不断增加的网络,每一步都由进化优势所驱动。脑的出现为意识的产生提供了条件,以一种理解力所难及的方式触发了心智时代的到来。这一进化的最近一个阶段令人震惊地迅速,仅在数百万年中就令猿转变为人。

这一事件极为重要地修正了地球生命的历史，以人为主导的快速的文化进化过程取代了由自然选择支配的缓慢的达尔文进化过程。艺术、科学、哲学、伦理学、宗教皆是这一新时代的产物。医学和技术也是如此，改变了几个世纪以来地球的面貌，也产生了大量严重挑战人类才能和智慧的问题。在不远的将来，如果我们不圆满解决这些问题，尤其是人口爆炸这一其他问题的根源，自然选择将会报复我们，其后果对人类和生物界来说都将是悲剧性的，这就是我们运用对生命历史的认识展望未知时代所得到的启示。

不论发生什么，生命都会再生，就像过去历次大灾变后所发生的那样。可能的是，它将向更高复杂性的方向进化下去。我们没有理由将自己视为仍有50亿年历史待续的生命历程的终极点。下一步将会采取何种形式，将在何处发生，怎样发生，甚至哪些现存物种将参与，都是未知的。今天仅位于生命之树末端小枝的物种，将成为明天的分叉生物。

在最后一章，我努力将这些问题合为一体。从决定论和受限偶然性（我将其贯穿于重建的生命历史过程）的角度而言，生命和心智的出现不是怪异事件的结果，而是写入宇宙构造的物质的自然现象。我没有将这个宇宙视为“宇宙玩笑”，而是视为一个有意义的实体——正是以此种方式产生了生命和心智，并一定会产生能够明辨真理、欣赏美、感受爱、向往善、贬斥恶、体验神秘的会思想的活体。我并非暗示上帝的存在，因为上帝这个术语与一系列教义的复杂阐释联系在一起。作为一名科学家，我已选择提供一种对可信证据的总结，并与人分享我个人对这些证据的阐释，并将思考的空间留给读者去得出自己的结论。为了避免我被误解，让我再次强调我的关键词是化学，不是关于事物应该如何的预先构思出的观点。

本书面向何人?面向每一个人。本书的主题,包括我们的自然界、起源、历史和在宇宙中的位置,会令我们每个人觉得有趣。面对一系列影响地球生命未来甚至可能是人类生存的热点问题,在整个自然界背景下考虑这些问题也是十分迫切的。我们必须学会"生物学式思索",并依此调整自己的行为。

像大多数历史书籍一样,《生机勃勃的尘埃》包含了一部分可能尤其吸引一些特殊读者的章节。尽管一条连续的线索贯穿于全部的七篇,每一篇还是以适于单独阅览的方式撰写的。

本书是一种个人阅读和思考的产物。我非常感谢那些在其专业领域内以富有创见的、大量文献佐证的、启蒙式的阐述帮助过我的人。我已在本书末尾的注释和参考文献中尽我所能地给了他们应有的赞誉。

我从与许多同事和朋友的交流讨论中获益匪浅。以致谢的方式提及他们的名字还不能显示他们为我提供的科学事实,更不必说他们对我阐释方法的支持及对我主张的赞同。我不能忘记我长久的合作伙伴、朋友和现在的"老板"缪勒(Miklós Müller),他曾以微生物学方面的渊博知识给我以巨大的帮助;我在生命起源领域结识的新朋友,包括阿列纽斯(Gustaf Arrhenius)、艾根(Manfred Eigen)、埃申莫泽(Albert Eschenmoser)、斯坦利·米勒(Stanley Miller)、奥格尔(Leslie Orgel)、舍普夫(William Schopf)、韦伯(Arthur Weber)和其他许多人;考夫曼(Stuart Kauffman)曾带我领略"人工生命"的精密与复杂;克里克和埃德尔曼(Gerald Edelman)曾尽其所能——我很抱歉,基本上徒劳无功——帮助我转而正确思考脑的功能。我的儿子蒂埃里(Thierry)帮助我了解了康德(Kant)哲学的错综复杂,在此向他表示感谢。

最诚挚地感谢我的前出版商和编辑,我忠实的朋友尼尔·帕特森(Neil Patterson),他牺牲了大量宝贵的时间使得这本书成形。他不仅删去了堆砌的词藻，冗赘的插入语，不相关的说明，庞杂的结构和其他不当之处，还使我注意到一系列错误和模棱两可之处，并修饰了一些过于冗长或轻率的陈述。我还要感谢伊皮·帕特森(Ippy Patterson)绘制了精美的生命之树——本书的一个象征。

我衷心感谢我在Basic Books的出版商，尤其是拉比纳(Susan Robiner)，她对于如何组织这本书提出了大量颇有价值的建议；还有编辑部主任瓦格纳(Suzanne Wagner)和主编迈克·米勒(Michael Mueller)，他们对本书的最终成形功不可没。

最后，我还要感谢我的孩子蒂埃里、安妮(Anne)、弗朗索瓦(Françoise)和阿兰(Alain)，他们在我70岁生日时送给我一台文字处理机。这个骇人的礼物——我一辈子连打字机都不曾用过——成了一个忠诚而实用的助手。但是，这台机器的使用并没有停止我向两个极有能力和全心投入的“有血有肉”的助手寻求帮助，他们是纽约的波洛夫斯基(Anna Polowetzky)和布鲁塞尔的德梅勒(Monique Van de Maele)。只有我的妻子雅尼娜(Janine)能讲述我与我这个艰难工程搏斗时她所忍受的一切，我以我的爱感谢她。

克里斯蒂安·德迪夫

1994年1月31日于内森和纽约

引　言

本书讲述了地球生命的历史——从它神秘莫测的诞生，到形成今天斑驳陆离的各种生命。这是已知世界中最不平凡的历程，一个对产生自己的自然进程的将来具有决定性影响的物种的生命历程。

生命的历史中经历了多次变革，每次都变得更加复杂，每次都以物理和化学的自然规律为依据。在开始我们的探索之前，在此介绍一些基本的相关内容。

生命的统一性

生命是个整体，这一事实是很容易理解的。因为我们常用一个词来描述不同的生物体，诸如树木、蘑菇、鱼类、人类，等等。随着我们研究工具的每一次进步，从300年前显微镜开始使用到现在先进的分子生物学技术的应用，人们更深刻地理解了这一观点，即所有现存的活的生物都来自相同的材料，按相同的原则发挥功能，并且互有联系。所有的物种都起源于单个祖先的生命形式。

通过对蛋白质和核酸序列的比较研究，这个事实如今已得到公认。这两种物质都是生命构成中的重要物质，虽然化学组成有所不同，但它们都是由大量分子单元组成并串在一起的长链——蛋白质由数百个单元组成，核酸就更多了。你可以想象一下由不同颜色的彩珠串起来的链子，不同的车厢首尾相接形成的火车，或者更确切地说，不同的字母构成的很长的句子。构成蛋白质的彩珠、车厢、字母叫作氨基酸，构成核酸的叫作核苷酸。蛋白质共由20种氨基酸组成，核酸的“字母表”中则只有4种核苷酸作为“字母”。

现在已经有很先进的办法来确定构成这些首尾相接的天然大分子中给定链的确切顺序了。这些技术使得科学家们可以十分准确地测出蛋白质中氨基酸的序列和核酸中核苷酸的序列，或者说分子单词的“拼写”。生命之书已经具有可读性。

对这些分子的读写能力使一些很重要的东西初露端倪。不同的生物如微生物、谷物、蝴蝶、人类等皆具有相同的蛋白质和核酸。这些相同点很难用偶然因素来解释。于是导出了一种不可避免的结论，那就是，所有这些分子，更进一步说，所有的生物体都是互有联系的，它们源于同一祖先。打个简单的比方，英语单词assembly（装配）和法语单词assemblée的含义是相同的。这显然不是这两种语言独立发展的结果，它们因有一同源单词而有关联，它们不完全一样是因为有了不同的变化。对于大分子来说，也是一个道理。它们的序列不同是一代代变化（即突变）保留的结果，离开了共同祖先后，不同的突变体起了不同的变化。

这种多样性中的统一性简化了我们的工作，我们可以追踪生命的历史而不是分析不同的生命体。共同祖先把我们的旅程分成两个部分。首先，以生命产生之前的材料重建共同祖先。然后，想办法搞清楚不同的生物体怎样从共同祖先中演变而来。

生命之树

人所共知，生命的历史中留下了很多化石，通过对这些化石的细心研究，考古学家们捕捉到了来自遥远过去的一些影子。远古动植物历经沧桑，成了今天我们看到的样子。然而，化石记录很不完整。通常，我们只能用一块骨头、一颗牙齿、一片树叶的脉络，或者一个蠕虫的空壳，来重建一个生物的整体。另外，化石记录很少追溯到6亿年前，在此之前的化石非常罕见，一定还有数不清的生物没有留下化石或化石未被发掘出来。如果仅仅依靠化石记录，不管它们的数量多大，保存多完好，也难以书写甚至臆测生命的全部历史。从化石得来的信息并不比从现在的生物得来的信息多多少，生命的整个历史实际上就隐藏在当今活的生物体中，我们只需弄清这个事实，就可以重建这个历史。

通过对不同物种相关大分子的序列分析比较，我们可以做到以上这点。这些分析对我们评价物种间亲缘关系的远近很有帮助，是姐妹关系，是旁系关系，还是远亲关系，等等。序列中不同点的数量，可以作为评价亲缘关系远近的标准。序列差别越大（这种假定以一定的条件限制为前提），这种分子自我发展的时间就越长，也就是说离开它们最后一个共同祖先的时间就越早。有了这方面足够的资料，就有可能从原则上以现有的生物特性为基础，重建整个生命之树。

语言学比较的方法同样适用于分子词源学的比较。比如说，面对同样内容的法语、意大利语、西班牙语、罗马尼亚语文本，就算没有这些语言知识，语言比较学家也可以从这4种语言中形近意近的单词里归纳出一些东西。假定这些单词仅随着时间而变化，通过仔细比较，甚至可以成功地重建古拉丁语，以及这4种语言各自演变的经过。这种重建起初并不可靠，很容易被偶然的相似所误导，但是随着对更多单词的检验和分析比较，它们逐渐变得可靠起来了。

分子词源学最早的例子之一——现在已成为经典——是一种叫作细胞色素*c*的蛋白质，[1]这种小分子蛋白质由100个左右的氨基酸组成，在很多生物利用氧时起作用。人的细胞色素*c*与恒河猴的仅相差1个氨基酸，而与狗、响尾蛇、牛蛙、金枪鱼、蚕、小麦和酵母的分别相差11、14、18、21、31、43和45个氨基酸。从这些数字大致可以估计出这些物种从一个共同祖先分支出去的年代远近，这些估计与动物化石记录相吻合。这使我们可以回到过去的年代，确定一些没有留下化石的物种及其亲缘关系。注意：小麦和酵母的细胞色素c与人类的细胞色素c序列中有50个氨基酸是相同的，这不容置辩地说明，这3个有天壤之别的物种有一个共同祖先。

对细胞色素c序列的比较，20多年前就有了。从那时起，人们对许多蛋白质和核酸进行了比较，而且每天都有更多的蛋白质和核酸被分析。对这些数据的解释并非易事，尽管有许多不确定和有争议之处，我们还是在某种程度上搞清了一些细节问题和生命之树上一些物种的分支途径。在图的上部，分子树同基于化石的古生物学相符。一些细节随着新数据的生成做了增改，图的下部是一些新东西，它的已知部分着实令人惊讶不已。

生命的古迹

生命之树的形状变得清晰起来，但它的时间尺度是什么呢？在古生物学工作中，时间坐标是由所处岩层的地质学和地球化学状况推测而来的。如果一块化石所处的地理位置被地质学家们认定为2亿年前，我们就知道它是2亿年前的遗物，误差不过几百万年。在分子树中，测量单位不是时间，而是突变的数目，即随着一代代的变异，分子经历了进化的过程。更准确地说，是根据与生存和繁衍兼容的突变（“可容”突变）数目，因为有一些突变被自然选择所淘汰[2]而未能下传。为了把它转变为以时间为单位，我们必须知道可容突变发生的速率。如果可容突变以平均100万年、200万年、1000万年的速率发生的话，这个时间尺度的推算将是很困难的。这也是分子方法中一个主要的不确定之处。解决这个问题的最好办法是将分子树与古生物学树相对照，这个方法适用于可得到古生物学数据的生命之树上部。但对下部呢？在最近的几十年里，随着对细菌化石的研究，答案出来了。

细菌很小，通常只有数十万分之一厘米，呈球形或线形，仅在显微镜下可见。自然界有很多细菌，对大部分人来讲，“细菌”是可怕的幽灵，它可以传播鼠疫、霍乱、结核、麻风、白喉等可怕的疾病。而事实上，致病菌只占一小部分，还有很多很多无害或有益的细菌充斥在我们周围，从保护内脏的油脂到晒干的海盐，到火山爆发煮沸的水里，到处都有它们的踪影。含菌最多的地方是土壤，这些看不见的生物在那里分解动植物的遗体，进行着生命的循环。

细菌是最简单的生命形式，而且正如我们长期猜想并目前所知的，是最早的生命形式。因此，这些生物的化石遗迹对于重建生命之树的下部并标明年代是无价之宝。这样的遗迹在过去几十年中已经从两个不同的角度被发现了。[3]在可视水平，证据来自被称为叠层石的特殊岩层中，它是按叠置方式形成的巨大菌落化石，每层化石都由不同种类的细菌组成。菌落的上层，是可以利用太阳能的细菌，即光养细菌。它们死后，为下层菌落提供食物。这种形式的菌落广泛存在于某些海岸地区，如墨西哥西北部的下加利福尼亚地区。随着时间的推移，这些菌落通过一定的过程形成了叠层石，其过程的每个阶段因某些有代表性的岩石的发现而非常清楚。叠层石在世界上不同的地形地貌中均可见到，它几乎涵盖了所有的地质年代。有些数据可以追溯到35亿年前，这已经是有用地质记录的极限了。也许叠层石菌落的生存时间会更早，但它们的遗迹未能随着地质的变迁而流传下来。

另一种证据来自显微镜下。大部分细菌皆被一层外壳，或者细胞壁所包被。这使得一些古老的细菌可以把痕迹留在泥里，以后硬化为岩石，就像早已绝迹的蕨类所留下的纤柔印迹那样。一些复杂的技术和安全剂量的严格鉴别，对确认真正的细菌微体化石，并把它们与伪迹和污染物区分开来是非常必要的。大量的可靠痕迹现在已被确认。有趣的是,这些痕迹可以经常在叠层石中找到,这从侧面提供了一些我们所需的证据,证明细菌起源于这些石块。某些微体化石甚至可以追溯到35亿年前。

因此,生命存在至少有35亿年了,这就是叠层石和微体化石带给我们的惊人信息。把这个年龄与动植物有限的6亿年岁月相比,你就会惊悉生命之树未被发掘的下部之巨大:约为上部的4—5倍,而上部已涵盖了动植物的整个进化历史。在漫长的岁月里,几乎经历了30亿年才产生了我们就化石所知的最初的植物和动物。生命的发展如此缓慢甚至近乎停滞,以至于10亿年前和30亿年前的叠层石和微体化石几乎看不出有什么差别。这种停滞的表象造成了一种误解,事实上在叠层石的阴影下面发生了很多重要的变化,为6亿年前生命形式的大爆发做了大量的准备工作。

根据35亿年前的化石遗迹,那时的细菌已经有了不同的种类并有所发展,甚至可能包含有现在所知光养生物中最复杂的代表性种类。毫无疑问,这些早期的生命形式来自更初级的生命形式,更初级生命形式源自一切生命的共同祖先。这一祖先生物源于何时?也许是38亿年前,这是通过对化石进行碳沉积物(油母岩质)的物理分析推出的年代,这些沉积物表明了其中碳12和碳13的含量。生物中含有轻重不同的碳同位素[4]是生物吸收碳的特性,40亿年也许是环境生成生命的上限。专家告诉我们,地球形成于45亿年前的气体和尘埃,在接下来的5亿年里,这个年轻的行星,不断受到小行星的撞击,并被剧烈的火山喷发所破坏,还不适于生命的活动。[5]

地球上生命的共同祖先也许出现于40亿—38亿年前,这些数字是不确定的,就现在的知识水平,我们将其视为最合理的推测。

生命的摇篮

生命起源于哪里呢？生命源于地球这个明显的答案并不被所有人所接受，一部分是由于时间的缘故。它源自这样一个事实：这个无生命的行星诞生出生命的共同祖先也许2亿年就够了，尽管同地球生命的整个历史比较它很短暂，可绝对时间实际还是很漫长的。如果我们把整个公元纪年——2000年表示为1厘米，那么生命出现的历史将长至1千米。有些人认为对于有些复杂生命（如细菌）的发展，这个时间太短了，这种认识可以追溯到一种早期的已经被大部分科学家所摒弃的想法。就是说，生命的起源及发展相当缓慢，或者对于地球的存在来说太漫长了，这一信念是提出生命来自地球外部空间的一个原因。

生命源于地外的可能性，曾经被反复考虑过。[6]这个理论在世纪之交被提出来，并得到了诺贝尔化学奖得主阿伦尼乌斯（Svante Arrhenius）令人惊讶的热忱拥护。他用"胚种论"这个新词表达了自己的信念：生命的种子存在于空间的每一个角落，不断地播撒在地球上。最近，对于这种理论的一种修正的说法，得到了英国著名天文学家霍伊尔（Fred Hoyle）和他的同事斯里兰卡天文学家维克勒马辛哈（Chandra Wickramasinghe）同样有力的拥护。他们宣称，病毒和细菌繁衍于彗星的尾部，并可以随着彗星尘埃飘落到地球上。[7]这些细菌中的一部分具致病性，并且可以流行起来。根据这两位科学家的观点，这也许在人类历史的形成中起重要的作用。他们甚至推测，人类的鼻子演变成今天的样子，也是为了防止因吸入沾染有天外病菌的雨水而带来疾病。另一种理论被称为"定向胚种论"，是由因发现双螺旋结构而闻名的克里克（Francis Crick）和前生命化学的先驱奥格尔（Leslie Orgel）提出的，这两位英裔美国科学家现于加利福尼亚拉霍亚的索尔克研究所从事生物学研究。他们声称最初有生命的细菌是由某个遥远的文明发射的宇宙飞船带来的。[8]

有这样著名的支持者,胚种论的说法很难被不分青红皂白地摒弃。反对意见认为,活的生物体不能耐受暴露于外层空间时遭受到的强辐射,但这一点仍有争议。支持意见认为,生命并非源自地球,因为时间不够,可该理论的基础即2亿年足够生命的发展也是模棱两可。真正的问题在于,没有坚实的证据可以说明问题。既没有宇宙飞船,也没有它的发射者。彗星和其他天体(如陨星)的情况有所不同,这些星体确实包含活的生物的一些组成分子。大多数研究人员认为,这些分子产生于外部空间发生的简单化学反应。它们并不是由活的生物制造的。至今仍然没有可信服甚或仅仅是建设性的证据或迹象,表明此种生物存在。

在这些争议有所定论之前,不妨把它们先放一放,但是从常识和从经济方面考虑,在我们更深一步的讨论中可以忽略这个问题。这样做的最好理由是,就算我们承认生命是从外层空间来到地球的,我们仍然面对它的起源问题。因而,我将假定,生命就起源于它实际存在的地方——地球。

生命的概率

生命是如何起源的呢？如果时间倒流,它在同样环境下会重演吗？或者此种环境在其他行星上会再现吗？如果可能的话,会是我们已知的生物还是另类呢？这些是科学迄今不能回答的问题。我们现在所具有的丰富的理论,因科学家的专业、哲学态度及意识形态上的偏见而各有偏颇。有两个学派甚至走得更远,他们声称,生命的起源问题不是科学研究能解决的。他们这样认为有不同原因,但都基于这样的信念:生命是一种极不可几的现象。根据特创论者的说法,生命太不可能了,以至于没有神的直接干预,根本就无法解释哪怕是最简单的生命的产生。唯理论的生命不可知论者不同意这种观点,他们认为,偶然性始终在生成极不可几的事件,然而正是这个原因,生命是偶然性的不可几产物,这种事件是唯一且不可再现的,因此科学研究不可能得到答案。为了解释这个观点,我将用桥牌游戏举个例子。

桥牌是一种4个人玩的游戏,一副牌有52张,包括黑桃、红桃、方块和梅花各13张。洗牌后重新发牌。假如你作为一个牌手拿到了全部13张黑桃,毫无疑问,你可以说是一手绝牌,因为你能拿到全部13张黑桃的概率是6350亿分之一,世界上的桥牌大军不分昼夜地打上数百年,或许也不会碰上一次全手黑桃。而且据我所知,桥牌史上还没有这样的记录。[9]如果能碰上这样的绝妙好事,你马上会世界闻名,你的名字会在所有的桥牌专栏和桥牌书里出现。以上这些都是真实可信的,除非另一位桥牌好手恰好也拿到了这手牌,6350亿分之一次才碰到一回。然而绝大部分牌手没有这种名垂青史的机会。

请注意,我还没有把其他人手中的牌计算在内,如果把牌的所有分布形式都计算在内,拿全手黑桃的概率将是5万亿亿亿(5×10^{28})分之一。如果人类诞生以后,什么都没干,一生中只打桥牌的话,你所在的桥牌俱乐部一个晚上出现与以前所发牌相同的概率也是非常低的,然而没有一家桥牌俱乐部的牌手在每次发牌时惊叫自己是一次妙手偶得事件的经历者。

这个例子说明了一个并不总是被人意识到的简单问题,以极低的概率发生的单个事件在无人意识到的情况下持续发生,除非事件本身有某种特殊性。据说,生命的出现就是这样的幸运事件,就像在桥牌游戏中拿到全手黑桃,它并没有违背概率的规律。

如果真是如此的话,以科学手段探索生命的起源纯属浪费时间。

很多著名学者已经做出这一声称。有些人甚至推出了逻辑结论，既然生命是偶然性的高度不可几的产物，那也就没有什么宇宙论观点可以被考虑了，就让数十亿计的行星去重复地球的历史吧！让数十亿次大爆炸去造就我们周围类似的宇宙吧！没有什么地方有生命，它的产生是宇宙玩笑(*lusus naturae*)。用法国一位著名的已故生物学家莫诺(Jacques Monod)的话来说，"宇宙并不孕育生命"。[10]

这句话暗含着深刻的哲学含义，以后我会谈及这个问题。现在，我仅仅是希望验证一下有关概率争论的科学有效性。假如我们正处理一起**单个事件**，它的逻辑性无懈可击，但是生命的起源并非作为一个单个事件而发生。霍伊尔曾用一架正准备从龙卷风过后的废墟上起飞的波音747飞机做比喻，来说明这种不可能性。[11]如果考虑到它的不可能程度的话，一个活细胞在很短时间内生成这种说法并不比一架波音747自发地组装起来更合理多少。只有一蹴而就的创世(一个奇迹)才能完成这项伟业，而奇迹(顾名思义)是超出科学研究之外的。这是所有进行合理解释的努力都失败之后的最后一种想法。这种观点，即偶然性，很难得到证实，因为合理的解释也许要和过去有过的经验一样，等待新知识的出现。但我们远未达到可以探寻到生命起源的地步，这个领域将随着丰富的，甚至是过多的事实和灵感而逐渐萌生出来。

一架波音747是通过大量步骤组装起来的。首先原材料被精炼出来或被合成，由不同部件组成一个整体零件。这些零件接着被组化，然后组装成引擎、机翼、机身、襟翼、起落架、电路等其他各种飞机部件，这些部件最终被装配成飞机。一个活细胞的生成步骤虽不相同，但原理是相同的。必须经过大量的步骤，才能产生高度复杂的终产物，而这种终产物是天然组成的。

这种考察彻底改变了对概率的估价。我们并非偶尔拿到了一次全手黑桃而是连续拿到了几千次！这是决不可能的，除非牌被做了手脚。对最初细胞的装配来说，这种做手脚是指**在常规条件下绝大部分参与其中的步骤都非常可能发生**。因为如此多步骤的参与，纵使细胞装配起始多次，也会半途而废。换句话说，与莫诺的论断相反，我们认为宇宙仍然（或仍被假定）孕育着生命。

对我来说，这个结论是不可避免的。它基于逻辑，而不是先验的哲学信条，然而，它并不意味着生命的起源基于严格的、预先设定的程序，它甚至没有说明，只有一种生命曾经或现在是可能的，因为有很多分支的、变化的、偶然的甚至无序的途径同时存在。如同高山上流下的水分成许多支流一样，起作用的因素是地形地貌。尖顶可以使水流向多个方向，一块小小的圆石也可以改变小溪的流向。另一方面，一个形成峡谷的火山口却可以迫使水朝一个方向流去。

排除先入之见

在波音747的制造中，所有的步骤都是有意图的，根据最终目的制定的详细蓝图而设计组织。最初活细胞的生成情况却不一样，所有的步骤都独立进行，并不是为将要发生的事物做准备。这很难被看作一个公正客观的判断，因为我们已经知道了最终结果，而且我们对于生命的看法是有意识的。细胞的发展明显具有一定的程序。器官适于某种功能的运作，生物适应于环境。人们自然而然会想到强调这个词。有一个思想流派都曾被这种设计的外在表现所鼓舞。大家以亚里士多德（Aristotle）式的领悟坚持说，生物的活动为了最终目的进行着。这称为“目的论”，与认为生命法则赋予活的生物体以生命力的“生机论”相近。这两种理论目前都被广泛质疑，“设计”这个字眼已让位于自然选择学说，生机论则已经与以太和燃素一起被摒弃，生命的产生越来越可以**用物理化学定律**来解释，它的起源可以用相似的术语来解释。

生命的时代

历史是一个连续的过程，我们在回顾过去时，常将其划分为不同时代——石器时代、青铜器时代、铁器时代，每个时代被冠以有革新意义的史前业绩。生命的历史也是一样。它是这样久远，已经历了6次复杂的飞跃(见表1)。

表1　地球生命的七个时代

时　代	时间(百万年)
地球产生	距今4550
化学 信息 原细胞	距今4000—3800
单细胞	距今3800—3700
多细胞生物	距今700—600
心智	距今6
未知	目前
地球消亡	今后5000

首先是化学时代，它占据生命形成过程中很长一段时间，一直到最初的核苷酸出现。它完全是通过支配原子和分子活动的普遍原理来主宰的。

然后是信息时代，正是这个可传递信息的分子的发展年代开创了整个达尔文进化论和尤其适用于生命界的自然选择学说的新纪元。

生命的第三个阶段是原细胞时代，这个有一层膜包被的第一个生命单元，已经有了不同于其他物质的关键特点。该时代终结于地球生命共同祖先的形成。

然后是单细胞时代，历经20亿年，分为两个主要阶段：原核细胞阶段，形成了今天的细菌；真核细胞阶段，形成了今天更高级的生物和一些被称为原生生物的微生物。

真核细胞孕育了多细胞生物时代，它产生了有关细胞间的结合、分化、仿效、通信、协作的新的运作原则。在这个时代，所有的植物、真菌、动物，也包括人，都有自己组织森严的复杂的组织形式，这在今后各个组织层面的发展上得到了证明。

最后是心智时代，包括其社会、文化背景和道德责任。

接下来的章节里，我将带着各位读者逐一穿越这些时代，并以“未知时代”作为本书的结尾，它包括生命的未来及其永恒。

第一篇

化学时代

第一章

生命起源的探索

生物界几乎所有的有机物,都可以用一个也许不够谐调但很具表征意义的表达式CHNOPS来概括,分别代表着碳(C)、氢(H)、氮(N)、氧(O)、磷(P)、硫(S)。这6种元素组合成的万千分子构成了生命物质的主体。它们也是生命化学起源中的主角。

为了重建这一重大事件,我们必须搞清这6种生命必需元素在原始地球以什么形式存在,它们最早又怎样在当时特殊的物理化学环境驱动下被纳入一个不断复杂化的进程,而终致生命的诞生。首先,关于生命由来的环境我们知道些什么?

环 境

40亿年前,地球开始从伴随着它的激烈创生而遭受的天体撞击中解脱出来。[1]它已冷却到可以让水在它的表面凝结。岛屿从太古的大洋中升起,扩展成大陆。大地一片荒芜,水中也全无生息,但世界远非平静。在剧烈的火山活动的阵痛中,年轻的地球留下一个个赤热的喷发着浓云与烟尘的火山口。水从深深的裂谷漏入地球的熔核,然后迸发升腾而起,高压、灼热并裹携着从沸腾的岩浆中冒出的蒸汽。想一想黄石国家公园，或者西西里岛的硫质喷气孔，冰岛的海克拉地区，日本富士山的侧翼，新西兰的罗托鲁阿温泉。一种抹不去的记忆映入脑海：气味！一种到处弥漫的臭鸡蛋味，那种硫化氢特有的气味。确实有可能，生命的摇篮充斥着硫化氢。这一事实还很少被考虑进生命起源的图景中。然而这是应当考虑的。

40亿年前地球大气层中没有氧气存在。游离氧是生命的产物，这是科学上不争的事实。结果许多矿物质的形态就与今天的有很大不同。铁尤其如此。把一件铁器放在户外一段时间，就会生锈，这是由于铁与湿氧相互作用。在前生命时代的地球没有锈（即氧化铁）。铁以二价铁的形式广泛存在于大洋中，这种二价铁在今天是找不到的，因为它会立即和大气中的氧反应。

原始大气的组成依然是一个有争议的问题。长期以来有一种观点，由于著名的尤里-米勒实验而盛行起来，即大气中包含氢气（H_2）、甲烷（CH_4）、氨（NH_3）和水蒸气（H_2O），因而富含氢。此种观点已受到严重怀疑。按多数专家的看法，碳可能不是以和氢化合的形式（甲烷）而是以和氧化合的形式（主要是二氧化碳，CO_2）存在。氮很可能是以分子氮（N_2）或者一种或几种与氧化合的形式存在，而不是以氨存在。氢气最多有痕量存在。如果这些估计正确的话，形成最初生物分子必需的氢气的来源就成了很大的问题（见第三章“失氢案件”）。

我们审视生物史前图景时遇到的另一个问题是有关磷的。这种元素以磷酸的形式作为许多重要生物分子的组分，尤为重要的是核酸的组分。奇怪的是在现今物质界，至少在溶液中很难发现磷酸盐的存在。地球含有丰富的磷酸但被固锁在不溶于水的磷酸钙中，构成磷灰石矿。在海水和淡水中，磷酸盐的含量极低，事实上磷酸盐的可利用性常常是在这些环境里维持生命的限制因素。把磷酸盐加入洗涤剂时，这一点可以看得很清楚。湖泊被含磷酸盐的废水污染后导致富氧化，受到新增可用磷酸盐的滋养，藻类大量增生，改变了食物链，以至于氧变得稀薄，动物的生存受到严重威胁。

稀有的磷酸盐分子如何起到生物学中心作用，是一个有趣的问题。问题的一个可能回答是酸性，一种与“酸”相联系的物质属性。弱酸可以举出醋或柠檬汁，强酸则如用于蚀刻的硝酸以及维多利亚时代遭背叛的女士所钟爱的武器硫酸。当磷灰石暴露于哪怕是很弱的酸性介质时也会轻易地释出磷酸。或许生发了生命的太古时代的水具有这样的属性。[2]

前生命世界的温度有多高？没有多少确凿的证据。很遗憾，温度恰恰是一个严格限制相对脆弱的生物分子如蛋白质、核酸及其许多构件的寿命的临界参数。抱着这种观点，许多化学家猜测原始生命可能喜欢寒冷环境，甚至低于冰点。[3]

另一方面，地质学家不喜欢一个冰冷的前生命世界。他们的估计是在较高的范围，接近水的沸点或更高，只是处在高的大气压下大洋还不至沸腾。高温高压正是那些水下水热火山口的典型特征，这样的火山口已在今天的大洋深处发现了几个，毋庸置疑，在我们年轻的火山爆发仍频的地球上更不乏存在。[4]通过比较序列分析发现的最古老的生物，是生活在这样的火山口或温度高达110℃的火山喷泉里的细菌，这同样支持生命有一个滚烫的摇篮。

阳光呢？太阳在40亿年前比较冷，送给地球的光能比现在少25%。然而这可能被大气二氧化碳的温室效应抵消掉，前生命时期的二氧化碳可能要比现在丰富100多倍。尽管太阳较冷，紫外辐射可能还是很强的，因为那时没有氧，也就没有臭氧(3个氧原子组成臭氧)防护层。

关于前生命环境还有一点应该切记：那里没有生命。这听来像是废话，但它传达了一个重要的暗示，这暗示一个世纪以前就已被达尔文

(Charles Darwin)提到。在一封常被引用的给朋友的信中,达尔文写道:"人们经常说,可能曾经存在过的产生活的生物的全部条件,现在皆已具备。但是如果(这有多大成分的假设呀)我们能够设想在一个温暖的小池塘里,氨和各种磷酸盐、光、热、电等都存在,一种蛋白质化合物以化学方式形成了,并趋于经历更复杂的变化,在今天这种东西会被立即吞噬或吸收,但在生物形成前是不会出现的。"[5]这段话因为"温暖的小池塘"的典故,而被作为一条准则引用。而达尔文确实做了一个非常恰当的描述。在前生命时期没有任何东西能"生物降解"有机分子,这些分子可以幸存好长时间并积累起来,仅仅遭到非常缓慢的物理或化学降解。

概括起来,我们首先可以说,生命创生时地球上存在丰富的水。几乎不会有其他的可能,因为水是至关重要的因素。在荒漠中从一夜小雨后醒来你会目睹水的奇迹。贫瘠的土壤中遗留下的干瘪的种子四处幽幽地迸发出生机。这并不意味着前生命时期的湖海是我们喜欢的南海度假胜地。它们可能非常灼热,也可能酸得呛人,而且富含亚铁盐、磷酸盐和其他从地球深处冲刷出的矿物质。水体上空的大气浓集着二氧化碳、氮气、硫化氢和水蒸气,倒是很可能少有氢气。苍白的但全无遮拦的太阳照耀着,把水体表面笼罩在紫外线辐射、可见光、被二氧化碳"盖"捕捉的温暖的红外线之中。

在这样一个星球上,有两种环境为生命的展现提供可能:一是水体的浅表处,这里"汤"可以在阳光下浓缩、"烹调";另一处是黑暗的深水下的水热火山口,那里隐匿着千奇百怪的化学作用。或者,也许这两种环境之间的交流允许创生过程的某些步骤在此处发生,另一些步骤在彼处发生。

躬身实验的化学家

一旦关于生命生发的物理化学环境信息变得清晰，下一步显然是在实验室再造一个生命起源的早期阶段能够发生的环境。苏联生物化学家奥巴林(Alexander Oparin)十分痴迷于这一新兴的探索领域。他首先于1924年出版了一本关于生命起源的小册子，后来扩充成一本大部头的书，经过了数次修订，有些修订本还译成了英文。[6]主要是受了生命的细胞理论和他那个时代被称为胶体化学的影响，奥巴林的生命起源概念现在看来有些天真。但他的过人之处是在实验室实实在在地检验自己的想法。他制备研究了一系列他视为是最初细胞的可能前体的分子聚合物。

在很长一段时间里奥巴林没有吸引几个追随者。人们感觉——也是我那时的感觉——探寻一种还没有了解得很清楚的东西的起源没有多大意义。但在50年代初。情况发生了改变。1953年4月23日，英国《自然》杂志发表了一篇题为“脱氧核糖核酸的结构”的短文，作者是美国人詹姆斯·沃森(James D. Watson)和英国人克里克。[7]这篇9年之后为它的作者赢得诺贝尔奖的开辟新纪元的论文，引入了当今闻名于世的双螺旋结构，而它已成为我们最近以来对生命的认识的革命性进步的一个标志。3周后，另一篇同样简洁而重要的短文，题为“在可能的原始地球条件下氨基酸的生成”，出现在《自然》杂志的美国对手《科学》杂志1953年5月15日这期上。这篇出自年轻的研究生米勒(Stanley L. Miller)之手的文章，首开生命起源的现代研究之先河。[8]

米勒在芝加哥的尤里(Harold Urey)实验室工作，后者是一位物理学家，因发现重氢(或称氘)而获得1934年诺贝尔化学奖。后来的年代里尤里对行星的形成发生兴趣。[9]正是他在捍卫早期地球大气是富含氢的分子氢、甲烷、氨、水蒸气的混合物的观点。

米勒决定要搞清闪电对这种大气的影响。考虑到这个项目对一篇博士论文来说太离奇，他的导师勉强才同意。为了模仿原始雷电，他在充有甲烷、氨和氢的混合气体的密闭玻璃容器中反复放电，同时像在原始海洋汤上空可能发生的那样，水在容器中蒸发、凝结，不断循环着。想象一下年轻的米勒盯着经历几天粉红色闪电之后的"大洋"时是多么惊奇吧！想象一下他打开容器取出液体进行化学分析时是多么急切吧！想象一下当化学分析显示液体中存在若干种氨基酸和其他几种典型的生物体有机分子时他是多么兴奋吧！这个结果超乎他最狂妄的想象，也使他名声鹊起。

这个历史性的实验提醒有机化学家把生命起源当作一个化学问题看待。它开创了一门新学科，称为无生命化学或前生命化学，涉及在约40亿年前我们这个星球可能曾经存在的条件下生命物质自发形成的问题。以这种方式确实获得了许多重要的分子，尽管常常是在多少更接近人工而不是真正的无生命过程条件下实现的。[10]在此大丰收里，米勒的原始实验始终是一个典范，是几乎唯一一个被认为着意再现得到认同的前生命条件，而头脑中不带任何特定终产物的实验。

然而，这个实验的条件的可靠性现在却受到严重质疑。前生命大气中存在的氢远不如尤里设想的那样丰富。像米勒自己发现的那样，如果在他的著名的实验中以二氧化碳代替混合气体中的甲烷，分子氮代替氨，并且排除分子氢，有机物的产生实际上趋向零。而这样的大气组成正是最新的观点。这并不是最后判定。对早期大气组成的估计十分不确定，在未来还可能再次修改。同时，对米勒的发现——如果不是他的实验条件——的意想不到的支持已从外层空间获得。

搜索太空

探索宇宙的最强有力技术之一是光谱学。简单地讲，这项技术可以分析入射光线透过棱镜后分解成的波长组分——就像阳光被水滴分解成彩虹的颜色（波长）一样。采用适当的解析器和放大器，这项技术可以扩展到电磁波的不可见部分，如紫外线、红外线、无线电波，即使强度极低。外层空间存在的物质就像滤波器一样吸收某些特定波长（颜色或其等价物）的辐射。结果，被吸收的辐射波就在记录波谱中消失或减弱（“彩虹”中的暗带）。另外，某些波长则可因受能量激发的物质的发射而增强。在许多情况下，引起光吸收或发射的物质可以根据光谱图样将其鉴别出来，因为光谱可作为该物质的指纹。对微波辐射——就是加热烤炉但强度大得多的那种波的分析已在这方面取得极其丰硕的成果。

光谱探测揭示宇宙空间弥散着极为稀薄的微观颗粒云（星际尘埃），其中包含着相当数量的潜在生命分子，主要是碳、氢、氮、氧以及有时还包括硫或硅的高反应性的组合，它们在地球条件下很难保全，但能够增加有生命意义的化合物。[11]料想彗星的形成就是这样发生的。长久以来被看成拖着闪烁的尾巴风驰电掣般掠过天空的火球似的彗星，大多真的带有附着有各种有机物的尘埃和冰块，这已从光谱分析得知。而且，恰好1681年由英国天文学家哈雷（Edmund Halley）发现的著名的哈雷彗星最近经过地球附近，可以借助宇宙飞船上装载的仪器直接对其进行化学检验。

陨石给我们带来更为确凿的证据。例如，从1969年落在澳大利亚默奇森的默奇森陨石中找到了一定数量的氨基酸，其属性和相对数量都与米勒在他的实验里获得的极为相似。此类证据在拔高米勒实验结果的意义的同时，也进一步告诉我们，有机化合物可以在穿过大气层的疾速冲撞的天体中保留下来。

有如此充足的证据表明，大量的生命分子可以在原始地球条件下，在星际空间，以及在彗星和陨石中自发形成，这很有可能提供了最初生命的种子。有多少是就地制造，多少是来自外层空间，还是一个广泛争论的问题。多伦多大学的比利时裔美国天体物理学家德尔塞姆(Armand Delsemme)认为，几乎所有的生命构件，以及全部地球的水，都是由曾在我们星球的成长中起过作用的彗星带来的。[12]另一方面，按照米勒的观点，生命的化学前体主要是在地球自身形成的。

生命的发端

依据地球上的模拟实验获得的证据和对地外物体的分析，辅以可接受的推测，以下可以合理地勾画出40亿年前的地球生命起源图景。生命的种子以各种碳、氮、氢、氧和我们后面要看到的硫的组合形式在太空和大气中生成了。在放电、辐射和其他能源的影响下，这类组合中的原子被改组产生出氨基酸和其他基础的生命构件。

这些化学重组的产物被降雨或彗星和陨石带下来，在我们刚刚凝固的行星的尚无生机的表面逐渐形成一层有机质外被。一切东西都裹上一层富碳的薄膜，赤裸裸地暴露于坠落天体的冲击、地震的振荡、火山爆发的烟熏火烤、气候的变幻莫测以及强紫外辐射的日复一日的洗浴之下。江河溪流把这些物质冲入大海，在那里积聚起来直到——引用英国遗传学家霍尔丹(J. B. S. Haldane)的话来说——“原始大洋达到热稀汤的水平”。[13]在迅速蒸发的内陆湖和潟湖里，汤浓缩成稠汁。在某些地区，稠汁漏入地球深部，又形成蒸汽的间歇喷泉和滚沸的水下喷射流，剧烈地喷射回来。这种暴露和搅拌促成了空中降下的原始成分的化学修饰和相互作用。

这种地质学烹调的主要成果包括一些黏稠的、褐色的、水溶性的成分不确定的黏性物质，对那些调制化学反应时出了错就能看到此类东西沾染到烧瓶壁上的有机化学家来说再熟悉不过。它们也沾上了米勒的容器，但他几乎不屑一提，因为生命不大可能从这类东西中生发出来。然而，在原始地球的某些地方，生命的种子逃脱了变成废物的厄运，被导入产生化学复杂性的方向。这个方向是什么？对这个问题最广泛接受的回答并非人们所预期的。

考虑以下3种竟皆为真的表述：(1) 不论是在地球还是在太空，氨基酸都是无生命化学产物中最显眼的。(2) 氨基酸是蛋白质的构件。(3) 蛋白质是占据中心地位的重要生物学组分。我们要说的最重要的是，生物体中发生的化学反应所需的催化剂绝大部分为酶，而酶多由蛋白质组成。你会得出怎样的结论？我能听到全体胜利欢呼般地回答：生命之路的下一步是蛋白质的形成，它们反过来提供了生命生发过程进一步展开需要的最初的酶。对吗？

错了！至少依照现在大多数人的观点。有人认为，蛋白质之前必须先有核糖核酸(RNA)。这种主张的主要理由是，在当今生物界，从脱氧核糖核酸(DNA)衍生来的RNA分子像我们以后将看到的那样，在氨基酸组装成蛋白质的过程中既提供催化机制又提供了信息。无疑，连那些稍具生物化学常识的人也会立刻注意到这一论断中的漏洞。在当今生物界，没有任何RNA分子可以不依赖蛋白质酶的帮助而产生。换一种说法，蛋白质制造了制造蛋白质的RNA，RNA制造了制造RNA的蛋白质，……如此反复下去。蛋白质和RNA孰先孰后？这是一个古老的“先有鸡还是先有蛋”问题，一个据说曾让一个中国古代名人苦苦沉思了一生而未果的问题。

分子生物学家凭借克里克的“中心法则”已经逃脱了这一可悲的命

运。当然,中心法则不是一个真正的法则,而是这位双螺旋结构的发现者之一早在1957年就阐明的一个符合逻辑的推断,那时的经验证据很少而现在已压倒一切地证明它是正确的。这个推论表明,信息只能从核酸流向蛋白质,绝不会反过来。[14]因此,RNA先于蛋白质。这一论断在80年代初得到巨大支持,那时两位美国研究人员,来自博尔德科罗拉多大学的切赫(Thomas Cech)和来自耶鲁大学的奥尔特曼(Sidney Altman),各自独立地发现某些RNA分子具有催化活性,他们因此分享了1991年的诺贝尔奖。[15]这一事实揭示RNA酶——切赫称之为核酶——在现今所知的"RNA世界"可能承担了蛋白质的催化工作。"RNA世界"是哈佛大学的化学家吉尔伯特(Walter Gilbert)[16]1986年创造的一个表述,他的DNA测序方法为他赢得了1980年的诺贝尔奖。吉尔伯特把RNA世界定义为生命起源的一个早期阶段,在此阶段"RNA分子及其辅助因素充当了最初细胞结构必需的所有化学反应的酶系"。[17]

我们还会更多地谈及这一主题。同时,我们或许可以考虑极有可能现今蛋白质的始祖分子是稍后产生的,不管先于RNA产生的是什么。支持RNA在这些分子诞生中的原始作用的证据不容质疑,这在第二篇会变得更明了。如果我们接受这一前提,我们现在就必须面对无生命体系合成一个RNA分子所遇到的化学问题。这些问题绝不简单。

通往RNA之路

RNA分子是由众多——多达数千个——称为核苷酸的单元组成的长链状聚合物。每个核苷酸包含3部分:磷酸、核糖(一种五碳糖)和碱基(共有4种碱基:腺嘌呤、鸟嘌呤、胞嘧啶和尿嘧啶)。所有4种碱基都是平面环状复合分子,由碳、氮、氢和(除了腺嘌呤)氧原子组成。腺嘌呤和鸟嘌呤属于嘌呤类,由两个并环分子构成。胞嘧啶和尿嘧啶属于嘧啶类,有着较简单的单环结构。

在RNA分子中,核苷酸由一个单元上的核糖与另一个单元上的磷酸之间的键连接。结果,所有的RNA分子拥有相同的(除了长度不同)由磷酸和核糖分子交替构成的骨架。碱基连在这个骨架的每个核糖单位上,如下图所示,每一个被框起的单位是一个核苷酸:

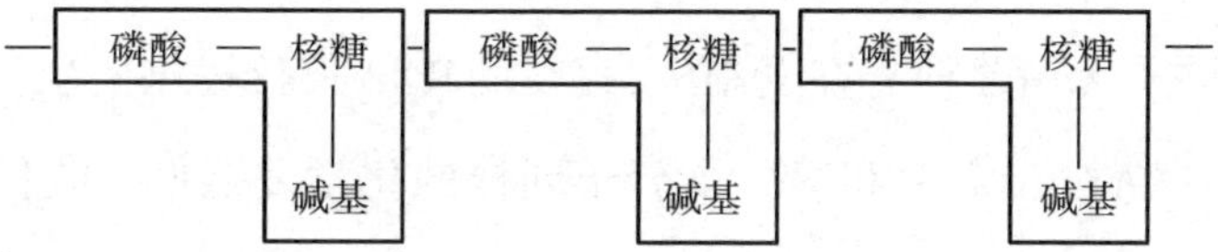

化学家已经在合成RNA的5个有机组分当中的每一个都取得了成功,但产率较低,且要在与被认同的前生命环境相去甚远的条件下进行,每种物质要求的条件还不一样。以合适方式把各组分组装在一块儿越发问题成堆,以至于还未有人试图在前生命条件下去尝试。

在任何RNA分子里,碱基提供了信息位。碱基是构成RNA文字的4个字母。另一方面,磷酸-核糖骨架起了单纯的结构作用。因而有一个研究思路就是去寻找较为简单的骨架来负载相同的碱基以支持同种信息。索尔克研究所的奥格尔及其同事尤为勤奋和巧妙地追索着这一思路。他们已经制造了大量有意义的分子,但还没有把问题解决到他们满意的程度。[18]最近,一个年轻的丹麦研究人员尼尔森(Peter Nielsen)以一种他称为肽核酸(PNA)的分子引起人们极大的兴趣,此物的骨架由像在蛋白质中那样串在一起的氨基酸衍生物构成。[19]没有任何证据可以用来评价这种把鸡和蛋拼凑在一起的做法。

这样的分子——如果它们曾经存在的话——没有一个在现存的生物中留下踪迹。而且,它们怎样产生又怎样被后来的真正的RNA分子所取代,还远远没有搞清楚。公正地讲,还没有发现任何机制能够满意地解释前生命的RNA合成，尽管有世界上最优秀的化学家做了很大努力。即使是RNA世界最坚定的捍卫者，也对这一研究思路的前景表示出灰心丧气的观点。[20]

机遇可能是答案吗？13张黑桃俱获？一个简单的达成可能性极小的条件的组合导致了前生命世界某处少数RNA分子的自发形成？这种可能性的提出是基于自我复制可以保证RNA的增殖。因此，RNA世界可能诞生于一个分子种子，它本身可能是一个偶然事件的产物。这种解释并非无稽之谈。在复制中，存在的RNA仅仅提供信息。制造真正的新RNA分子需要和第一个分子同样的化学复杂性。我们连续多次需要13张黑桃。

这都是确确实实的，因为RNA世界在生命的历程中不是一个短暂的过渡时期。它是一个漫长的时期，填补了产生出蛋白质合成机制并演化出各种最终接替RNA的催化工作的蛋白质酶类所需的时间段。我们不知道这花费了数千年还是数年，但也只有在得到坚实的化学支撑下再花费足够长的时间才有可能。

代谢的启示

结论是清楚的。我们需要一条途径，即一系列从生命的最初构件到RNA世界的化学步骤。但是到目前为止，化学还不能阐明这条途径。乍看起来，所需的化学反应太不可能自发发生了，以至于你可能被诱向乞灵于某些超自然东西的干预，就像许多人已经做的和一些人还在做的那样。但是科学家在他们的信念驱遣下，依然对即使看起来最不自然的事件追寻自然的解释。在当前的情形下，他们甚至必须回避通向机遇的取巧之法，就像我希望已经搞清楚的。

通向生命之路肯定全是顺畅的**下坡**，仅有少数稀疏的小山丘，可以借助已获得的惯性克服。你总会希望这条通路清晰可见。然而到目前为止,它像条巧妙隐蔽的丛林小路,已躲过了每一次搜索,尽管有大规模的实验和颇具想象力的理论和推断。许多投身于无生命化学的研究者,受大量已取得的正面结果鼓舞,坚信对实验室中再现早期合成反应的深入探索将最终揭开谜团。还有一些人头脑中对即使仅仅是RNA世界的粗干的继续演化也需要许多分子聚集的复杂性留下深深的印象,变得不那么乐观。

当然,必定存在一条途径,每个人都明白。地球的每一个角落都有千千万万活细胞在追随其后。植物和许多细菌的绿色细胞甚至不需要当初种下生命的天体的恩赐也可以生存。这些细胞从一些简单物质如二氧化碳、水、硝酸盐、硫酸盐和其他一些无机盐来构建它们的所有结构。这些途径构成代谢。对它们已有细致入微的了解。但大自然指路的时候为什么还张望别处?

无他,除非是自然的道路对经受过化学训练的头脑而言太过陌生和曲折,以至于人们不由自主地觉得肯定还存在一条比较简单和顺直的道路。然而,印象可能是靠不住的。如果生命确实是沿着一条与今天的代谢途径毫不相干的通路开始的,那么早先的途径为什么会被今天的取代?尤其是怎么被取代的?生物学家对头一个问题有一个现成的答案。他们简单地假设新的途径优于旧的,而且还抬出自然选择这个生物演化和进化的通用马达来促进这种变化。

而第二个问题就不那么好回答了。把一个崭新的通路网看成是旧有通路的独立发展,仅仅在发展完成之后才接管过来,这是行不通的。我们所做的,就像把一条新铁路或超级高速公路网添加到一个原始道路系统上。但是我们是在已经接受生命发生过程不喜欢这种老途径的先见和假设的情况下这么做的。自然发生的前生命途径被今天的途径替换必然是渐进发生的,每次一步。它要求某种早期和后来途径的

调和。[21]

为理解这一点,想象一张回溯到马匹和四轮车时代的旧公路图吧。它包括一个连接着国内各城市和乡村的公路网。现在假设一个仁慈的承包人修建了一条比如说从A点到B点的较好的公路。显然,如果A点到B点不是旧网络的一部分,那他的姿态就白费了。一条连接两头毫无着落的两点的公路有什么用?在一张(原始)代谢图上,城市和乡村相当于中间化合物,它们之间的公路,画成箭头状,代表着一种中间化合物向另一种化合物的化学转化。连接箭头通常指示一种负责化学转化的催化剂(或酶)的存在。在这样一张图上,一个仁慈的承包人所修的路就相当于一种新酶——催化代谢中间物A到B的转化——偶然从RNA世界的蛋白质合成机制的运转中产生出来。这种酶,作为取代旧代谢网络的新代谢网络的一部分,如果它不适应于旧的网络,也就是说如果代谢中间物A和B不是前代谢图中的部分,那它就是无用的,就不会被自然选择所保留。这是我的爱好调和的论题的要义。当我们探讨过第二篇的选择机制之后就更清楚了。

第二章

最初的生物催化剂

从生命的最初构件又落入RNA世界。这是我们必须努力发现的藏匿的尾巴。我们知道结果:复杂的有机物质,由碳、氮、氧、氢和硫原子彼此在分子结构中以极高的精密度相连接。我们的任务是揭示出这些原子排布怎样从前生命环境中存在的相同原子较简单的排布产生出来。我们的主要线索来自调和的要求。所有生物化学课本中演示的代谢图都是古代网络的现代版本,都应对我们的任务有所裨益。

酶是代谢图的指示牌。任何活细胞中发生的数千种化学反应,几乎每一种都是由酶催化的。没有酶的催化,这些反应绝大多数根本不会发生。几百种致命的或严重致残的遗传病皆起因于单一的酶缺陷,就证明了这一点。原始代谢根本不可能不要催化剂就能进行。如果这些催化剂不是蛋白质,它们是什么?

无蛋白质的催化

正如代谢没有酶不能进行,原始代谢不管走哪条途径,没有催化剂是不可能运作的。课本中把催化剂定义为特异地帮助反应分子相互靠近相互作用,而它们本身在反应中并不消耗,因而可以连续无数次起作用的物质。为什么生命的诞生需要催化剂？在没有酶帮助的物理世界,化学反应随时都在发生。

对催化剂的需求,原因有二:速度和产率。非催化反应常常极慢。这意味着,在前生命环境条件下,重要反应产物的破坏几乎与生成一样快,从未达到足够的水平去参加下一步反应。没有酶加快反应速度,原始代谢将处于类似于不停地往没底的桶里灌水的50名达那伊得斯姐妹的窘境。

低产率带来另一个同等棘手的问题。考虑如下情况。1960年,加泰罗尼亚裔美国化学家奥罗(Juan Oró)发现,RNA的成分之一腺嘌呤可以从氰化铵经单一步骤形成。氰化铵据认为是曾在前生命地球上存在过的一种化合物。[1]一种关键生物分子可以按如此简单的方式产生,这一杰出发现几乎可以和米勒的历史性实验相媲美,并成为教科书中无生命化学力量的范例。然而在这一反应中腺嘌呤的最高产率是0.5%,意味着反应混合物的99.5%包含其他物质。另一例子是从甲醛合成核糖(RNA的另一种成分)——也是无生命化学的一个经典。它的产率少于0.1%,且至少有40种其他糖类存在于混合物中。[2]

任何产物如此低的产率在没有化学家在实验室中强加的严格限制的情况下,是很典型的。总有副反应发生,总是副反应越多限制就越松。当一个过程要求几个连续的步骤时,此类问题就被混杂起来。设想一个仅仅3步的简短序列——从A到B,从B到C,从C到D——每一步的产率都是1%(对一个前生命反应已够高的了)。以A而言,B的产率是0.01,C的产率是0.0001,D的产率是0.000 001,或百万分之一。即使在最佳条件下,化学家也不得不对付这种消耗战。他们常常要纯化足够量的两步间的中间物,并改变每一步的条件以得到最高产率。前生命化学家敏锐地注意到这些困难,并已经提出一些或多或少可被接受的机理,认为相关中间反应物可以从原始汤中有选择地浓缩。我们运用调和原则来追寻自然界怎样解决这个问题。

自然界的办法在于酶的专一性。在这方面生物催化剂的确出色。它们远远优于人类发明的最好的催化剂。结果,为了工业目的大规模生产制造酶已经成了现代生物技术的一个重要分支。许多酶催化单一的或者一组非常接近的没有催化剂就不大可能发生的反应。

酶是蛋白质,或特殊的RNA分子(核酶)。它们在还没有发展出基于RNA的蛋白质合成机制的前RNA世界不可能存在。我们必须从别处寻找原始代谢的催化剂。对大多数研究人员而言,别处就意味着无机界,因为在我们正在讨论的时代,有机界还在它的婴儿期。在当代生物化学中,许多酶依靠无机类的辅助因子,最常见的是一种金属(如铁、铜、钙、镁、锌、钼、钴或锰)的一个原子。

金属遇到的困难是它们通常需要某种支持结构——常常是一个蛋白框架——来有效参与它们所帮助催化的反应。因此,有可能提供所需的框架而且自身也可能发挥催化功能的矿物表面,引起了大量关注。黏土颗粒是"宠儿",50多年前就被生命起源研究的先驱之一,英国物理化学家J·D·贝尔纳(John Desmond Bernal)提出。[3]黏土形成不同的微晶形式,某些的确显示了催化活性。例如蒙脱石,名字取自其产地法国城镇蒙莫里永,可以从制备得当的核苷酸中促使短的类RNA链形成。[4]尽管如此,黏土这种硅酸铝盐在今天的生物中没有留下任何踪迹显示它们在原始代谢中发挥了催化剂的作用。

作为黏土的替代品,来自加利福尼亚拉霍亚斯克里普斯海洋地理研究所的阿列纽斯(Gustaf Arrhenius)已经提出他称为"带正电的双层羟基矿物"的催化作用,尤其是在磷酸化糖分子的合成中。[5]

德国化学家和专利权律师瓦赫特肖塞(Günter Wächter-shäuser)构建了一个精巧的——有记录的此类模型中最详细的一个——关于原始代谢在黄铁矿晶体表面的模型的发展。[6]因其金黄色泽而以愚人金著称的黄铁矿石,是一种铁和硫构成的矿物。在瓦赫特肖塞模型中,矿物的催化作用归因于带相反电荷的物体相互吸引(带相同电荷的相互排斥)的事实。按照这位德国人的设想,带正电荷的黄铁矿石提供了一个表面,让由于静电结合上的带负电荷的分子能相互靠近并以不同方式引起相互作用。瓦赫特肖塞在他的模型中附带地解释了磷酸在代谢中的重要性:磷酸带负电因而允许它连接的分子结合到黄铁矿表面。

化学上,瓦赫特肖塞模型受了现今代谢的极大影响,并遵守了调和原则。但是所提出的某些机制是推测的,需要实验的验证。他的催化剂缺乏特异性,具有非常宽泛的以可变强度结合任意带负电物质的属性。该模型主要依靠自催化。其他许多研究者借助这一概念作为解决前生命催化问题的办法。[7]自催化发生在一个化学反应的产物对反应本身具有催化作用的时候:B催化A向B转化。一个慢启动的反应因而可能逐渐加速,有时达到爆发点。毫无疑问生命曾经爆发式发生,但关键是难以启动的反应在一旦被引发后就能变得靠自催化自我维持。这是一种抓住偶然事件把它们转化成"进行中过程"的做法。

所有以上提到的机制都可能在原始代谢中发挥作用。但是没有蛋白质的帮助它们能完成所有工作吗?一些研究人员已对此表示严重怀疑,并冒着违背中心法则的危险坚持蛋白质催化剂的早期介入。[8]对此观点有许多可加点评之处,尤其是"蛋白质"一词被"肽"所代替,肽定义为任何氨基酸的链状聚合物,而不仅仅指依赖RNA机制、由20种特定氨基酸合成的特殊种类。

前生命肽的情况

制造肽的构件氨基酸,可能属于前生命世界存在的最早的有机化合物之列。多于12种的足够数量的氨基酸在米勒的烧瓶中生成了,相同种类也从陨石中提取出来。这些氨基酸有些可在今天的蛋白质里找到,有些找不到。不管怎样,它们全部具有允许氨基酸掺入肽的基本特征:使物质带上酸性的羧基(-COOH)和氨衍生的氨基($-NH_2$)。这两个基团在肽和蛋白质中相连形成一个肽键(-CO-NH-),同时释出一个水分子。

远古的氨基酸在前生命条件下已经能搀进肽了吗?1958年,长期在佛罗里达大学,如今在南阿拉巴马大学的美国生物化学家福克斯(Sidney Fox)找到了看起来是对此问题的一个简单的正面回答。[9]他的配方是:只要把干燥的氨基酸混合物在170℃加热就行了。水跑出来,得到一种塑料样的固体,研碎并与水混合,得到其重量的15%的可溶于水的平均50个氨基酸组成的产物。福克斯把这种产物称为类蛋白质,这是一个谨慎的选择,因为类蛋白质远非肽通常的链状结构。

对福克斯来说,这一发现开始了他毕生的事业。他发现类蛋白质可以自发形成显微囊泡,或"微球",他视为最初的细胞,并穷其整个职业生涯致力于这些研究。没有几个生命起源专家像福克斯一样对其结果的重要性抱那么乐观的想法。有人反对说前生命地球上不大可能获得类蛋白质形成所需的条件,生成的物质更像原始的"糊糊",而不像蛋白质,并且蛋白微球与任何可以称为细胞的东西都相差甚远。我倾向于赞同这些疑虑,但保留福克斯结果的可能的两个重要之点:类蛋白质拥有一些微弱的酶样催化特性;类蛋白质的氨基酸组成是特定的和可再生的,尽管它们的形成条件是无序的。这意味着氨基酸之间键的形成并非纯粹随机,而是某些连接占优势,另一些被排除了。

一种先于福克斯得到肽的更正统的方法,在1951年被德国化学家维兰德(Theodor Wieland)发现。[10]那时,生物化学家已经发现了硫酯键,这种化学键在今天的全部活生物中都至关重要,在生命的起源中可能也很重要。这种特殊情况引起对生物化学的一个简略偏离。

硫酯介绍

一个醇类的羟基(—OH)与一个有机酸的羧基(—COOH)相连接时,一个酯键就形成了。此过程移去一个水分子,两个构件通过一个称为酯键(—O—CO—)的化学键相连。相似地,一个巯基化合物和一个酸脱水相连,就形成一个硫酯键。硫醇类化合物是醇类的等价物,其氧原子被硫取代了。它们的特征是带一个巯基(—SH)。硫酯键有—S—CO—的结构。

维兰德作为吕嫩(Feodor Lynen)的学生对硫酯产生了兴趣,因为最早知道的天然硫酯化合物(醋酸与生物化学上叫作辅酶A的硫醇形成的化合物)是由吕嫩发现的。[11]辅酶A是有中心作用的分子,由德裔美国生物化学家、生物力能学之父李普曼(Fritz Lipmann)在1947年发现,他因此发现获1953年诺贝尔生理学医学奖。1964年获奖的吕嫩发现硫酯是酸与醇合成酯时的天然中间物。

由醇和酸合成酯遇到的主要问题是,需要抽取出一分子水。这样一个反应——闭合一个键和释放一分子水——称为缩合。缩合反应在水介质中不会自发进行,因为周围有太多的水。该反应自发进行的方向——即不需要能量,相反还释放能量的方向——是缩合的反方向,即水作用下键的断裂(水解)。例如在适合的酶存在下,酯被水解成醇和酸。进行醇和酸缩合成酯的过程必须耗能,水分子必须被强行抽去。化学家用叫作缩合剂的特殊试剂达到目的。自然界则用了不同的办法。它通过先把酸和硫醇(辅酶A)缩合成硫酯的耗能过程来起始反应。这是耗能脱水步骤。第二步,酸从辅酶A转移到醇,辅酶A释放出来,准备参加新的循环。在包括全部蛋白质、核酸、糖、脂和其他许多复杂生物分子的生物合成中都存在的无数的缩合反应里,这种基团转移反应都发挥了根本性作用。[12]

回到维兰德。作为通过从硫酯基团转移形成酯的生物过程的发现者,他决定看看这是否同样适合于肽,那些肽同样由缩合反应形成,只是发生在氨基酸之间罢了。因此,维兰德合成了氨基酸硫酯,并把它们简单地投入水中。天哪,成了!肽形成了,尽管没有催化剂的存在。[13]

这一发现还有一段有趣的历史纠葛。当20世纪50年代末60年代初蛋白质合成的机制被揭开时,维兰德的结果被发现是不相干的。蛋白质的确通过基团转移形成——这大体还对——尽管不是从硫酯,而是从酯(来自氨基酸与RNA分子)。维兰德的平反几年后到来,此时李普曼做出惊人发现,某些细菌肽类——例如抗菌素短杆菌肽S——是由硫酯自然合成的。[14]此过程中的巯基化物被证明是泛酰巯基乙胺,其本身是李普曼20年前发现的重要巯基化物辅酶A的功能末端。神秘的科学之轮就是这样运转的。

在讨论他的发现时,李普曼提出,在生命的发展中依赖硫酯的肽形成机制可能先于依赖RNA的蛋白质合成机制。我已接受这个提法,并把它调换到生命生发过程的早期阶段。基于我稍后要详细解释的原因,我相信硫酯在生命发展中起了关键性作用。这一信念符合我们正在努力揭示的轨迹的两个基本要求:(1)调和——硫酯在现今代谢中有极其重要的作用;(2)生命摇篮的物理化学环境——巯基是从弥漫前生命世界的恶臭的但却紧要的硫化氢(H_2S)气体衍生来的。

我的看法是,硫醇类化合物是在前生命地球播下生命发展种子的早期有机分子的一部分。依据原始的环境条件,这一看法显得颇可接受,但证明它的方法却由于无生命化学家的自身原因——更愿意躲避硫化学而被长期搁置。这一缺损已被修复。最近米勒实验室的一项成果,描述了一种可接受的两种天然硫醇的前生命合成程序。[15]一种是辅酶M,特别古老的叫作产烷生物的产甲烷菌的一个代谢辅助因子。另一个是巯基乙胺,泛酰巯基乙胺的一部分,我们已看到后者是辅酶A和与细菌肽类合成有关的天然辅助因子的重要组分。事实上米勒小组已经能在可接受的前生命条件下获得完整的泛酰巯基乙胺。

我还提出一个更深入更有争议的想法,即前生命地球上的条件有利于从原始硫醇和氨基酸以及其他假定也大量存在的酸形成硫酯。这一可能性更成问题,因为它牵涉一个需能的缩合反应的自发进行。我将在下一章考察原始代谢的能量来源时再探讨这一问题。眼下我们先把它当作一个工作假说。

救命的催化多聚体

假设氨基酸的硫酯存在,从维兰德的结果可知肽可以由这些物质自发合成,即使没有催化剂。除了肽键,这些集合物可能还包含酯键,因为根据米勒的结果,羟酸(带一个羟基)在原始汤中也可能大量存在。因此,既然肽是由氨基酸唯一生成的,我就把生成的分子叫作多聚体。[16]

为什么用语言上很别扭的multimer(多聚体)——拉丁语*multus*(许多)跟希腊语*meros*(部分)合成的一个词,而不用较规范的polymer(源自希腊语*polys*,意为"许多")或者oligomer(源自希腊语*oligos*,意为"少数")?因为至少对我而言polymer听起来太长了,oligomer听起来又太短了,且这两个词都容易引发人们想到规律性和均一性,而这是我所希望避免的。我模型中的多聚体是混合的一群,包含的构件也不少,但不及通常意义上的多聚体那么多。

我的最后一个提法,许多人会觉得极其矛盾,就是认为现今代谢中由酶执行的催化活性已存在于此种多聚体混合物中,尽管以粗放的形式,并担当原始代谢中的主要催化剂(或原始酶)。对此我没有任何证据，只是一些假设。

按照我的假说，多聚体由已存在的任何硫酯随机相互作用而生成。这并不意味着形成的产物也是随机的，即以一种完全无序的方式生成各种连接的混合物，毫无规律或可复制性。相反，我们可以认为只要保持同样条件，混合物就会有固定的可复制的组成，在所有可用的构件能够形成的可能组合中的小子集里保持一致。大量的组合形式或者在形成水平就被排除——它们形成得太慢或干脆不可能形成，或者在破坏水平被排除——它们降解得太快了。水溶性可能是一个附加的选择因子，尽管要承认某些分子在不溶状态也具有催化活性。最后，有可能具催化活性的分子会受到它作用的分子的保护，就像今天的许多酶得到它们底物的保护一样。只有那些通过了这种多重筛选的分子才能在混合产物中占一席之地。由于筛选中所涉因子具有严格的物理化学属性，只要条件不变，混合物的组成就保持不变。这一点很重要。它使生命生发过程的这一部分尽管依赖于随机相互作用但却可复制和确定。

可复制的混合物内含原始代谢所需的原始酶，这是猜测的，但并非难以置信，理由如下。首先，我们知道，福克斯的某些类蛋白质，事实上甚至单个的或混合的氨基酸，都能表现粗陋的催化活性。[17]我推测多聚体也应当有此潜能。其次，赋予分子稳定性的构型，诸如足够大的分子大小和紧凑的或环状的构象，正是被蛋白质化学家认为很可能也是催化活性所要求的构型。第三，正如我将在第七章要解释的那样，现今的酶必须从较短小的肽开始，可能不超过20—30个氨基酸长，或许更短。这一事实使多聚体中存在催化分子显得更为可能。最后，这符合调和原则。我们所要寻找的催化活性，在广大的生物领域是由蛋白质分子执行的，并非是在黏土或其他矿物的表面。蛋白质类型的标准肽，由于其形成和忠实复制在前生命条件下太不可能而被排斥出局，我设想的混合物中的多聚体就成了退而求其次的构筑决定酶催化活性的特有三维结构的最佳分子。这丝毫不排斥金属或其他辅助因子参与原始代谢。相反，想想如泛酰巯基乙胺这样的分子可以是混合多聚体的一部分，那是很引人入胜的。

第三章

起始生命的燃料

没有能量供应和有效的利用能量的途径，原始代谢就不可能进行。组建生命的复杂过程非常艰难，为了让它变得容易一些并因此能够自发地发生，充足的能量供应必不可少。在生命出现之前的地球上，以阳光、紫外辐射、放电、地震波、热能和各种剧烈的化学反应的形式存在着充足的能量。在这多种形式的能源当中，起始生命利用的是其中的哪一种？特别是，这些生命出现之前，环境中的自然能量怎样转化为能够有效地创造生命的形式？

原始膜问题

如果根据调和原则，我们想要从现在的生物身上找出有关这些问题的暗示，马上就会碰到一个问题。现在的活生物体内最重要的能量发生器，依赖于在一层精细的膜样结构层面上组织的非常复杂的物质进行工作。这样的组织结构会那么早产生以满足起始生命的能量需求吗？

一些作者认为这是可能的。在一本关于生物能学的书中，哈罗德(Franklin Harold)，一位科罗拉多大学的生物化学家，毫不迟疑地给其中的重要一节加上这样一个标题:“起初,有膜”。[1]夏威夷大学的福尔瑟姆(Clair Folsome)提出,原始的具膜囊泡可能形成于某种油性“泡沫”——在第一章中我称其为“糊糊”——在生命出现之前的世界中一定有大量的这种东西,这种囊泡和某些能够捕捉光能的分子组合起来就可能发展成为可进行光化学反应的“原始生命”。[2]这个假说和其他类似的假说不能被完全抛弃,但在我看来,它们似乎与最初的能量供应系统所必须具有的基本特性不相容。即使我们假定某种膜包裹的光能捕获系统确实存在,我们也必须能够解释被捕获的光能怎样被转化为可利用的化学能,而非无用的热能。

最初的生命没有膜也能做到吗?这就是我在本章中将要提出的问题。我们将会看到,有很好的理由使我们相信生命确实可能会是这样的。经过正确的探索,我们甚至可以知道生命是怎样做到这一点的。作为题目的开始,我们将讨论生命发展可能要克服的第一个能障。

失氢案件

这个问题很容易用现代的术语描述。举个例子,拿一碗菠菜,小心地将它晒干,使之脱去所有的水但保留其他的成分。正如每一位厨师都知道的那样,因为菠菜“几乎全是水”,所以将不会有多少东西剩下来。但“大力水手”(Popeye)的超级力量正是从剩下来的东西中得来的。把这些东西交给化学家做成分分析,他会告诉你这东西基本上是由碳、氧、氮和氢组成的。就原子数目来说,比例大约是:C,60; O,40; N,2;H,100。现在考虑一下菠菜用以组建自己身体的“养料”。碳来自大气中的二氧化碳(CO_2),氮来自土壤中的硝酸盐(NO_3^-),氢来自水(H_2O)。现在,如果尝试用这些构件来造出脱水的菠菜,你会发现你的产物含有大量多余的氧:二氧化碳提供了120个氧原子(60×2),硝酸盐提供了6个(2×3),水提供了50个,一共是176个氧原子,或者说比所需的40个氧原子多了136个。换一种方式表述这个问题,如果要将这些多余的氧原子转化为水,在我们的这个例子中,还需要272个氢原子,即每1个氧原子需要结合2个氢原子。结论是,现在的自养(自我构建)生物需要一种氢源。起始生命又如何呢?

如果大气是像尤里所想象的那样,就不会有什么问题了。碳从甲烷(CH_4)中获得,氮从氨气(NH_3)中获得,而氧从水中获得,这样就已经有了大量多余的氢原子了(需要100个而我们有326个),这还不算尤里的大气中相当数量的氢分子。但是如果碳是从二氧化碳中获得的话,正如米勒通过实验所发现的那样,你就有麻烦了。即使尤里是正确的,可怕的时刻也只是被推迟而已。或早或晚——很可能是非常早——氢将会缺失,像今天这样。在哪里能找到它呢?

若把这个失氢案件交给一位天真的侦探,他很可能会回答:"这算什么问题呀?海洋中的氢你永远都用不完。"太对了,只可惜那里的氢是不能拿来现成用的。我们的侦探忘记了"二者不可得兼"的至理名言,在化学世界和整个宇宙中,事实上,这句话可以转译成"你不可能两头都走得通"。你不能把氢从水中提出再用它将氧转变成水。如果你能这么做的话,你等于发明了永动机,一个被一代代狂想者徒劳追逐的梦想,它不能实现是因为它违背了一条最基本的自然法则:自然界的每个事件都有一个允许方向和一个禁止方向。苹果落地;它们不会跳上枝头。方糖溶在你的咖啡中;它们不会自发地从你的甜咖啡中形成。氢和氧结合生成水;水不会自发地离解成氢和氧的混合物。自然界的所有通道都只有**一个方向**。当然,你可以逆向而行,但要做到这一点你必须**做功**:举起苹果,析出糖,用电力什么的从水分子中解离出氢。

这是自然界的绝对基本原则,它被科学家们表达为热力学第二定律,通常简称为第二定律:**如果想沿禁止方向而行,就得做功**。另一方面,沿着允许方向而行的事件若能被正确驾驭,就可以为你做功,虽然它做的功决不会和要使这件事反向进行你自己需做的功一样多。用一条绳子和滑轮,你可以用一个下落的苹果来提升另一个苹果,只要后一个苹果较轻一些。你可以很轻易地把这两个方向想象为允许方向是下山,而禁止方向是上山。绝对的水平意味着向哪个方向走都不做功。这就是平衡状态。

现在让我们回到失氢的问题上,问一下现在的生物是如何解决这一问题的。菠菜是从哪里获得它生长所需要的额外的氢的呢?答案是:正如我们的侦探所指出的那样,从水。但是,根据第二定律,菠菜必须为此做功。或更确切地说,它利用太阳为此做功。植物中的绿色物质叶绿素,正是做这份工作的。它利用阳光的能量分离水中的氢原子,把它的能级提到足够的高度,使之能够分离二氧化碳和硝酸盐中的氧原子并取而代之,用它的能量做所有的工作,也就是下山。能级这一概念至关重要。我们可以借助于重力势能的概念想象它,当然我们所讨论的是化学能。物体所处的高度越高,它下落时能做的功就越多。在化学中,高度被压力、浓度、电势之类的概念所代替。我们将不理会这些复杂的玩意儿,而采用能级这个不太严格但更容易掌握的概念。

叶绿素是一种非常复杂的分子,还要和膜上其他复杂的分子联合起来才能进行工作。这样的系统不太可能在极早的生命起源前期就自发出现。我们必须从别的方面搜索最原始生命的氢供体。为此,我们要先更详细地了解一下氢原子。

氢原子是最小的原子。它的原子核和绝大部分质量由一个带正电荷的颗粒(即质子)组成,另有一个带负电荷的周边电子,质量不足质子的1/1000。在以丹麦大物理学家玻尔(Niels Bohr)命名的简化原子绘景中,电子被看作像行星绕着太阳一样围绕着原子核。量子力学提供了一个更确切但不太直观的绘景,对我们来说玻尔的原子模型就足够用了。

由于水分子能自发解离成仅为一个质子的带正电荷的氢离子H^+，和一个带负电荷的氢氧根离子OH^-，所以水中存在少量的自由质子。在纯水中，1000万个水分子中才会有1个解离（这样就足以使一汤勺的水中含有1000万亿个质子和氢氧根离子了）。若水的酸度上升（碱度下降），自由质子的数量就会增多而氢氧根离子的数量减少，反之亦然。确切地说，酸就是在水溶液中能释放质子的物质，而碱则是能结合质子的物质。

这一小段关于物理化学的插曲，是为了说明一个至关重要的问题：**如果提供电子，就能从水中得到氢原子**。电子能结合水分子解离出来的质子以形成氢原子。但是，别忘了第二定律。如果我们要氢原子做我们想要做的工作——把氧从二氧化碳和硝酸盐中分离——氢原子就需要在足够高的能级以使反应能够进行。这就要求提供的电子本身有足够的能级，以使它们结合质子所形成的氢原子能被提到足够高的能级上来分离二氧化碳和硝酸盐中的氧。

总之，在有可以吸收或提供质子的水存在的情况下，自由的氢原子和电子是可互换的。在生物化学术语中，有质子参与的反应也不提到质子，而只说电子。物质得电子（或氢原子）被称为还原，失电子（或氢原子）被称为氧化。这两种类型的反应是紧密偶联的。当一种物质被还原，则必有另一种物质被氧化以提供必需的电子（或氢原子）。这样，我们总说氧化还原反应，或者用现在更通用的术语，电子传递反应。能级的概念必须牢记于心。当电子被传递时，提供较高能级的可传递电子的物质为电子供体，而电子受体则是被还原的具有较低电子能级的物质。像世界上其他事件一样，电子从供体传递到受体皆沿着“下山”方向进行。

有了以上这些知识，我们现在可以探索在前生命环境中能够为所需反应——我们此后称之为生物合成还原反应——提供电子的合适供体了。关于这个问题已经提出了几种解答。我将只论及其中的两种，它们碰巧都和铁有关。第一种机制利用太阳能将氢从水中分离，这和植物系统一样，但有一个巨大的优势是不需要精细的催化剂。反应发生在简单的水溶液中，唯一的要求是水中含有带2个正电荷的亚铁离子(Fe^{2+})(离子是带有电荷的原子或分子)。[3]我们已经知道生命起源前期的海洋中有大量的这种离子。能量的来源是紫外线而不是可见光，但考虑到那时的地球暴露在强烈的紫外辐射之下，这也不成问题。一个亚铁离子被一个光子激发会释放出一个电子变成带3个正电荷的铁离子(Fe^{3+})。电子结合质子就生成氢原子。在这个过程中，电子从亚铁离子(供体)传递到质子(受体)。逆反应是氢原子作为供体而铁离子作为受体。如果没有紫外线的话，能够自发发生的反应实际应该是后者。幸亏有了紫外线提供的能量，自发反应的方向被逆转过来，亚铁离子释放的电子被提到较高能级并能够在原始生命的还原反应中起作用。

这个反应确实发生的一个可能证据发现于磁铁矿中，这是一种亚铁离子和铁离子氧化物的混合物，存在于由于呈条状外观而被称为条带状铁建造[4]的富铁地层中。条带状铁建造的年龄大约在15亿—35亿年以上。通常认为这种建造是亚铁与利用光能的细菌产生的氧相互作用的结果，但刚才提到的紫外线供能的反应也可能参与它的形成，这种可能性不能排除。

前生命电子另一种可能的来源是硫化氢，前生命环境中的典型成分。瓦赫特肖塞提出，在亚铁存在的情况下，两个氢硫根离子(SH^-)——形成于硫化氢的水溶液之中——可以转化为二硫阴离子(S_2^{2-})并放出分子氢。在这里，铁并没有放出电子，它驱动反应进行是通过和二硫阴离子结合生成极难溶的二硫化亚铁(FeS_2)，以此除去溶液中的反应产物，以便更多的产物能够生成。这个模型的有效性已被实验所证实。[5]二硫化亚铁是黄铁矿的组分，在上一章提到的瓦赫特肖塞的原始代谢模型中，这种矿物为反应提供了催化表面。

这样，我们就有了两个从理论上能够解决氢缺失问题的模型系统。它们并不互相排斥。这两种反应可能同时发生，或发生在不同的环境中。确切地说，紫外线供能的反应可能只发生在水的表面层，而生成黄铁矿的反应则可能发生在黑暗的海洋深处。

总之，不管前生命大气的确切成分如何，我们可以认为，我们这颗年轻行星上富含亚铁，被硫化氢气体所笼罩，暴露在强烈的紫外辐射之下，氢在慢慢生成，而那些注定有一天会成为磁铁矿和黄铁矿的铁化合物沉积在海洋的底部。电子确实可在较高能级获得以支持早期的生物合成还原反应。

有趣的是，在现今的活生物中，铁和硫都是参与电子传递反应的催化剂的关键成分。这类催化剂的最原始形式，很可能是被称为铁硫蛋白的蛋白质，[6]其催化中心是被硫原子包围的一个铁原子，价态在二价铁和三价铁之间摆动。这个提示是明确无误的。

余水案件

有了电子的供体只解决了前生命能量问题的一半。问题的另一半是关于在水中合成分子的。我们已经遇到过的这类反应的例子，包括醇和酸合成酯，硫醇和酸合成硫酯，氨基酸合成肽，磷酸、核糖和碱基合成核苷酸，以及核苷酸合成RNA。活的生物体内还有很多这类缩合反应。它们有一个共同点，就是反应伴随着脱水。在水溶液中，这是禁止方向，正如第二章中解释的那样。

对这个问题，大自然通用的解决办法是ATP。这个缩写代表腺苷三磷酸(*adenosine triphosphate*),它几乎和DNA一样有名。腺苷是腺嘌呤碱基和核糖的复合物。结合一个磷酸分子后,腺苷就成为腺苷单磷酸(AMP),这是构成RNA的4种核苷酸之一。AMP的磷酸根上再结合一个磷酸,就得到腺苷二磷酸(ADP),在末端的磷酸根上再加一个磷酸,就成为ATP。

连接ATP的3个磷酸根的2个化学键叫作焦磷酸键,得名于无机焦磷酸盐(PP_i),通过高温加热无机磷酸盐(P_i)生成的2个磷酸根的化合物[焦磷酸(pyrophosphate)的词头*pyr*在希腊语中意为"火"]。焦磷酸键的生成是一个典型的缩合反应,反应中伴随脱去一个水分子的过程。逆反应是焦磷酸键水解。这类化学键在水溶液的环境中水解是自发的反应,缩合是非自发的反应。

ATP是生物体内通用的缩合剂,也即化学脱水剂。它不论水解成ADP和P_i,还是AMP和PP_i,都可以帮助脱水以形成新的化学键。这种特殊机制被称为顺序基团转移,要结合的分子所生成的水分子被直接转移给ATP使之水解,反应中的水分子从来不以自由形态出现,也不和周围的水混合。在转移过程中,水分子走向阻力最小(下山)的方向。如果X和Y之间生成一个化学键所需的能量比ADP和P_i或AMP和PP_i所需的能量少——也就是说ATP水解放出的能量比X和Y结合所需的能量多——X—Y键就能生成,而ATP的一个焦磷酸键将会水解。如果情况相反的话,逆反应将会发生。如果生成这两种键的能量相等,即反应是可逆的,根据化学平衡的原则,将会有部分键发生交换。

幸好,合成生物体物质大多数的化学键所需能量比ATP的焦磷酸键的键能要小,这是ATP所以能成为有效的缩合剂的原因。因此,生物化学家李普曼把ATP的焦磷酸键叫作高能键。[7]蛋白质或其他自然物质中的化学键是利用ATP水解供能产生的,叫作低能键。

ATP不是缩合反应的最终能量来源。我们无法直接从食物中获取

ATP,这种至关重要的物质在我们的细胞中含量也极少。如果ATP不能利用它的水解产物持续地再生的话,生命活动将会很快终止。本章的后面将会详细讨论这个问题。首先,我们先要问一下,起始生命能否获得像ATP一类的物质?

当然不是ATP本身。对于前生命事件的最早时期,那是一种过于复杂的分子。ATP出现时,我们就已进入RNA世界,而不是原始代谢刚开始的时候了。但更简单一些的无机焦磷酸盐怎么样呢?

无机焦磷酸盐中的焦磷酸键不如ATP中类似的键那么强大,但在很多反应过程中已足以替代ATP键了。在现在的生物世界中能找到很多证据,证明无机焦磷酸盐可以行使和ATP同样的基本功能。大多数研究人员认为,焦磷酸盐在ATP之前充当着高能键的载体。[8]充任这一角色的可能还有多聚磷酸盐,这是一种很多磷酸根被焦磷酸键连接起来的复合物,能在一些生物中找到。因此,很多科学家都在寻求地质学记录,想找到这类物质在前生命时期可能存在的证据。

这种探索的结果并不令人乐观。在第一章中我提到过可溶性无机磷酸盐的稀缺性和与此相反的磷在生物学中绝对重要的地位所产生的问题。对于焦磷酸盐和多聚磷酸盐来说问题就更严重了,因为它们比磷酸盐少得多,并且被锁定在不溶性的化合物中。但是,我提出酸可能是溶解磷酸盐的一种手段,这对焦磷酸盐同样适用。并且,最近检测到了火山喷发产生的焦磷酸盐,在前生命条件下这可能是焦磷酸盐更重要的来源。[9]

另一种可能性是,硫酯作为缩合反应的主要能量来源。[10]硫酯是大量反应物中有酸的ATP供能缩合反应的必需中间产物。在这类反应中,ATP水解促进酸与硫醇,通常是磷酸泛酰巯基乙胺或辅酶A,形成相应的硫酯。然后酸性基团从硫酯上转移到受体上。我们在第二章看到过这种基团转移反应怎样在酯和某些肽的生成中起作用。其他很多重要的生物组分皆通过硫酯途径生成，包括多种脂类、胆固醇、几种维生素、叶绿素的一部分和众多的代谢中间产物。

硫酯具有吸引力的原因，是它们在能量上等同于ATP。硫酯键是高能键，这样，硫酯既能促进ATP的生成，也能利用ATP的水解获得。美国化学家韦伯(Arthur Weber)在前生命硫化物的研究中做了开创性工作。他以前在拉霍亚的索尔克研究所，现在在加利福尼亚莫菲特菲尔德的国家航空和航天局(NASA)埃姆斯研究中心工作。他证明在很简单的条件下，硫酯可促进无机磷酸盐生成无机焦磷酸盐，其机理与现在硫酯偶联的ADP与P_i生成ATP的反应相似。[11]

这样，我们就有两个与调和原则相符合的选择。前生命环境提供焦磷酸盐，并以此作为生成硫酯的缩合剂。或者相反，先有硫酯，它促进焦磷酸盐的生成。或者，这两种物质各自独立出现，随后有了相互作用。我们在得出任何结论之前，先要看一看在现存的活生物体内，ATP是通过何种机制从它的水解产物中持续再生的。

循环怎样不断运转

在活细胞中，ATP转换得非常迅速。它被化学反应(或其他很多类型的工作，正如我们待会儿将会看到的那样)不断地消耗——即水解，也被利用它的水解产物同样迅速地生成。这种再生反应的能量来自何方？要回答这个至关重要的问题，我们还要回到失氢案件上去。ATP再生所需能量来自电子流。

在本章的开头，我们看到电子如何从占据高能级的还原性供体转移到占据低能级的氧化性受体。(对每个被转移的电子)这种转移释放的能量与两个能级之差成正比。作为一幅简化的图景，可以想象一下瀑布。一定量的水下落释放的能量与瀑布的高度成正比。

在所有的活细胞中，都有特定的“电子瀑布”与ADP和P_i合成ATP的过程相偶联，就像一些瀑布被用来推动磨坊或发电一样。这种通用的机制叫作氧化磷酸化——称为氧化是因为在偶联反应中电子供体被氧化；称为磷酸化是因为ADP被磷酸化，即在此过程中被加上了另外一个磷酸基团。它需要3个条件：(1) 合适的电子来源；(2) 电子受体，它要在足够低的能级上，以便电子转移释放出的能量能满足ATP合成的需要（通常，每转移一对电子就合成一个ATP分子）；(3) 偶联系统——可以比作瀑布中的水轮或涡轮机——用来将电子流和ATP合成联系起来。

自然界的此类反应使用了多种不同的电子供体和受体。例如，在像我们一样的生物体内，食物提供电子，氧是最终的受体。这就是当我们“燃烧”我们的食物时所发生的事情。多亏有了这种机制，燃烧时释放的能量只有部分作为热能被放出。大量能量以ATP的形式被回收。在已知的绿色植物中，电子由被激发的叶绿素分子送上高能级，并在低能级时被相同的分子回收。在这过程中，电子流经偶联的磷酸化系统，正如在我们的组织中一样。电子的供体和受体各有不同，但回收能量的机制是普适的。

最重要的这种结构位于膜上。当我们察看最初的细胞时将会遇到它们。我们已约定，在生命起源这样早的时期将不把它们考虑进去。某些偶联的磷酸化过程不依赖于膜结构而发生在活细胞的水溶性部分，即胞质中进行。这种机制在专业上叫作底物水平的磷酸化，可能在前生命期就出现了（生成焦磷酸盐而非ATP）。有趣的是，硫酯在其中作为关键的中间产物。同释放能量的电子传递过程直接偶联的是硫酯的生成，硫酯进而以上述途径促进ATP的合成。

这样，硫酯在代谢中占据着一个独特的位置：它们**把两种主要的生物能量形式联系起来**—— 一边连着电子传递，一边连着基团转移。另外，在前一章我们看到硫酯在起始生命最初催化剂的产生中可能扮演了关键性角色。考虑到这些事实，加上酸与硫醇在前生命地球上很可能非常富集，硫酯非常有可能是早期生命发生过程中主要的能量供应者，或许早于无机焦磷酸盐。但这里有一个假设——用达尔文的话说，是一个多么大的假设啊！[12]最初的硫酯自身生成也需要能量。于是，我们又回到了起点。

在前生命条件下，对硫酯合成的问题有几种可能的解答。根据热力学数据，在水相介质中，如果介质有非常高的热度和酸度的话，自由的酸和硫醇能自发生成硫酯。然而即使这样，生成量也会非常少。尽管如此，这种可能性也值得考虑。沸腾的酸液不是我们想象中的舒适环境，对一些脆弱的生物分子来说也不是一种特别好的介质，但它却是某些被称为嗜热嗜酸菌的特别古老的细菌选择的栖身之处。[13]一些作者认为生命发生于一个热的环境中。因此他们对于通过大洋深处的地热裂隙持续循环的海水特别感兴趣。可以想象这样的场景，硫酯在又热又酸、富含硫的深处生成，并被不断地带到原始汤中，那里的环境较为温和，蕴涵能量的硫酯得以行使它们的功能。

这不是仅有的可能性。韦伯描述了其他能够生成硫酯的机制。[14]还有另外一种未被探明的可能性，即硫酯可能在大气中由挥发的硫醇和酸生成。最后，而且也可能是最简单的，偶联的电子传递也可能是能量来源，就像现今代谢过程中那样。

对这个反应所了解的情况表明，它可能在前生命条件下发生。必需的原料很可能存在，作为铁硫蛋白原型的原始的铁硫复合物可以催化这一反应。在一些古细菌中，这类反应确实是被铁硫蛋白催化的。[15]

至于生成硫酯的反应所必需的电子受体，三价铁的可能性很大，那是在紫外线作用下质子产生氢的反应中二价铁的产物。作为电子受体，三价铁可以回到二价铁状态，这样就完成了一个循环：在紫外线作用下电子从二价铁释放出来，通过生成硫酯键的复杂途径再变回二价铁。总的结果是利用紫外线生成硫酯键，再用它来提供起始生命所需的能量。这样一个循环与很大程度上支撑着当今生物圈的水-氧循环是很相似的——植物利用可见光从水中放出氧，动物和其他好氧生物利用氧作为最终电子受体并重新把它变成水——只有一个显著的不同，就是水-氧循环需要复杂结构的支持，而铁循环不需要。铁和硫之间的合作，在此循环中可能是现在这两种对生物极为重要的元素之间广泛合作的最初显示。[16]

硫酯世界

我们尚未揭示原始代谢的隐藏踪迹，但我们已经找到了一些能说明问题的线索。这些线索已经在本章和前一章中被详细介绍过了。对我们已揭示的东西做一个简短的总结是有益的。最主要的信息清晰而有力地显示出来：硫。

就数量而言，这种元素是活生物体的微量组分，但就质量而言，却极为重要。在组成蛋白质的20种氨基酸中，半胱氨酸和甲硫氨酸都含有硫。几种辅酶中都含有硫。在酶的催化中心的部位经常会有硫。在几种结构大分子，如软骨结构一些主要组分中也有硫。在最古老的细菌中，很多是靠代谢某些硫化物生存的。前生命世界充满了硫。所有这些结合起来就能得出一个很强有力的结论。

在现在的生物体内，硫主要以完全氧化状态的硫酸根（SO_4^{2-}）形式，存在于几种组分尤其是结构组分中，其作用主要是给分子提供负电荷。但是硫的很多极重要的生物学功能要求硫酸根被还原为硫化氢（H_2S）并结合于有机分子（大多为硫醇及其衍生物）。硫化氢也是前生命世界中占主导地位的硫的存在形式。我们发现的这些线索不容置疑地指向硫醇。

在原始汤中,硫醇很可能与多种氨基酸及其他的有机酸——这些是在米勒模拟实验中产生并发现于陨石中的主要物质——共存。硫醇和酸容易结合为硫酯,提供了解决生成硫酯键必须去除水分子这一问题的方法。凭着这个原因,有几种机制可能存在。我的主要假说是,在前生命世界的某些地方存在硫酯能自发生成的环境。有了这个未得到证实但并非不可能的前提,硫酯支持的类似代谢的原始代谢道路就开通了。

硫酯为原始代谢提供了两类必需的因素:催化剂和能量。催化剂是肽和类肽物质,它们是现今酶的前身,在它们的指导下,最初的生命构件与现今的代谢形式之间相差不算太大。能量的形式适于这种途径,并可能由此引入了无机焦磷酸盐和那万分重要的焦磷酸键。

最初的生物合成还原反应所需的高能电子可能是由二价铁在紫外线的辅助下或硫化氢在二价铁的辅助下提供的。起初的反应可能生成三价铁,它在偶联于硫酯——及随后的无机焦磷酸盐——合成反应的产能电子传递反应中充任最初的电子受体。这两个过程合起来就完成了一个铁循环,其中紫外线的能量支持硫酯的生成,以及——通过硫酯的裂解——整个原始代谢。另外,铁和硫结合起来可能构成了最初的电子传递催化剂。

这个"硫酯世界",或更确切地说,"硫酯-铁世界",就是我基于残存的线索而猜测重建起来的隐藏踪迹,这条踪迹从前生命化学最初的产物通向RNA世界,并在起始生命从RNA世界向RNA-蛋白质世界演变的整个时期中支撑着RNA世界。关于这条踪迹的观点纯属推测。将来的发现很可能会指向今日所意想不到的不同途径。就我而言,若这条早期的途径和现今代谢方式毫无共同之处,我会感到非常惊奇。

第四章

RNA的出现

即使我们接受硫酯世界的前提，离发现从生命的最初构件到RNA的化学途径依然相去甚远。一个对此问题的可能的实验方法正好暗示了其本身：在实验室中再现原初的多聚体混合物，寻找其中关键的催化活性。按照我的模型，这是问题的核心。今天由酶催化的代谢通路其原始代谢必定靠早期的催化剂沟通。

现在已出现几种制造随机多肽的技术。你甚至可以回到维兰德的老方法，他有实际运用硫酯的天才。这种实验不能提供导致该模型假设的多聚体的特殊亚群所形成的选择条件，但这是往正确方向上迈出的一步。另一方面，调和原则将帮助选择要寻找的催化活性的种类。遗憾的是，我本人做的实验还与建立这样的方法相距甚远。不过别的实验室已对此发生兴趣。

同时，以现今代谢为指导，我们还有推测的余地。ATP提供了一个可能的线索。

ATP纽带

ATP在能量代谢中扮演了重要角色。它还是合成RNA的4种前体分子之一。这就是纽带。RNA分子由核苷酸构成,后者是由磷酸、核糖、4种碱基[即腺嘌呤(A)、鸟嘌呤(G)、胞嘧啶(C)、尿嘧啶(U)]之一组成的。AMP(ATP的前身)就是这种核苷酸之一。结构相似的GMP、CMP和UMP是另外3种。就像AMP可以被磷酸化为ADP和ATP一样,其他的核苷酸也可以被分别转化为GDP和GTP、CDP和CTP、UDP和UTP。GTP、CTP和UTP中的焦磷酸键与ATP中的焦磷酸键性质是一样的,它们的断裂都可以支持需能过程而且某些现实情况里也正是这样。即便如此,其中心地位仍是ATP的特权。不管何时牵涉到其他的能量供体,它的再生都需要ATP裂解。

ATP为什么以这种方式被选出?对此问题的可能答案,是腺嘌呤恰巧先于其他碱基出现。腺嘌呤的确是最容易非生物合成的。奥罗巧妙地从氰化铵合成腺嘌呤已在第二章提到。[1]尽管这一发现的现实作用还未确定,它起码提示腺嘌呤属于早期生命构件中比较容易合成的分子。已在陨石上探测到痕量腺嘌呤,支持这一假说。[2]

五碳糖核糖的起源还很模糊。糖在碱性甲醛溶液中容易形成,但是作为不同分子的杂乱混合物。在代谢中,核糖是由六碳糖葡萄糖经由连接了磷酸的中间物的旁路途径形成的。苏黎世联邦理工学院的瑞士化学家埃申莫泽(Albert Eschenmoser)的工作已证明,磷酸基团即使没有催化剂存在,也可以对糖分子的反应性产生高度选择性的影响。[3]磷酸基团也参加了核糖与碱基的连接的生物机制,并提供了核苷酸的磷酸组分。也许早期存在的无机焦磷酸——来自自然资源或我的模型中的硫酯途径——帮助原始代谢驶向AMP形成的方向。目前,人们只能猜测。

AMP一旦登场,就为硫酯世界模型提供了一个有趣的机遇。已知硫酯键与焦磷酸键在能量上是等价的;其任意一个水解都可以支持其他分子的失水缩合反应。在一种此类反应中,ATP水解成AMP和无机焦磷酸(PPi)帮助酸与辅酶A或泛酰巯基乙胺磷酸(代谢中两种主要的巯基化物辅助因子)的缩合。这就是硫酯如何参加酯的生物合成,及其他许多重要生物化合物的聚合。该反应是自由可逆的。现在想象你自己置身第一个AMP分子出现时的包含有硫酯类和PP_i的世界。通过一个上面提到的逆反应,AMP和PP_i可能在硫酯水解提供的能量支持下结合起来。[4]假如你真在那里,就会目睹生命的化学起源中最伟大的事件之一的发生:生物能量的通用供体,最终走向完全取代孕育了它的焦磷酸盐功能的ATP的诞生。

一个有趣的可能性,是ATP反过来充当RNA的领座员;换言之,**信息可能与能量伴随而至**。可能发生的是两个ATP分子缩合成ATP-AMP,同时释放出无机焦磷酸。这个反应中,第二个ATP向第一个ATP提供一个AMP分子。而且,ATP与AMP的键合是借助第二个ATP分子(作为AMP供体)中AMP与焦磷酸之间的键的消耗。有另一个ATP向ATP-AMP提供AMP,你就得到ATP-AMP-AMP。反应周而复始进行,你就得到任意长度的ATP-AMP-AMP-AMP……链,叫作poly-A。这不是科幻小说。这样的反应实际上存在于许多活细胞中,在那里它把多达250个核苷酸长的poly-A加到好多RNA分子上。与真正的RNA合成不同,poly-A的形成不需要提供信息就发生了,它是"无言的"重复的集合。

说到原始代谢上来,poly-A中AMP的储存形式,可能起过自动调节ATP和PPi存在量的作用。想象一个ATP丰富而PPi稀少的情况。因化学平衡律的原因,ATP被驱使形成poly-A,PPi升高。相反情况下,过剩的PPi会驱使poly-A形成ATP。该过程可能是"无言的",在RNA出现前的整个原始代谢世界都是这样。但结果绝非无用。它保护AMP,并调节高能焦磷酸键的两种形式——PP_i和ATP——的可用量及它们消耗的相对速度。

还不知道RNA中发现的另3种碱基是如何出现的。已有人对它们的无生命形成的可能途径提出设想。[5]从腺嘌呤起源,不是不可想象的。它们一旦出现,就可以由AMP带动形成核苷酸。核苷酸中一个碱基取代另一个碱基的反应已经被搞得很清楚。因此,鸟嘌呤可以取代AMP中的腺嘌呤形成GMP;同样胞嘧啶可以变成CMP,尿嘧啶变成UMP。接着,像在现今代谢中那样,核苷酸可以从ATP获得磷酸根,导致GTP、CTP和UTP的产生。最后,引致ATP形成poly-A的同一个"无言"反应也使GMP、CMP和UMP搀入相同的联合,形成最早的RNA分子,尽管还仅仅是一群不带信息的杂乱的字母。这一方案尚属推测,但不是不可能的。看来有理由推测不带信息的化学产物先出现,信息随后到来。

在今日世界,RNA如所描述的由ATP、GTP、CTP和UTP聚合而成,它们为自ATP或GTP启始的长链贡献了AMP、GMP、CMP和UMP单位。此种生物过程还拥有前生命过程缺少的选择机制——4种可用的核苷酸中哪一种被搀入。依赖于简单的分子相互作用的这种选择机制的诞生,代表了地球生命发展的真正分水岭。它标志着化学时代向信息时代过渡。

在我们自己影响这一过渡之前,我们必须先来看看一组重要的叫作辅酶的催化成分,它们大多可以追溯到化学时代。它们的存在带来有关RNA世界的作用和RNA起源的有趣的可能性。

辅酶:RNA世界之子?

代谢中,酶经常得到叫辅酶的特殊分子的帮助。它们最频繁起作用的时候,是作为转移反应中的中间体或载体。想象一个过程,其中实体X被从X供体X-Y转移到受体Z,产生X-Z和Y。在许多情况下,载体K介导了转移，这样X首先被从X-Y转移到K，形成X-K，X-K又把X提供给Z，形成X-Z，并释放出K准备下一轮循环。这种特别途径有好几种优点。主要的一个优点，是同一实体转移时的核心化和简单化。设想例如X要在10个不同供体和10个不同受体之间交换。允许全部可能的交换发生所需的单个反应要有100个。以K作为通用的中间体时，只要20个反应。就像有一种中央通货来应付交易。

在转移反应中有两种实体被交换：电子或化学基团。我们已经在生物合成还原反应和能量补偿中看到电子转移的重要性。对于基团转移，它们代表了生物合成装配反应的主要机制。在第二章和第三章中已提到几个例证。RNA合成是又一个。在RNA延伸中，AMP的添加是一个AMP基团从ATP向生长链的转移。实际上每一种生物缩合反应都由基团转移实现。生物体中发生的90%以上的反应，要么是电子转移要么是基团转移，这一事实证明了转移反应的重要性。大多数这样的反应需要一个辅酶载体的帮助才能发生。这里因而有两类主要的辅酶：电子载体和基团载体。

某些辅酶可以追溯到前生命的早期。我们已经遇到过铁硫复合体作为推定的原始电子载体。某些巯基化合物，如辅酶M或泛酰巯基乙胺磷酸，可能在最早的基团载体之列。其他的许多辅酶，可能是RNA世界之子。令人吃惊的是，4种核苷酸全都提供了重要的基团载体参加某种碳水化合物（从糖衍生）或脂类（脂肪）成分的合成。另外，AMP是几种其他辅酶，包括辅酶A（联接到泛酰巯基乙胺磷酸上）和几种关键电子载体的一部分。

在一些辅酶中，活性部分是一个扁平环状含氮分子，化学上类似于主要核苷酸中发现的碱基。此类特殊分子中的大多数是维生素，它们是人的机体不能制造、必须由食物供给的基本化学物质。有趣的是，这些物质中的一些完全类似于核苷酸的分子结构组合。烟酰胺，一种叫维生素PP(糙皮病预防剂)的重要维生素就是这样的情况,它的缺乏引起糙皮病,一种在拉丁美洲的许多地方一度流行——在某些偏远地区依然流行——的严重营养疾病。在生物体内,烟酰胺与核糖和磷酸相连,构成一个典型的核苷酸烟酰胺单核苷酸,即NMN。与AMP联接后,NMN形成两个主要的电子载体NAD(烟酰胺腺嘌呤二核苷酸)和NADP(烟酰胺腺嘌呤二核苷酸磷酸)。

另一种维生素核黄素,或叫维生素B_2,也相似地有一个核苷酸样的构成(核糖被一个相关物取代):黄素单核苷酸(FMN),它与AMP相连后形成黄素腺嘌呤二核苷酸(FAD)。FMN和FAD都是重要的电子载体。

如此之多的辅酶是核苷酸,这一事实经常被引用来支持RNA世界模型。这些分子被看作是向完全由跟核苷酸辅酶紧密联接的核酶操纵的RNA世界的复归。用美国生物化学家怀特三世(Harold White Ⅲ)的话说,核苷酸辅酶可能是"较早代谢状态的化石"。[6]

像NMN和FMN这样的分子的存在,带来了早期RNA分子包含的核苷酸多于4种的可能性。导致嘌呤(腺嘌呤和鸟嘌呤)和嘧啶(胞嘧啶和尿嘧啶)生成的条件,也可以孵育全套系列含氮碱基的形成。此中大有可能形成核苷酸,接着就有可能搀入RNA样的组合中。后来4种RNA的成分由于它们独特的支持信息转移的性能而被选择下来。这种有趣的可能性将在下一章考察。

生命的化学基础

在我们试图重构从无生命化学到RNA世界的早期途径的努力中,遇到的最重要观念是原始代谢和现今代谢之间的调和。这一观念跟本领域公认的观点相左。生命起源研究的两大先驱米勒和奥格尔在1973

年的论文中就是这样总结他们的观点的。就"代谢途径平行于原初地球上出现过的相应的前生命合成过程"的可能性,他们写道:"不难证明这一假说在多数情况里是不正确的。也许最强大的证据来自已知的现今生物合成途径与合理的前生命途径的一个直接比较——通常它们根本不一致。"[7]

"合理的"前生命途径是什么? 无疑,非常早期的反应,像我们知道的曾经在彗星和陨石上出现的,以及怀疑曾在地球上出现过的一些有机化学基础反应的产物,是米勒称为"强健的"[8]仅要求最简单条件就发生的反应。许多氨基酸和其他有机酸,也许还有腺嘌呤和某些其他含氮碱基,可接受的某些糖类(尽管这更成问题),皆可能以这种方式形成。这类物质,就是我所谓的生命构件。

然而,从这些简单分子通向生成并维持一个RNA世界所要求的化学复合体的道路属于一个不同的境界。连制造ATP的强健道路都没有,更不要说制造RNA分子了。这本身就构成一个对支持催化剂介导的原始代谢的强有力的反驳。

我认为颇有吸引力的一个进一步结论是,原始代谢必须有预定的代谢过程。我不明白RNA世界怎么能够通过不断地产生蛋白质酶,而生出一个与在初始时生成和维持了它的那些反应无关的一个化学反应网络。现今代谢必然从原始代谢调和地产生。

因此,蕴涵生命的各种形式的基础化学反应都是从一开始就制定的,经过了由支配所有化学反应的严格确定的因素所规定的一个连续步骤。这不仅适用于我曾提出的那个特定模型,对其他模型也一样。不管起始生命沿着哪条途径走向RNA世界,作为包括多步骤的连续化学事件的过程,其属性杜绝了不可几事件的充分参与。生发生命的途径包括那些在通行条件下一定要发生的反应中。

另一个结论是,生命生发过程的早期必定非常快,和普遍接受的生命出现花费了很长时间的见解相反。[9]对于包括在生命构建中的脆弱的化合物种类而言,只有快反应过程能够克服自发破坏的消磨。在适当积累了构件、能量来源和催化剂的原始汤中,RNA在"数年"这一量级的时间范围内出现,如果这一时间段显得不短的话。大量的此种孕育——许多因这个或那个原因流产了——可能在世界的不同地方和不同时间发动。甚至有朝一日,在实验室里再现起源过程的可能性,也不再属于科幻小说的领域。

第二篇

信息时代

第五章

RNA取而代之

对信息这个词以前提及很少，原因是不管什么东西导致了最初RNA分子的出现，它都难以承当信息角色。起初，RNA只是化学决定论的产物。现在，信息被作为一种行将出现的特性提了出来，有关这种特性的一些说法对我们的深入研究也许将有所帮助。

预　览

所有的生物都基于世代相传的模板而构建。鼠疫杆菌繁衍鼠疫杆菌，兰花繁殖兰花，螨繁殖螨，人繁殖人。因为这个原因，模板被称为“遗传性”（词根*gen*与genesis中相同，源自希腊语，意为“出生”）。遗传模板由很多单位（或者说基因）组成，它同时形成了生物的基因组或基因型。基因有两种特性：(1) 它们可以**被复制**，传递遗传信息。(2) 它们可以**表达**生物的特性，即生物的表型。这些都是纯粹的化学过程。

在所有的现存生命形式中，遗传模板都被装入了脱氧核糖核酸（DNA）分子，它是一种与RNA关系紧密的物质，同样由4种不同的核苷酸构成。核苷酸序列决定了分子中包含的信息——正如字母序列决定词的含义一样。

DNA是基因的支柱，因为这个原因，它在生命符号中扮演了无与伦比的角色。然而，它的功能被所储存的遗传信息严格限制着（对信息复制也是如此，这样可以保证在细胞分裂时两个子细胞都有一个相同的拷贝）。当遗传信息被表达时，DNA首先被不变地转录成RNA，因为RNA的化学成分和结构与DNA类似，所以这个转录过程与复制类似，仅是在核苷酸的构成上有些许不同。

RNA是比DNA功能更丰富的分子，作为核酶，它可以显示出催化作用，通过一连串的化学反应表达来自被转录DNA的信息。在这些不同的反应中RNA起着不同的作用——这些反应在一种被称为核糖体的细胞器中进行，核糖体是一种由大量RNA和蛋白质构成的复杂结构——也影响着氨基酸组装成蛋白质，这是生物中无比重要的一个过程。

这种RNA的功能表达仅占了DNA基因中的一小部分，大部分基因被用来为蛋白质编码，蛋白质的构建功能、调节功能特别是酶的催化作用是表达基因表型的主要动因。细胞及其构成的机体大体而言是它们的蛋白质体现。蛋白质的氨基酸序列，决定于其DNA基因中的核苷酸序列。该过程并非直接而是由信使RNA转录实现。因为蛋白质是由20种氨基酸构成的，而RNA和DNA仅由4种核苷酸构成，所以信息从RNA到蛋白质还需要翻译的过程，控制翻译过程的等价物就形成了遗传密码。

上述过程可简述如下：

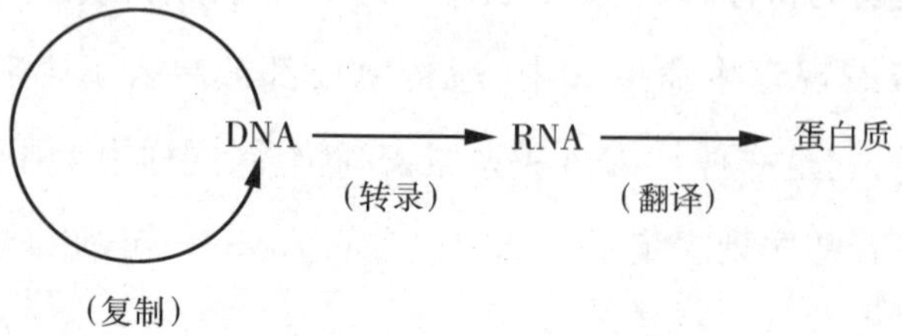

该图中的箭头指示出了信息的传递方向。克里克的中心法则[1]事实上证明,最后一个箭头(翻译)是单向的——逆向翻译不会发生。这个事实与蛋白质合成过程中某些RNA的催化作用一起,说明了为什么大多数研究人员认为RNA先于蛋白质产生,可为什么是RNA先产生而不是DNA呢?

原因是DNA在理论上可以被消耗掉而RNA不会,RNA只要能独立复制就可以了。

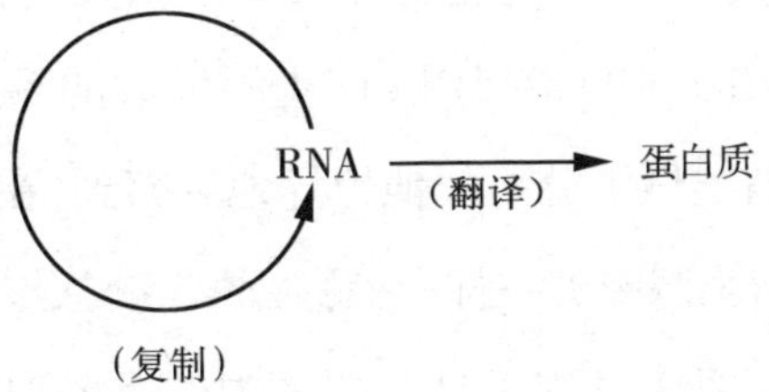

这种过程在正常细胞中不会发生,除非是在被某些病毒(比如说,脊髓灰质炎病毒)所感染而具有RNA基因组的细胞中。在这些病毒中,RNA是病毒遗传信息的复制储存者,DNA没有参与进来。病毒RNA所编码的蛋白质由RNA复制酶催化合成,该酶催化RNA的复制。

综上所述,我们现在可以尝试重建导致复制、蛋白质合成、翻译等产生的诸多历史事件。可是请记住,所有这些发展都源于严格的化学过程,生命的信息并非一下子就产生的,它是一个渐进的缓慢过程,随着这个过程的完成,并通过达尔文所言的"自然选择",它立即变成了生命运作的中坚力量。

神奇的密码

最初的RNA分子也许是由核苷酸随机组装起来的,而当时的核苷酸也很可能包含有除腺嘌呤、鸟嘌呤、胞嘧啶、尿嘧啶之外的碱基,这些碱基习惯上以起始字母表示。(在生物化学缩略语中,像ATP或UMP中,A、G、C和U代表与核糖相连的碱基,但在分子生物学信息——以及非正规的——编号中,这些化学上的细微差别就显得无足轻重了。)

将A、G、C、U几种核苷酸进行选择来传递信息,是基于A与U、G与C之间的化学互补关系,这种互补关系——在DNA分子中由胸腺嘧啶代替了尿嘧啶——现在支配着核酸分子间各种形式的信息传递,以及这些分子的三维立体构型。

20世纪40年代末,纽约哥伦比亚大学的澳大利亚裔美国生物化学家查加夫(Edwin Chargaff),对DNA产生了极大的兴趣,对不同物种中DNA的碱基构成情况做了分析。他惊异地观察到,在实验误差范围内,腺嘌呤的含量总与胸腺嘧啶一样,鸟嘌呤的含量总与胞嘧啶一样。[2]

继而沃森和克里克发现了这些关系中的重要理论基础,双螺旋中的两股链由A与T及G与C之间的键联系在一起,这两条链是互补的,A总是与T对应,T总是与A对应,G总是对C对应,C也总是与G对应;知道了一条链的构成,则可以写出另一条链的序列。沃森和克里克还指出,这样的碱基互补序列可能是复制的基础。

这种颇有远见的直觉后来被实验完全证实,而且推广到RNA,只不过与腺嘌呤互补的碱基由尿嘧啶取代了胸腺嘧啶。于是,依据它们的普适形式,"查加夫等式"可以这样书写:

$$A = T(或U)和G = C$$

这种联系使相关碱基的游离端像两块拼板那样相连——它们是共平面分子。这种双分子的联合,有赖于一种被称为"氢键"的特殊作用力。氢键可以在很多生物分子中或生物分子间起重要作用,这些作用中最重要的就是形成核酸中的碱基配对。

A与U(或T)之间有2个氢键,G与C之间有3个氢键,它们将两条链紧密相连。除此之外,氢键还参与弱化碱基配对中的不稳定因素,包括热振荡作用和两条链磷酸基团间的电互斥力。然而，随着更多邻近的碱基参与配对，两条链的结合更加紧凑。于是，任意两条有互补片段的核苷酸链，比方说有3个以上的核苷酸，都可以通过碱基配对而黏合在一起。

这些联系使两条链的碱基部分相对，这暗示着两条链是反向平行关系，一条链中一个核苷酸的磷酸基团与另一个核苷酸的核糖相连。反向链中也是如此。由于两条多核苷酸链之间特殊的结构关系，相连的片段被拧成卷曲的螺旋，形状很像螺旋上升的楼梯，碱基对构成了楼梯的台阶，垂直于公共轴螺旋上升。磷酸-核糖骨架则形成了楼梯的扶手。

两条多核苷酸链完全互补时，它们构成了一条长长的、规则的、螺旋形的、双股的、由碱基配对联结起来的长线状结构。这种结构最早在DNA中被发现，自然界中多为双链结构。这就是著名的双螺旋结构。与沃森和克里克的发现不同，自然界中的双螺旋结构首先在RNA中形成。与DNA不同，大部分RNA分子是单链结构，尤其是在某些病毒中。然而，单链RNA中包含很多可以反向平行互补的短核苷酸序列，这些片段可以通过碱基互补作用将RNA长链变为复杂一些的、有遗传性的环状结构。这种结构曾被富有诗意地描述为三叶草、花，诸如此类，更形象一些说，也很像可怕的绞索。不管它们的美学价值如何，这些形状在决定分子功能的时候有着十分重要的作用。

很可能最初的RNA分子非常偶然地获得了此种互补片段，形成了环状结构，这也许是复制的起始吧。

复制的起始

假定有任意一段RNA链终止于比如说GACU这样的序列，这条链中的一个A单位——有平均1/64的概率——尾随着GUC。这个AGUC序列就将与终止的反向序列互补，并且使链折叠如下图：

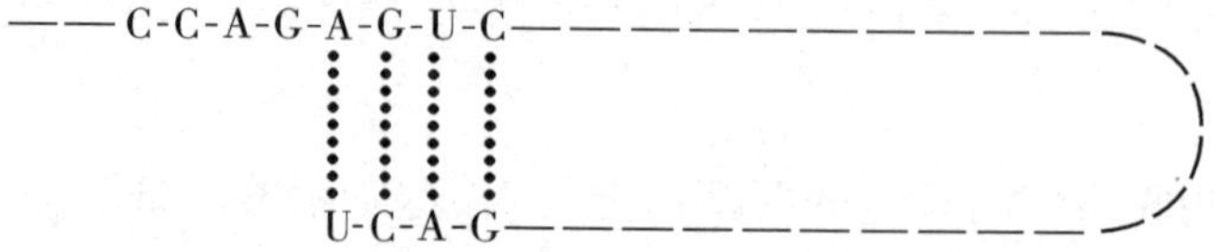

假定这条链因为新的核苷酸加入而从右向左延伸，与U配对的A旁边的那个G，很可能与C而不是与其他3个核苷酸配对。重复这个过程，U对A，G对C，G又与下一个C配对，如此下去，你会得到一条直到分子另一端的互补链：

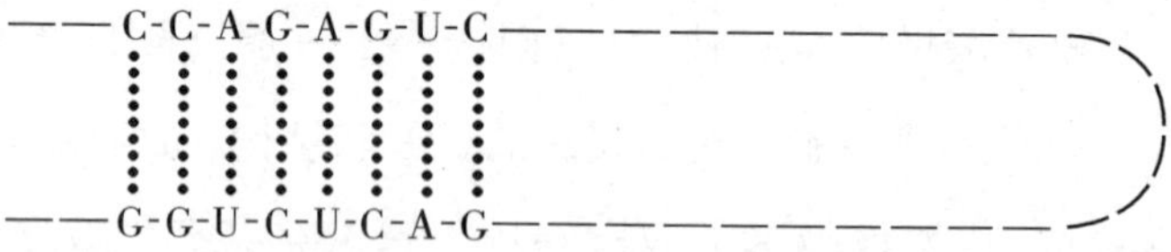

从右侧的G–C配对处切断该环，你就得到了两条完全互补的链。同样的情况也发生于以GACU开始，以AGUC终止的短片段（没有形成环状结构）。这在生物学中RNA（和DNA）的复制阶段相当重要。在这个过程中，一条多核苷酸链形成了反向的模板。这个过程的每一步，都是核苷酸按照碱基配对的原则从4种核苷酸中挑出1种作为模板的。此种构建方式非常简单，从4个核苷酸中挑出1个做成拼板，拼成模型，3岁小孩也会干，可是分子的组装是盲目的，直到合适的核苷酸分子就位于对应处，没有小孩的观察力也能取得同样结果，最终的结果是形成了完全与模板互补的链。

你也许会说，这哪里是复制？可是，只要以新合成的链为模板，重复上述过程，你就得到了第一个模板的拷贝，换言之，RNA（和DNA）的复制与照片的复制类似，正像来自底片，底片来自正像。双链核酸包含同一分子序列信息的两套拷贝，正片一副，底片一副。它们的复制行为类似,正片作为新底片的模板,相对链也一样,两副不同的拷贝得到同样的结果。

这正是沃森-克里克发现的真正价值所在,这在1953年《自然》杂志的一句话中体现出来:"我们很难不觉察到这种配对假说很快就会使遗传信息的一种可能的复制机制昭然若揭。"[3]美国科学作家贾德森(Horace Judson)曾把这句话描述为"科技文献中最羞答答的结论之一"。[4]克里克作为这个小组的英国成员,他的断言也可被描述为最著名的英国式低调之一。想象一下两个年轻人的激动吧!他们揭示了自然界最神奇的秘密之一。

RNA的出现,是生命发展过程中真正的革新。随着分子复制之门的开启,生物通过变异、竞争和选择进行自我发展成为可能。因此,试图重建生命起源的历史学家致力于寻找除了化学决定论之外的新解释。一个新的指导理论出现了:达尔文的自然选择学说。

达尔文摆弄分子

假想一下这样的环境:前生命期的生物分子像一锅煮好的汤——经过原始代谢过程——使得ATP、GTP、CTP和UTP(或许还有其他类似的分子)就要形成并组成多核苷酸片段了。在这些片段中,某些恰好是合适的互补序列,并且允许它们折叠起来或是形成可以复制延伸的结构。这些有利序列将不断复制,变得比其他分子数目更多。正是由于复制,**通过扩增进行选择**的机制第一次出现了,但这并不是全部。

RNA的复制行为起初是一个摸索的过程,它不可避免地会出现这样或那样的错误,并形成很多与模板序列不精确互补的拷贝。这些替换后的拷贝随着两条链的分离自己也可作为模板。但并不是所有的模板都能产生同样数量的拷贝,因为序列本身的特点,某些序列的复制比较快,逐渐进步了。同时当时环境的稳定程度也是另一个有利因素。有这两种能力——复制能力和保持稳定的能力——的分子以最佳方式产生了绝大多数的后代,这些后代同样有这些优势,并逐步排挤了不具优势的序列。在这个过程的最后,某种单一序列逐渐主宰了这些不同序列的混合体,无论这个混合体在初始状态是多么复杂。

这种方案不是理论的虚构,它曾在实验室里多次被重复。最早重现是在1967年,由美国哥伦比亚大学的生物化学家,该领域的先驱施皮格尔曼(Sol Spieglman)完成,他将一种叫作Qβ的病毒RNA以及该病毒的RNA复制酶加入试管中,同时加入RNA复制所需的4种核苷酸(ATP、GTP、CTP和UTP)。[5]经过短暂培养完成复制过程后,提取出复制的RNA,加入新液,重复上述步骤一段时间,最后形成的RNA与最初加入的病毒RNA有了很大不同,它被简化为只保留了允许复制酶起作用的部分和保持稳定性的部分。随着一些新的反应物加入,酶的最佳作用形式发生了变化,结果形成了新的RNA产物。这些历史性实验方案实施以来,它们已经被很多人以不同的形式重复了多次,尤其是奥格尔[6]、德国的诺贝尔奖得主艾根(Manfred Eigen)以及他在格丁根的马克斯·普朗克物理化学研究所的同事,他们致力于该实验系统的理论细节。[7]

以上所观察到的结果,简直无异于分子水平上栩栩如生的达尔文进化。基因(给定序列的RNA分子)能够复制,有发生点突变的能力。突变体互相竞争着为数不多的资源——可供复制的核苷酸数量有限,增殖最快者是竞争的胜利者。重要之点在于,这一结果无需任何设计或预见而取得。复制中的变异是偶然发生的,偶然事件与更好的复制模板生成没有任何关系,这就是达尔文理论的精髓:自然选择法则对偶然生成的东西盲目地起作用。

在上述优化选择的最后阶段,整个系统进入了被称为稳态的状态,该状态的外表很平静，而在内部复制与断裂相辅相成，优化的序列因为连续的选择保持了自己的优势。即使在最优化的稳态，RNA分子也并非完全相同。因为复制差错不断发生，所以就产生了不断变化的分子群体，艾根称之为准物种。这些群体包含了优势序列（"主序列"）中比较完善的拷贝，和其中因复制差错而产生的一小群变异基因。有理由相信在生命的起源中，最初的RNA准物种中的主序列形成了最早的基因，这是一个非常"自私的"基因——英国生物学家道金斯（Richard Dawkins）[8]如是说，它只与自己的复制品相匹配。

艾根试图根据实验结果和理论描绘出这种原始基因，就像警察根据证词为罪犯画像。[9]他的"拟像"与对转移RNA进行序列比较时所得到的构想惊人地相似。转移RNA是一类特殊的小RNA分子，在蛋白质合成中起关键作用。由于重建中的许多不确定影响因素，这种观点的可靠程度还很难说，但它仍然受到高度重视，该原始基因也许是转移RNA的祖先，这种说法隐约暗示着很有趣很重要的因素，那就是RNA分子如何参与肽链合成。

以上所述分子的选择也许基于构成**现今RNA的4种碱基的选择**，拥有A、G、U和C 4种碱基的分子因为碱基配对原则而易于复制，包含有其他碱基而不适合于配对的分子则被淘汰掉了。

蛋白质的诞生

伴随着原始基因的出现，远古生命基于达尔文的自然选择学说而必定会使自己的进化趋于完善，只有这样才能尽量不受外部条件的影响。尽管如此，自由也不会持续多长时间，因为选择压力发生变化，系统将再进行一系列的优化以适应新环境。如果不是一种推动了进化的新反应的产生，事情很可能真是如此。

根据最可能的方案，它始于一种或多种RNA变种，这些变种可以**与氨基酸相互作用**，将氨基酸连接于RNA分子的核糖端。就这样，原始基因开始了漫长的进化过程，最终产生了转移RNA（简称tRNA），根据艾根识别法，tRNA是现存与原始基因亲缘最近的后代，因为原始基因的功能和现在的tRNA功能完全相同。tRNA与氨基酸的相互作用是蛋白质合成的第一步。

起始生命并不"知道"这种相互作用开启了生命历程中的重要之门：依赖RNA的蛋白质合成。选择可与氨基酸相互作用的RNA优先复制，必定有一定的好处。解释很简单，尾部带有氨基酸的RNA可以形成更致密的形状以保护它们不被降解。或者更有效地作为复制的模板——这是很合乎情理的，因为氨基酸连接的RNA分子末端正是读码的起始端，氨基酸的加入可以使其在适当的部位读码，或者以其他方法通过催化系统促进复制模板之间的相互作用。因此，自然选择学说在分子水平上就能提供驱动力，不仅为RNA的进化提供动力，还对蛋白质合成中RNA的介入起推动作用，而蛋白质的合成是生命历程中最重要的事件之一。

氨基酸依附于转移RNA需要能量，自然界中这种能量来自ATP。在我的模型中，假定氨基酸可以进行类似硫酯的反应的话，能量主要来自硫酯键，也有其他的可能性，包括系统中已有的ATP的作用，甚至是RNA与自由氨基酸之间的直接相互作用。[10]

一个有趣的问题是，相互作用有没有特异性。是否一类特殊的RNA分子与一类特殊的氨基酸特异结合呢？是一种RNA与几种不同的氨基酸反应，还是一种氨基酸与几种不同的RNA反应？现在的蛋白质合成过程中，转移RNA与氨基酸间的相互作用是高度特异的，这主要归功于催化该反应的酶。这些酶能识别特定蛋白质与相对应的RNA的结合位点，在ATP的帮助下将这两个分子联系起来。没有什么证据表明，如果没有酶的帮助，转移RNA与氨基酸的直接互相辨认很难进行，虽然不能排除可以观察到的RNA与氨基酸的直接相互作用。[11]

这使得我们假定原始的合成过程也具有某些特异性，不管是直接相互作用还是通过酶的中介，这也可以解释蛋白质合成中令人疑惑的选择性。在蛋白质的合成过程中，只有20种氨基酸加入进来，而很多在原始汤中也许非常丰富的氨基酸却未入选。还有一件事也激起了人们的兴趣。构成蛋白质的20种氨基酸中的19种皆为“左手性”——除了甘氨酸（因此它不能以两种形式存在）。分子的手性，专业术语为“chirality”，源自希腊语*cheir*，意为“手”。分子手性是成对分子的特性，就像我们的双手，其构造是一样的，双方互为镜像。这两种形式被称为D型和L型，源自拉丁语的右（*dexter*）和左（*learus*）。蛋白质中只含有L型氨基酸。自然界中有关L型氨基酸的这个奇怪现象，被许多科学家认为是有关生命起源的最奇怪的现象之一。可以假设原始的转移RNA的特殊构型是为了挑选合适的氨基酸供蛋白质合成。[12]此外，如果不假定氨基酸与RNA分子之间的连接有某种程度的特异性，就很难对翻译的起源和遗传密码的出现做出解释。

一旦载有氨基酸的转移RNA的数量足够丰富了，它们就可以互相作用，这就是载氨基酸的转移RNA今天的功能。第一步，两个分子互相靠近，以氨基酸之间的反应形成二肽。然后，通过另一个相似的反应，二肽与另一个转移RNA提供的氨基酸形成三肽。这种反应重复多次，直到一条特定的多肽链形成。整个生物界的蛋白质都是这样形成的。看起来，原始的载氨基酸RNA促成了肽的装配，依赖RNA的蛋白质合成就是以这种方式诞生的。

自然界中，肽的装配发生于核糖体中，那是一些高度复杂和紧密的复合体，包括好几种RNA分子（核糖体RNA）以及50多种蛋白质。蛋白质的合成机制由信使RNA完成，它可以指导20种氨基酸按序插入。然而,我们还没有必要研究最后的机制,因为它所遵循的编码还没有被发现。我们正在研究未经加工处理的肽。

即使我们撇开信息方面不谈,RNA在现今的蛋白质合成过程中仍然不可忽视。基于这个事实,克里克在1968年曾指出,最初的蛋白质装配机制也许全部由RNA分子构成,没有蛋白质参与。[13]这并不是没有道理的看法,因为最初蛋白质几乎不可能对生成它本身的机制产生影响。稍晚一些有关RNA催化作用的发现大大推动了克里克的观点,它现在已经成了RNA世界模型的主要支柱。即使硫酯世界模型允许催化多聚体参与原始肽段的装配,我们仍然无法忽略自然界不可辩驳的事实。看起来很可能是这样:核糖体RNA和信使RNA的远祖,可以作为原始肽链装配的构架和催化作用的介质。加利福尼亚大学圣克鲁斯分校的美国学者诺勒(Harry Noller)发现,封闭肽键的核糖体催化剂本身也是天然RNA,这更有力地支持了这一假说。[14]

然而,有一点还不很清楚,那就是RNA催化活性在成肽过程中如何起作用。也许这个过程的参与得益于分子的可复制性或稳定性,但这种解释并不很令人信服。不管怎么说,一定有某种确保装配好的新肽段有用处的选择机制存在,这将是我们在下一章要讨论的问题。

第六章

遗传密码

我们对信息时代的理论重建已经有所了解，最早的肽类装配来自RNA体系。下一个问题，将是翻译过程和遗传密码。这两个问题向历史学家提出了挑战。首先，翻译的步骤和遗传密码是如何产生的？其次，产生这种不寻常发展的推动力是什么？这两个问题互有联系，目前尚无其他理论能够说明问题。在我们试图回答这些问题之前，有必要先向大家介绍一样新东西，那就是原始细胞的概念。

达尔文需要细胞

细胞是生命的组成单位，在重建生命起源的各种尝试中它扮演了非常重要的角色。某些角色参与了细胞早期甚至初期的运作，还有些形成于无结构的原始汤时期，稍晚些时候形成了细胞群。有时候，它也延缓了生命的独立发展。我个人有限地接受后一种说法，具体原因将在第九章做出解释。

随着依赖RNA的成肽机制出现，起始生命实际上使得分子进化不再有多大的潜力。随着新的进化的发生，自然选择过程不再那么自私——或者说，不再以那么非常自私的机制参与进来。RNA分子再也不用孤独地凭自己的固有力量生存、复制，而是通过间接途径对其生存复制**起作用**。由于这种选择机制，生命生发系统被包被成一些分散的、半自主的、可自我复制的单位——我们称之为原细胞。每一个单位都有自己的独立基因组。这样，每一次有意义的变异都只能对自身所在的原细胞起作用，使这个原细胞带着进化了的基因组以更快的速度繁衍，与其他原细胞争夺生存空间。

为了不使我们的陈述线索中断，我将在后面的章节中（第九章）详述最初的原细胞的出现。目前我将假设：细胞群已经发生，我们准备考察的发生于原细胞群中的事件能够独立生长，并可以通过分裂繁殖。

一旦原细胞存在，选择就有了更宽厚的基础，而且更有利于RNA的复制。它使原细胞所有者有了更强的生长繁殖能力。正是在这个阶段，而不是更早的阶段，有催化作用的RNA被选择并保留下来，向对原细胞有利的方向进化。尤其是当成肽机制有自我约束的能力时，选择压力就更大了。

可能的进化机制是，有益的而不是无益或有害的肽得到了进化，这个过程需要**反馈回路**，使有益的肽选择性地提高其复制的水平。[1]这些有益肽直接拷贝也许可以完成这项工作，但也有理由不支持这种可能性。这样做的最好原因或许是：除非相反的说法是有效的，否则蛋白质的复制不解决什么问题。我们的问题是仍然不得不对翻译过程做出解释。

翻译的剖面图

我们的线索仍然来自现今生命。蛋白质的合成机制包括好几部分。首先，要有核糖体，它是催化性装配的工作台。核糖体是很小很致密的微粒，约有百万分之一厘米大小，包括一个大亚基和一个小亚基，每个亚基都由重量比例大致相等的RNA和蛋白质构成。当这两个分子位置合适时,核糖体将氨基酸自动加到延长中的肽链上(以单个氨基酸起始)。在信息传递的过程中,核糖体是“不识字的”,它盲目地起作用,将任意两个化学构造合适的部件连在一起,使之在催化中心的作用下联结起来。

这个机制的第二部分是信使RNA,它像一个联系两个核糖体亚基的纽带,保证它们不分离,同时提供氨基酸装配成肽时所需的特殊信息。在从核酸语言到蛋白质语言的翻译过程中,信使RNA的核苷酸序列确定相应的肽链序列。这以简单的线性对应方式进行:信使RNA中每一组三联碱基(密码子)以同样顺序对应着多肽链上相应的氨基酸,4种不同的碱基可以组成64个不同的密码,61个对应着组成蛋白质的20种氨基酸,另3个作为结束装配的终止密码子,有一个特殊的氨基酸的密码子同时还可以作为起始密码子。这种三联碱基与氨基酸之间一对一的关系构成了遗传密码。除了少量例外,整个生物界共用同一套密码,它是一本通用字典。

由于信使RNA的特殊关系,核糖体成了制造**单一类型多肽**的工作台。一般说来,百十个甚至更多的核糖体繁忙地读取信息,并且按信使RNA的要求装配成多肽链,这个工作组叫“多核糖体”,成千上万的多核糖体不分时日地在各个细胞中装配数以千计的不同蛋白质。

氨基酸由转移RNA(tRNA)加入反应。两个载有氨基酸的tRNA以恰当方式连接于核糖体表面进行反应,其中一个tRNA将氨基酸递送给另一个tRNA,形成二肽。肽段的延伸是以特殊的方式延长。德裔美国生物学家李普曼称之为“头端延长”[2](见图1)。在每一次延长中,整个肽链移位至下一个tRNA送来的氨基酸,就像一列火车的组成,并不是把车厢一节一节地连接于车尾,而是用连好的车厢去挂接未连接的车厢,最后接上车头。通过这种方式,延伸的肽链仍然通过最后加入的氨

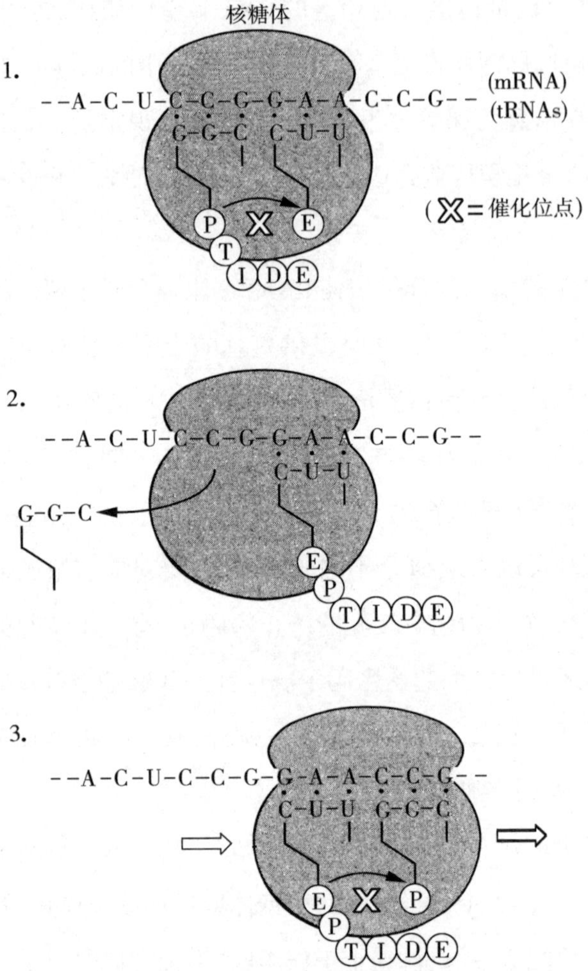

图1　蛋白质合成的主要步骤

1.一个转移RNA(tRNA)将氨基酸E连于载有肽链的相邻转移RNA上;2.延长的肽链从转移RNA上(连于核糖体上)运至相邻转移RNA并接上氨基酸E;3.核糖体沿信使RNA(mRNA)移动,下一个氨基酸P通过带有互补反密码子的转移RNA而就位。注意:肽以头端延长的方式延伸。

基酸而依附于tRNA上,直到合成结束,此时,最后一个tRNA送来的终止密码子结束了多肽链的合成。

在核糖体上,载有氨基酸的tRNA与核糖体辨认结合的位点是所有

tRNA共用的，这样就使得催化中心可以接受所有的氨基酸参加反应。差异全部来自信使RNA，执行这个功能时，信使RNA“看不见”任何氨基酸，它所看见的仅仅是tRNA的工作，更精确地说，它只是看到了tRNA的一小部分——三联体碱基，或者说密码子的互补体，即反密码子。当tRNA占据核糖体的一个结合位点时，它上面的反密码子与信使RNA上暴露出来的密码子是反向平行对应的。密码子和反密码子之间的反向平行联合基于碱基配对，密码子的第三个碱基常有一些误差，或者说“摆动现象”，这使得特定的反密码子有时可以和不止一个密码子起反应(有约40种tRNA对应着61个氨基酸密码子)。在装配过程的每一个步骤中，核糖体和信使RNA一起形成一个新打开的位点，有了这个位点，40余种tRNA每次只有1个参与到合成过程中来，这就是信使RNA的读码过程。这是另一个拼图游戏，但是它有40多块而不是RNA复制中的4块。这个游戏让5岁的小孩去玩都能成功。

这个过程很有特点，通过密码子与反密码子之间的碱基配对，读码过程**完全是通过RNA语言完成的**。通过**使氨基酸依附于**tRNA的酶的作用，翻译的过程先于装配进行。这些酶可以同时辨认相关的氨基酸和tRNA。虽然它们仍是整个装配机制中唯一既懂“蛋白质语言”又懂“RNA语言”者，但每种酶仅懂一个“单词”。如果某一种酶在工作中出了错，将错误的氨基酸连接于tRNA上，那么整个装配系统是无法查出这个错误的，它古板地将tRNA提供的错误氨基酸加入延长的多肽链中。

令人奇怪的是，只有半数这种“懂两种语言的”酶在将特异的氨基酸连接于特异的tRNA时可以同时辨认出tRNA的反密码子。[3]参与翻译的另半数酶更特异地辨认出tRNA的结构而不是反密码子，甚至完全不受反密码子变化的影响，而是凭结构的变化。它们是这样理解两种语言的：它们的RNA语言并非来自遗传字典。它与tRNA的结构因素有关,而不是与反密码子有关,有时甚至更与距离有关系。这是一个很令人疑惑的事实,它增加了另一个信息传递的方式,也增加了发生错误的概率。很难理解为什么进化机制会选择这样一种不必要的弱联系,它看起来更像进化过程中没能纠正的早期联系的遗迹。我将在后面说说这种联系的可能特性,但让我们先来看看翻译过程的自然发展吧。

翻译的起始

弄懂一个像蛋白质合成那么复杂的机制,现在不算什么难事。让我们假想一个没有密码存在的情况,多肽链以随机的方式装配,你也许会认为信使RNA在这种情况中没有什么意义,是不必要的。事实不是这样。即使在今天的机制中,信使RNA或它们的类似物,在发挥传递信息作用的同时也起着**构象**作用,它们协助两个转移RNA就位于核糖体的两个亚基,该种结构可以使延伸中的肽链向下一个氨基酸运动。

我认为,这解释了信使RNA在多肽合成中的作用。它的前体是原始催化性RNA构架上第一个肽形成时的组成部分,在这个构架中,核糖体RNA前身的原始RNA提供催化部分,信使RNA的前身使载氨基酸和载肽的RNA适当就位,以现在密码子和反密码子之间三联体的同种方式完成装配工作。为了便于表达,我将用“密码子”和“反密码子”来称呼这些三联体结构,并用参与反应的今天的RNA来称呼它们:rRNA、mRNA和tRNA。

这3种RNA一起协作制造了最初的肽,其中的氨基酸装配方式如果不是完全随机的话也远不如今天的装配方式严格。以这种方式装配的肽很有用处,因此,**可以成肽的能力是原细胞独有的“绝招”**,而且RNA任何加强这种能力的突变都使原细胞有了更强的选择优势。这样,RNA的多变性,恰恰符合了达尔文的进化论和自然选择学说,它的筛选标准是肽合成系统的有效性。这个体系的进化就源于此，而不是产物的反馈，目前还没发现可以正面反馈影响生产体系的途径。

而反馈的结果却确实存在。密码子-反密码子相互作用参与了信使RNA的定位作用，它使两个转移RNA的位置固定一致以便肽链合成。信使RNA从一开始就对转移RNA一步一步进行选择，选择的特异性程度取决于载有同样反密码子的不同转移RNA的数目。我们可以这样认为：自然选择淘汰掉含混不清的部分，努力使每一个与tRNA依附的氨基酸都有一个特异性的反密码子。

比如说，设想分别载有丙氨酸和甘氨酸的两个转移RNA共享同一个反密码子：GGC，即鸟嘌呤-鸟嘌呤-胞嘧啶序列，而信使RNA上的密码子将是GCC（反向平行方向的GGC的互补链），这样，是丙氨酸还是甘氨酸参与成肽完全是随机的。现在，如果转移RNA上的一个碱基发生了随机突变，反密码子中间的G变成了C，这样就只有丙氨酸的密码子是GCC了，甘氨酸的密码子变成了GGC，该系统有了特异性。随着更多的新肽链参与，拥有突变转移RNA的原细胞将享有选择优势，并产生更多载有这些特异转移RNA的后代。

如果是甘氨酸的tRNA发生了相同的突变，而不是丙氨酸，也会获得类似的特异性，但是肽链中的两个氨基酸的位置颠倒了。相关的原细胞也可能会得到益处。最终的结果将取决于这两套肽链哪一个具有最大的进化优势。根据遗传密码，前者更好一些。GCC恰巧是甘氨酸的密码子，而GGC则是丙氨酸的密码子。

这种情况在其他种类的氨基酸和转移RNA上也许均会发生。结果，所有20种氨基酸逐渐被拉进该系统。经过一步步的进化，**翻译与遗传密码作为自然选择的产物相伴出现**。这种假想机制要求每个转移RNA特异对应一个氨基酸。这个观点与tRNA像钓鱼一样“钓”出了蛋白原氨基酸的观点是一致的。即使早期的特异性联系相对松散，随着自然选择的进程它们还是逐步严密了起来。

这个模型有趣的地方是:在原始肽链合成机制出现时,自然选择就开始对肽进行筛选了。起初起重要作用的突变**影响了转移RNA的反密码子**,从而改变了由相关变异tRNA所载**全部**肽链的序列,整个肽链中那些特定位点被经过自然选择而产生的这个或那个氨基酸所占据。随后,随着翻译和不太模糊的密码子逐渐出现,转移RNA的突变变得致命了。因为突变范围太广泛,以至于难以忍受。在发生突变的肽中,有些注定是不完善的。进化的动力取决于**信使RNA中的突变**。这些突变可能导致仅仅一种肽的变化,如果有用处的话,它将随后被扩增。更常见的情况是,发生突变的肽比未发生突变的祖先差,受到影响的原细胞在竞争中被淘汰。偶尔有些突变使原细胞的功能得以改善,从而使原细胞获得选择优势。这种机制(DNA最终代替RNA成为可变的信息储存形式)成了进化的中心推动力量。

还有第三种可能,突变的肽既不比它的祖先优越也不比其差劲。突变是中性的,并被一代代传了下来,这叫作遗传漂变。这些突变使我们能够通过对序列的比较重建生命之树。

密码的结构

有一个中心议题仍未解决,那就是遗传密码的结构是随机的产物,还是决定性因素的产物。进一步说,如果同地球生物类似的生物存在的话,那它们是和我们共用一套密码还是另有其他呢?

这个问题的答案如果有下列情形支持将非常显而易见:氨基酸和它们的反密码子之间存在结构上的直接对应关系,即最初的转移RNA以它们的反密码子为钩钓出了氨基酸。于是密码为严格决定性的。科学家已经做了很多努力来揭开这层关系,但基本上是徒劳。尽管并非毫无希望,这个研究方向的前景仍然不那么令人乐观。

事实上,原始RNA和氨基酸一定是互相“看见”了什么。为什么它们能走到一块儿去?进一步说,不同的tRNA与氨基酸结合一定有所不同。没有这种特异性,对翻译的出现做出解释是很困难的。[4]下面是一种很吸引人的可能性,它还未被证实,那就是tRNA在早期识别过程中的特点可能与其结构相关,这些结构特点今天由一些酶加以识别。这些酶忽略了在其作用下使氨基酸连接于其上的tRNA的反密码子。这可以解释某些例子中具某些特点的进化被保留,而在另一些例子中,它们被作为可辨认的特点由反密码子清除掉或替换掉。

即使如此,原始转移RNA与氨基酸之间的互辨还是必要的。这意味着最初的情形并非随机反应,而且这个过程很有可能在其他地方重现。其后通过突变影响反密码子的进化在这些约束条件下进行。也许氨基酸最终被反密码子编码成了今天这个样子,但还不很确定。

另一个重要因素是历史因素。也许20种蛋白原氨基酸起初并不都有效,故一定只是从一小部分氨基酸——估计只有4到8种——开始的,而且随着更多氨基酸的加入得到了发展进化。关于这些密码的起始,已经有了好几种不同的假想模型。

这些模型都有一个共同之处,那就是代表给定氨基酸的反密码子种类有某种限制。举个简单例子,德国化学家艾根[5]曾猜测,因为不可知的原因,原始的转移RNA也许由重复的GXC三联体构成,其中的X可以是4种碱基中的任意1种:G、C、A或U。这样,4种反密码子就可以是这样的结构——GGC、GCC、GAC和GUC——它们在反向平行方向上分别对应着密码子GCC、GGC、GUC和GAC。如今这些密码子分别编码如下氨基酸:甘氨酸、丙氨酸、缬氨酸和天冬氨酸。这些氨基酸恰恰也是米勒模拟实验和陨石中含量最丰富的蛋白原氨基酸,很难说这仅仅是巧合。

不管是艾根的设想正确还是其他设想正确,重要的是机遇和选择必须在一个有严格限制的历史背景下运作。氨基酸为了成肽的需要而被编码,密码子本身可能不是随机制造的,它要受到参与合成的RNA分子的苛刻限制。换句话说,密码子在氨基酸中的分配,或者说氨基酸在密码子中的分配以"先来后到"为原则。这些限定的严格程度很难描述,但它们的存在说明密码子的结构也许不像某些人说的那样是完全随机的。

还有一种观点,密码子的起源并不是随机的。它的结构有不寻常的规律性。编码同一种氨基酸或特性相似的氨基酸的密码子以这样的方式分组:有害的序列突变(原因是三联体中某一碱基被替换)被减至最小。很多时候,改变的密码子代表同一个氨基酸或者非常类似于原来的氨基酸,这样,变化了的肽改变仍然不大。这个规律说明在进化的长期过程中,原细胞不断试用各种密码子组成并相互竞争以取得优势地位,基于自然选择的原则造就了今天的密码子。

总之,也许外星人懂得我们的基因语言,但这种情况我们暂时先不考虑。事实上,自从密码被首次确立,进化就对遗传密码开了不少"玩笑"。比方说,线粒体的密码,它是真核细胞中极有特点的部分,很晚的时候才发现线粒体未受突变影响的基因只剩下了不到一打。对于早期密码的形成过程,它没有提供任何有意义的历史材料。

现今代谢取代原始代谢

翻译和遗传密码的发展,开启了RNA世界之门。原细胞进化获得新肽,还需要一个很长的阶段。让我们想象一下它的产生过程。毋庸置疑,第一步是RNA分子发生了某种随机突变。请注意,在RNA世界中,RNA分子不仅是可复制的基因,而且是可翻译的信使。于是,突变遗传了下来，并且作为新肽表达出来。如果这个肽使发生突变的原细胞比其他细胞更容易面对达尔文所说的“生存斗争”，这个原细胞及其子孙后代就会比其他原细胞系统繁殖得更快，并且最终取而代之。在原细胞出现之前，同样的情况连续数百次发生，才使得原细胞在新肽武器的装备下有能力生存繁衍。直到此时，这些原细胞群才不需要RNA世界中那些哺育自己祖先的东西了。

究竟是什么使得这些肽在原细胞的自然选择中立于不败之地呢？作为一个主要方面，催化作用一定是主要“手段”之一，使肽可以应对选择。这些手段的施行必然限定在原始代谢机制的框架之内。一个有催化作用的肽，就算是活性和特异性很高，如果没有相应的底物进行作用或者生成的产物没有什么用处，对它所在的原细胞来说就没有什么好处，往往会被自然淘汰掉。相反，一个有这些条件的催化剂将是自然选择的绝佳材料，尤其是当它比原有催化机制工作得更好或者使代谢旁路向更有利于进化的方向延伸时，情况更是如此。

这把我们带回了第一篇中所强调的重要之处，即对原始代谢机制与现今代谢机制之间调和的需求。化学中介的原始代谢机制对筛选出合适的酶以供成肽反应意义重大。原始代谢机制逐渐进化为现今的代谢机制，多聚体让位于酶，但仍然没有逾越神圣的“中心法则”。对肽的复制是不必要的，将原始肽反向翻译出对应的RNA也是不必要的。所有需要的信息都已经储存在当时的代谢机制中了。生物代谢的高速公路，并不是单纯由独立的乡间小道连接起来的，而是原有的乡间小道不断拓宽，并且不断重铺路面而慢慢进化来的。

随着翻译和遗传密码阶段性的共同发展，RNA体系中所产生的酶，或者说它们的肽前体，逐步接替了以前由原始催化剂进行的工作。转变是逐步的，翻译也逐渐达到了这样的水准：肽可以根据精心规划的、有复制能力的模板重复制造。原细胞通过很长一段时间的突变选择，一个接一个的也有了数百种酶。在这段时间里，原始代谢机制逐渐让位于现今代谢机制，但它的实现仅仅随着最后一个重要酶的形成才完成。

在这一转变中，我所假设的多聚体，如果它们确实存在的话，变得越来越不重要了。然而，从硫酯中制造多聚体的能力不一定消失。若多聚体恰好行使一种可产生新肽的有用功能，则这种能力可通过突变-选择机制得以保留。短杆菌肽S及其他一些细菌硫酯所形成的奇异肽也许是远古代谢机制中的遗迹，也许是在现代进化过程中重新产生的。硫酯键在所有活生物中扮演着如此重要的角色，它在肽合成过程中不止一次地发挥着作用。

第七章

基因组成

在第一个成肽过程中，首先发生了RNA分子中的偶然装配，然后由完全自主的翻译开辟了发展的新纪元，最后又出现了清晰的遗传密码和一整套有功能的RNA和酶以强化密码的功能，起始生命就是这样一个长期的连续过程，一小步一小步的进化是在随机的摸索过程中产生的。这个过程有点像水在不规则地貌上的扩散过程。指状突起四处延伸，局部吸引力与表面张力互相斗争，直到某一方面有了突破，所有的压力瞬时集中于一个方向上形成一条小溪，然后，摸索重新开始，新的突起产生直到形成下一次突破。

进化的摸索过程，基于改变肽分子的随机突变。能使原细胞具有选择优势的变异肽的偶然出现，完成了方向性的跳跃。就像水的扩散一样，这种过程的结局取决于地形地貌。没有前生命时期"地貌"的更多知识，我们无法在细节上重建这个进化阶段。但根据一些可信的指标，我们可以推测最终结果。在这个阶段的最后，20种蛋白原氨基酸大部分(如果不是全部的话)已经可以循环以供肽合成之用了。遗传密码除一些可能的微小改动外，也成了今天这个样子，RNA信息翻译成肽也不再可望而不可及。那么，下一步是什么呢？

搭积木游戏

在这个阶段,基因很可能仍然由RNA构成。这些早期的RNA基因很短,长度不超过70—100个核苷酸(与今天的转移RNA差不多)。这种估计符合艾根[1]所建立的原则。他认为,可复制大分子中构件单元的数量不会超过复制过程中差错率的倒数。否则,在反复的复制过程中分子所包含的某些信息将不可挽回地缺失。据估计,在RNA的复制过程中,平均每复制70—100个核苷酸就会由于碱基错配而产生一个核苷酸的插入错误。据此估计,最初的基因有70—100个核苷酸长。

这也就是说,最初的基因所产生的肽产物不会超过20—30个氨基酸——一个氨基酸对应一个三联核苷酸——包括基因中某些不编码部分。这些肽被自然选择保留了下来,故它们有很重要的功能,最常见的是作为催化剂。这告诉我们两件事。第一,这么短的肽**可以**进行酶样催化活动——这是我的多聚体模型中很重要的一点。第二,酶**确实**源于相对短的肽。

这些事实反击了特创论者的论据,他们断言,生命不可能源于自然过程。他们认为,比如说像细胞色素*c*这样由100个氨基酸组成的蛋白质,在它的合成过程中,每一个氨基酸的加入都由一个掷20面的骰子游戏来决定(每一面代表20个氨基酸中的1个)。每一步选定正确氨基酸的概率将是1/20。对于100个氨基酸构成的序列来说,正确组配的概率将是$1/20^{100}$,或者说$1/10^{130}$——概率几乎等于0。而且,细胞色素*c*只不过是数千种蛋白质中最短的种类之一,这样导出的结论是生命不可能源于自然过程。

可是我们可以从其他角度重新计算一下肽和20种氨基酸的关系,我们可以进一步这样假定,在细胞色素*c*的形成过程中只有8种氨基酸是必需的，这在早期的进化过程是很有可能的。这样，每种不同可能的序列出现的概率将是$1/8^{20}$，或者$1/10^{18}$。只需有10^{18}个原细胞——如果它们和细菌大小类似的话，这么多原细胞可以在一个小小池塘中轻松自如地生活——就可以组编所有可能的序列。即使是20种蛋白原氨基酸都参与进来，所需的原细胞数量也仅仅是10^{26}个。它们完全可以被装进一个小湖。换句话说，如果蛋白质以短肽起源，起始生命将畅游遍所有的序列空间，不给机遇留有任何余地。

读者也许会找出这种推断的漏洞。如果可能的概率中并没有对早先的20个氨基酸做出限制，那么另外80个氨基酸仍要顺序加入以组成细胞色素*c*。这样，特创论对生命起源的反驳似乎仍然说得通。细胞色素*c*不能随机产生。

接下来的80个氨基酸如果是一个一个添入的，那么这种说法是成立的。但它们不是。蛋白质合成的下一步很可能是，将已存在的肽（由基因生成）作为**积木块**搭起来。这个事实完全改变了此种概率观点。假定有一套由20个氨基酸组成的1000个肽，在蛋白质进化的第一阶段被保留了下来，以这些肽作为构件，那么含40个氨基酸的不同肽将是1000^2，即100万个。所有可能的组合不难被尝试，并受制于自然选择。假使有1000个此类肽生成，它仍有可能生成60—80个氨基酸的所有组合，并受到筛选。这样的结果是，现有蛋白质全部是从广阔的序列空间中筛选出来的，只要这个空间通过序列延伸、扩展被自然选择所删除。

这个过程中的历史因素也应该强调。在每一个步骤中，**进化只能对通过了筛选的材料起作用**。即使一个早先被摈弃了的产物在晚些时候作用非常大，这个结果也无法挽回，除非现有组合的随机突变。进化的历史维度有很普遍的意义，我们将在其他章节多次提到这个问题。随着进化向给定的方向进行，选择的范围变得日益狭窄。它的约束越来越集中，越来越不能逆转。

现今蛋白质中有相当多的积木结构的证据。各种蛋白质共有的积木数目已经被估计出来了，虽然还不太确切，这个数字估计仅仅为几千。如果得到证实的话，这个数字会引起我们的联想：原来各种生物都是由这几千个构件自由组合得来的！在第二十四章里，我会更详细地谈谈这个问题。

RNA 剪 接

搭积木游戏并不是对肽而言，而是对编码它们的基因而言的，尤其是RNA基因。这需要新的催化剂做武器。最重要的是可以将两个分离的RNA连接，或者剪接在一起的催化剂。用现代术语说，这种反应称为“**反式**剪接”(*trans* splicing, *trans* 在拉丁语中意为“另一侧的”)，但这种反应本身也经常不能产生一致的信息，因为被剪接的RNA编码部分未能协调地连接，也就是说没有密码子的断裂，以达到连续读码的目的。或者说，编码区被非编码区分隔开来。为了纠正这些错误，需要一种特殊的反应以切除两条链的一部分，并且将它们协调地剪接在一起。这种一个分子内的剪接叫作“**顺式**剪接”(*cis* splicing, *cis* 在拉丁语中意为“同一侧的”)。最终，信使RNA与翻译机制相关的部分还需要在整个分子的尾部再进行一些修剪(尾部必须被切除一部分以供恰当组装)。

这三种过程在很多生物中都可以见到，尽管在RNA基因的装配中再也见不到了——远在地球上生物的共同祖先诞生之前，RNA基因就已经逐步消失——它是RNA水平上的一种修剪方式，在DNA水平上基因片段形成的一种神秘现象。我将在第二十四章对这种现象进行深入讨论。简言之，基因，尤其是在高等真核生物中，是分段表达的。这些片段叫作外显子。而那些插入片段叫作内含子，是不能被表达的。这些分离的DNA序列被完整地转录。最终得到的RNA分子中内含子被去掉，外显子被拼接在一起。有时候还要经过最后的末端修饰。这些过程使RNA分子最终成熟，然后它们变成了其他体系（比如蛋白质合成系统）的一部分。或者更常见的是，作为信使RNA，参与蛋白质的翻译。

割裂基因在细菌中非常少，在较低等的真核生物中比较少，在较高等的真核生物中则比较丰富，它们可随着进化而增长。转录后的RNA加工过程因此是较晚期进化的产物。不管是不是这样——我们将看到这样一个有争论的问题——酶的生成是RNA世界中一件古老的传家宝。有一件事是很不寻常的，剪接所包括的三种方式——顺式剪接、反式剪接、末端修饰——全部可以被特殊的RNA分子在没有蛋白质辅助的条件下催化。RNA酶，或者说核酶，就是在对这个过程的研究中发现的。蛋白质或许也参与了进来，但它们并非必要。这个事实意义非常重大。它意味着有关的反应是由核酶独立催化的。然后，在翻译体系的下一个阶段，又一个重要的催化系统从RNA分子中独立发展起来，这是支持RNA世界模型的另一个有力论据。

导致RNA剪接出现的RNA分子间反应，很可能也是在通常的随机突变及自然选择基础上进行的。很可能拥有剪接能力的原细胞从一些较长的肽获得了选择优势，这些长肽则是通过对剪接过的RNA基因进行翻译而获得。然而，被剪接的基因的复制必然会遇到问题，因为它们的长度超过了每70—100个核苷酸将会发生错配的限度。解决这个问题有赖于更准确的复制酶，它是自然选择过程中的一件战利品。直到此时，复制仍需以短基因作为模板，这意味着原细胞仍然要用剪接手段来制造长而可用的肽。因此，在RNA剪接过程中任何有关特异性、准确性、可复制性的进化，都将是有利的。这个剪接过程今天也仍然起着很重要的作用，尤其是在高等真核生物中更是如此。但是，随着DNA

的产生,它不再是进化组合游戏中的主要机制了。

DNA的产生

随着遗传多样性和复杂性的增加,原细胞必然面临着生长过程中的逻辑问题。想象一下数以百计的RNA“小基因”的两条互补链及其剪接产物为碱基配对、复制、剪接、翻译而展开竞争,你自然而然地会意识到将有一个难题出现。随着进化发展,原细胞世界会变得越来越拥挤和混乱。只有一个方法可以解决这个问题:劳动分工。复制必须和翻译分开,DNA必须出现。没有人知道这一至关重要的演变是何时发生的,但它看起来像是随着大一些的RNA的进化形成而出现的。

从化学角度讲,DNA是一种与RNA类似的长链状大分子,它也由大量不同的4种核苷酸构成。但它有两个不同于RNA的地方,首先是它的核糖部分被脱氧核糖所取代,就是说核糖上面的一个氧原子被脱去了——于是就有了前缀“脱氧的”和“脱氧核糖核酸”这个名字,简称为DNA。第二个差异是,4个碱基中的尿嘧啶在DNA中被胸腺嘧啶所代替,尿嘧啶上面被加了一个甲基(CH_3)。这种改变不影响碱基配对,故DNA中的AT配对相当于RNA中的AU配对。两种分子中的GC配对相同。

在DNA构件的装配中只需要很小的代谢变动,原料就变成了dATP,dGTP,dCTP和dTTP——“d”代表“脱氧”。当这些分子出现时,有3个关键反应成为可能,它们全都基于碱基配对原则,像RNA的复制过程发生的那样。

第一个关键反应是反转录,它是以RNA为模板装配DNA。之所以称其“反”,是因为它在转录过程之后被发现,而转录是以DNA为模板装配RNA,这是将现代世界上这两种信息携带分子联系起来的主要反应。然而,反转录也许先于转录发生,在将RNA分子所载信息存入DNA分子的过程中它也起了至关重要的作用。

无法取出的储存是没有用的,这就是转录的意义所在。存好的信息将以适于翻译的方式被取出。这种在不可翻译体系(DNA)与可翻译体系(RNA)中的双向信息流动,使得对遗传信息的表达进行调控有了切实可行的途径。

最终,DNA的复制,或者说以原有DNA为模板装配新的DNA,形成了新的遗传体系,即信息的复制与表达完全分离。

很可能这3种过程起初都是由同一种酶催化的,此种酶同时催化RNA的复制。参与4种反应的底物和模板都很类似,原始催化剂不会将它们仔细辨别开来。可是,随着DNA作为遗传信息的储存形式使原细胞有了选择优势,进化按正常方式进行下去。经过对突变结果的检验,优胜劣汰。编码核酸装配中的多功能催化剂的原始基因发生了突变,由基因编码的特异性酶逐渐产生。最终,4种特异性的酶各催化一种反应。它们今天的规范名称是这样的:RNA复制酶、DNA复制酶(通常被称为DNA聚合酶)、转录酶以及逆转录酶。

DNA体系一旦形成,以RNA为模板的两种酶就不再有用了。而且因为它们容易使情况复杂化,反而变得有害。对原细胞来说,通过一条清晰的链式途径,从DNA转录出RNA再翻译为蛋白质,并对DNA的复制做出限制,这些将更有利于其生存发展。清除RNA复制酶和反转录基因在进化过程中遇到了巨大压力。它们很大一部分已经从生命世界中确确实实消失了,除了在某些病毒中还没有之外。

病毒是仅可以在活细胞化学体系帮助下复制的传染性单位。脊髓灰质炎、狂犬病、天花和麻疹,都是从动物或人的细胞中复制出来的病毒引起的疾病。可以感染植物细胞、原生生物或细菌的病毒也有,所有的病毒都有携带遗传模板的基因组,而且都可以将它们导入细胞,使之复制增殖。有些病毒有同其他生物一样的DNA型基因组，而另一些则是RNA型基因组。RNA病毒有两种类型。

在一种类型（如脊髓灰质炎病毒）中，病毒RNA在病毒（RNA）基因编码的RNA复制酶的帮助下直接复制增殖，病毒RNA（或者它的互补结构）同时在病毒基因组的表达中扮演信使RNA的角色。

当第二种类型的RNA病毒感染第一个细胞时，RNA首先被反转录成DNA，该过程由病毒基因编码的逆转录酶催化。转录后的DNA随后在病毒基因组的复制表达中起作用。这种病毒叫作反转录病毒，包括许多致癌病毒，以及可怕的人类免疫缺陷病毒（HIV），HIV可以引起艾滋病，即获得性免疫缺陷综合征——现代世界的瘟疫。

有人提出，病毒是从先于细胞产生的早期生命中延续下来的。然而，情况也许不是这样，因为没有细胞时病毒不能增殖。病毒今天被视为是携有遗传信息的细胞残迹或细胞碎片，它只剩下了在其他细胞协助下可以繁衍的最基本部分。病毒是离开了它们居留地的吉卜赛基因，带着自己的东西从一个细胞流浪到另一个细胞，在每一个营地补充食物，添置装备。也许某些病毒在生命发展中很早的阶段就开始“流浪”了，特别是RNA病毒，它的产生可以追溯到原细胞清除RNA复制酶和逆转录酶的那一时期。从而病毒可能将这些酶全盘保存了下来。另一种可能是这些酶在晚一些时候“重造”出来。例如，DNA复制酶或转录酶基因发生了某些突变。也许有一天，比较分子词源学对这个有趣的问题会给出答案。

可遗传组织

随着DNA逐渐占据了主导地位，可遗传组织的很多重要发展成了可能。首先，基因可以被储存在单拷贝或是数量最少的拷贝中，在能够满足生长需要的前提下,多拷贝的复制对于基因所编码的结构性或功能性RNA分子尤为重要。如核糖体RNA或转移RNA。相反,信使RNA却可以来自单拷贝DNA,因为翻译可以提供适当的方式进行进一步扩增。

作为第二个优势,所有的基因皆可以被稳定地以双股链形式保留。两股链中的一条或另一条,偶尔也有两条全部被选出,经特殊的占据重要位点的核苷酸序列中介而进行转录。这些序列叫作启动子,它可以控制基因与转录体系之间的相互作用。随着进化的进行,这些序列成了起开启或关闭基因转录作用的许多调节性干预的目标。有关基因表达的可控性转录就这样逐渐产生了。它注定会成为适应和发展能力中的一个重要机制。我们将在其他的相关章节中对这种机制做进一步说明。

因为基因不再充当信使,它们可以被组装成连在一起的长链,这使上面所有的基因进行同步复制成为可能。这种能力被复制精度的提高所限制。值得注意的是,DNA复制比RNA复制更加精确。RNA复制中最低错配率是几万分之一,病毒RNA最长可以达到2万—3万个核苷酸的长度,而对DNA复制来说,错配率可以低至10亿分之一。基于复杂的"校对"机制,错装的核苷酸在被下一个核苷酸封缄之前就被移走了。这种令人叹服的精度允许一个细菌细胞中的所有基因从一个给定的位点开始复制,所有这些基因都被装入数百万个核苷酸缠绕形成的环状染色体中,这个位点就叫作复制起点。

从混乱无序的小RNA基因进化到严整有序的细菌染色体,要经过很多步骤。然而,自从第一个DNA片段被装配完成,进化的每一个步骤都增加了选择优势。伴随着特征性突变和选择的整个过程,实际上就是进化的一贯做法。

第八章

自由与限制

随着最初的RNA分子的出现,原初生命就进入了分子编码的信息时代,而且,逐渐形成了DNA-RNA-蛋白质三位一体的体系,从而主宰了整个生物圈。在对信息化分子的研究过程中需要介绍3个关键概念:互补性、偶然性和积木式装配。

互补性

生物信息的传递基于化学互补性,即两个分子之间存在使它们可以紧密结合在一起的结构关系。就好比锁和钥匙、铸型和铸像,常用来说明这种关系。在化学王国中,互补性是比这些比喻更有活力的现象。互补的两个部分不是刚性的,它们接触时,在某种程度上自身会产生一些变形以更好地适应对方。进一步说,接触导致了结合。结合非常紧密,以至于它们之间的静电作用力及其他短程物理作用力非常强,足以防止热振动将两个分子分开。

碱基配对是遗传语言的基础,它是生物学中化学互补性最引人入胜的现象,但只是很多类似现象中的一种。生命的每一个方面皆需要分子间互相"辨认"。自我装配是由很多部件通过其间的互补关系组成一个复杂的结构,就像一件老式家具的组装。不同的是,黏结所用的胶水由化学部件自己提供。

下面谈谈免疫系统与它们令人惊讶的多样性和特异性。以前患过脊髓灰质炎或白喉,或者接种过这些疾病的疫苗,就可以使我们对这些疾病产生抵抗力,其原因在于我们的血中出现了特殊的蛋白质分子(即抗体)。它可以和脊髓灰质炎病毒或白喉杆菌上的某些部分(即抗原)特异性结合。细胞还可以辨认出移植的心脏或肾脏,作为外源物加以排斥,这个过程是通过某些可以结合移植物表面特异性部位的表面分子所中介。白细胞能迅速向入侵的微生物移动,像捕猎一样吞掉它们,也是基于类似的识别机制。

激素、药物、毒物和其他发挥生物效应的化学物质,都可以和靶细胞上的受体分子起反应。这种关系在研究工作中有巨大的潜力。内啡肽(引起欣快感的天然物质)就是通过对吗啡受体的研究发现的。

酶是互补性的另一个重要基础性范例。大部分酶催化的反应皆要经过3个互有联系的步骤。首先,分子或待反应物质(它的底物)与酶表面的特异性结合位点以物理方式结合。这种结合可给分子提供一个相对于酶的催化位点合适的空间方向。第二步是催化反应,然后是第三步,产物与酶分开,以便循环重新开始。打个简单的比方,一个焊工在虎钳上固定好两块金属,然后开始焊接,最后把焊好的产品拿走,接着开始下一次新的焊接。作为类似的例子,一块金属在锯或锉之前可以被类似地先固定好。

在酶促反应中,没有挑选材料的工人。这个过程是自动的,它取决于位点和底物之间的分子亲和力。酶可从高度复杂的混合物中"钓出"它们的底物,完全应归功于这种亲和力。在任何一个活细胞中,都有数以百计或者数以千计的不同底物以很低的浓度共存着,就像它们在前生命世界可能的混合状态中一样。酶的特异性由酶上的底物结合位点的亲和力决定，并决定了它所催化的反应途径。

这种关系是双向作用的。正像受体可以特异性结合激素一样，底物也可以选择它们的酶，要么是直接通过保护性结合（很多酶与底物结合后不易降解），要么是间接通过酶的活性。我猜想，当RNA体系开始传递肽时情况一定是这样。在原始代谢体系中保留有合适的催化肽，从这个意义上讲，原始代谢体系已经携带有很多信息，通过对酶体系的选择，为代谢机制提供了模板。

偶 然 性

随着复制的开始，地球生命的历程中出现了偶然性和干扰这个历程的不可避免的突变。这在达尔文所认为的操纵生命历史进程的进化过程中有所体现。遗传信息是不断变化的，改变后的信息被复制并表达，改变后的表型能否用传代的方式使原有的基因型流传下去取决于自然选择。降低复制成功率的有害突变被清除，可以促进生存和生殖的有益突变被保留下来，中性突变也保留了下来。复制一开始，这个过程也就开始了，起先在分子水平，接着在原细胞水平。

因为突变是偶然的，所以没有任意两个RNA世界，甚至10亿个以上的RNA有完全一样的微观历史。但它们的宏观历史情况如何呢？从一座高山上不会沿着同一路径流下两条同样的小溪，但它们最后却可能汇集在同一个山谷里。

我们无法确切地回答这个问题，但是可以模糊地这样认为：大量事实表明，原始RNA世界的小溪流进了今天的RNA-蛋白质世界。我做出这样的解释，是因为自然选择因素在生命发展的每一个阶段都严格地起作用，这些因素的背后潜藏着大量基于互补性的化学决定机制。

如果我关于重建的设想是正确的，那么4种RNA碱基就是根据配对能力(即相应的RNA复制扩增能力)从众多相关产物中被挑选出来的。分子选择以最佳可复制性及稳定性为原则,正如施皮格尔曼-艾根模型中所描述的那样,导致了可复制的RNA主序列的产生。RNA和氨基酸分子间的化学反应,同样由化学互补性决定,挑选出蛋白原氨基酸及相应的转移RNA。所有这些都是可重复的,几乎与机遇无关。

历史因素同样重要。它严格地引导着翻译和遗传密码的出现。随之它自身也被对生物害处最小的环境通过突变塑造成型。最后,已有的原始代谢机制对产生的最初的酶进行了筛选。酶的出现顺序也随着突变而改变,但是最终的结果,每一个例子都差不多,其机制很大一部分是从原始代谢机制中拷贝过来的。

往后的进化也许会更易受更多决定性因素的作用,而非逐渐增长的偶然因素的作用。很有可能,当DNA从RNA中起源时,由于遗传信息的分离存储形式更为有利,特异性的RNA分子并未有很多改动,储存的信息在两种分子间传递。

积木式装配

在我们的重建工作中,我们学到的第三件东西是积木式装配的重要性。这是生命历程中一个重复的主题。进化总是对已经存在的“积木”施加作用,对当时来说就是指RNA小基因,它被以不同的方式修改组装成一个大的构件,然后由自然选择进行筛选。在这个机制中暗含着这样的可能性,即对可以得到的序列空间进行更广泛的探查,在这个过程中偶然性的作用将大大降低。

总之,许多RNA世界将夭折——而且在我们这个星球上也许的确如此——因为机遇并不总能提供必要的突变。但是能够逐渐成熟的RNA也许会形成生命,由同样的基本代谢过程支持,被同样的DNA-

RNA-蛋白质三位一体体系所主宰,也许具有与现有生命相同的遗传密码。进一步而言,由于可能形成初始生命的序列空间大小被限制在一定范围内,成功的可能性大大地提高了。

第三篇

原细胞时代

第九章

包被生命

为了这一完全可操作的遗传系统的发展,起始生命不得不通过分裂分化成为有繁殖能力的原细胞群,因而不仅仅是分子,原细胞从此也受到了自然选择的作用。到目前为止,我们一直满足于假定发生了这种分化。现在,让我们来回顾并研究细胞形成的机制及其新的特性——将生命限制在一定区域内的可能性和必要性。

细胞形成的时间表

关于最初的细胞结构出现的时间,有两种对立的观点。活细胞的原始遗迹(各种各样微小的聚集体和小泡)的形成能在相对比较简单的条件下被观察到,由此就有一些科学家认为,原细胞的形成是生命起源中最基本的事件。包括苏联的奥巴林[1]、墨西哥的埃雷拉(Alphonse Herrera)[2]和美国的福克斯[3]等在内的许多实验室研究人员,已对此类人造"细胞"进行了大量研究工作(当然,他们仅仅提及其研究中最引人注目的部分),尽管他们没有揭示关于这种结构向有生命的方向发展的任何可能的途径。其他科学家则认为,早期的细胞形成于这样一个基础上:膜结构最初是为了俘获太阳能。[4]然而另一些科学家认为,以上提法均不能被接受的理论性原因是,生命起源于无结构的“汤”。[5]

也有很多科学家持相反观点。他们指出,“原始汤”没有必要充满海洋的全部区域。沿海区域、潟湖、池塘,甚至水坑,都能为“汤”的富集和产生化学变化提供适当的场所。封闭结构阻碍生命生发物质的自由循环,常被提及,用来反对“细胞第一论”。比如,艾根认为基于这个原因,“细胞结构的组织过程肯定被极大地延迟了”。[6]

我提出的基于硫酯的代谢模型,并不适合早期形成的细胞,相反更加适合非结构化的原始汤理论。它提示了在这一方面那些通常被认为最古老的代谢系统适合于细胞溶胶,或者说是细胞汁——细胞非结构化的部分,比如,在这个系统内将糖发酵成酒精的过程就利用硫酯连接能量循环的机制。这样,这种利用硫酯产生能量的原始汤,可以被认为是逐渐发展成为一种广义的原细胞溶胶。

在较早时期,出于自由交换的需要,那些未分化的原细胞溶胶比分化出实体结构受外围边界限制的细胞有明显优势。为了使包被式结构取代开放式结构,由包被所带来的优点必须远远大于它所带来的缺点。这意味着孤立系统既能通过与它们周围环境进行相对简单的物质交换而存活并享受充分的自治,同时又能够从封闭隔离状态获得显著的优势。最后,当RNA体系为肽合成而聚集在一起时,这种状况便实现了,因为那时这一体系的进一步进化使大量竞争的原细胞成为必需。细胞最初的边界是怎么形成的?是由什么原料构成的?为了回答这些问题,让我们再次在现今生物中查找线索。

细胞的边界

所有活细胞都被一个没有破损的薄膜包裹住了,这就是质膜。许多细胞还被内部的膜分隔成不同的区域。通常生物膜是脂双层结构,一种很薄的双层分子的片状结构,大约有十万分之一厘米厚,通常大部分是由磷脂构成。它们被分类为两亲性分子,意为有两种亲和性。这些分子的特性是由具有两种相反特性的部分组成:亲水(容易结合水)的头部和疏水(不容易结合水)的尾部构成,疏水也可以叫作亲脂(容易结合脂质)。

亲水性取决于异性电荷之间存在的吸引力。水分子没有净电荷,但是它具有极性,负极在氧原子这一边,它趋于得到比它享有的更多的电子,正极由两个氢原子组成,它们都不对称地突出在水分子的一边,并且部分裸露出质子。作为这种结构的结果,水分子既能以它的正极也能以它的负极与任何具有相反电荷或极性的分子或化学基团结合,水分子之间也可以彼此结合。如果不是这样,水仅仅在很低的温度才保持液体的状态,那么地球将会成为一个干燥、没有生气、永远贫瘠的星球。

碳氢化合物,石油的主要成分,以及其他全部或主要由碳和氢组成的物质,都不带电荷和极性,皆为疏水性。许多这样的物质存在于生命世界里。它们都是脂质(lipid,源自希腊语"脂肪")。疏水性分子并不是真的憎水或斥水,它们(疏水性分子)被水排斥是由于水分子有强烈的借助静电吸引力而结合的趋势。有了水的存在,疏水分子被水分子排挤而聚集在一起。短程力介导的疏水相互作用使这种分布易于自发形成,这种短程力比静电作用力弱,以它的发现者,一位荷兰化学家的名字命名为范德华力(van der Waals forces)。[7]疏水分子和水分子彼此保持其自身状态,因此,油和水从不相混。

磷脂分子的头部由于其带负电的磷酸基团而具亲水性,经常与相反电荷或极性集团亲和,两条长的碳氢链构成磷脂分子疏水的尾部,磷脂在有水时通过形成双层结构而满足其两种相反的亲和性。在这种结构中,两个层面均由紧密排列的分子构成,这些分子沿着与层面垂直的方向排列(就像刷子上的毛)。这样使得亲水头部朝向一方,疏水尾部朝向另一方。这样每层都是单分子厚度的薄层,兼具亲水面和疏水面。在双分子层中,两个层面形成三明治状结构,两个疏水面通过范德华力作用而夹在中间,亲水面朝外与水分子接触。于是双分子层就在两层水相之间形成一层油性膜。

磷脂双分子层具有流动性和灵活性。它们构成一种二维液体,它的组成分子很容易在双分子层的膜平面内相互滑动。因为这种特性,围绕任何表面都可以形成双分子层并且很容易适应表面构象的变化,正如在细胞中常常见到的那样。磷脂双分子层总是连续和自我封闭的,因此总是形成闭合囊泡。在这方面它们就像肥皂泡,两者有许多共同的物理特性,尤其是它们能够在不破坏其连续性的情况下融合(融化)或分裂(裂开)。两个磷脂囊泡可融合成一个,就像两个肥皂泡彼此撞击而合二为一。反之,像肥皂泡那样,一个囊泡可以分裂成两个。

磷脂双分子层最后一个重要特性,是它们容易形成。不需要剧烈的机械搅动,例如,利用超声波就可以把磷脂和水混合形成悬浮的双分子层的小液滴。围绕着这种现象建立了一整套的工业体系。人工磷脂泡,称为脂质体,作为化妆品、药物、疫苗、基因及其他许多方面的运输载体已经有许多应用。

大多数可溶于水的分子(亲水分子)不能透过磷脂双分子层,这一特性使磷脂双分子层成为允许细胞维持一定内部成分的极好的分界物,使细胞内部成分不同于它周围的介质。但是细胞如果与外界完全隔绝的话,则不能存活,它们必须能够从外界获得养分,向外界排出废物,并且对外界信号产生应答。这些功能由插入磷脂双分子层的蛋白质来实现。

膜蛋白的序列特点在于它有一段或几段大约由20—30个疏水氨基酸构成的跨膜片段,典型的跨膜片段盘绕成螺旋形的杆状,称为α螺旋。这些杆状肽穿过磷脂双分子层,在内部与其疏水部分联系,范德华力的作用使它们得以建立稳定的连结,从而使蛋白质在膜中的位置得以固定。蛋白质分子的其他部分突出于膜的外表面和膜的内表面。

在原核和真核世界里的大多数细胞皆由细胞膜外部的结构包围,从柔软的绒毛到厚大坚硬的细胞壁都属于这些外部结构。这些结构用来支持和保护细胞。它们充当分子过滤器并且可以使细胞与外界隔开一定空间,这个在细胞本身及其外界环境之间的空间被称为周质空间。有多种物质,包括蛋白质、脂类、复杂糖类和一些具独特化学成分的特殊因子,皆参与构建这些胞外结构。

细胞形成的机制

磷脂是一种复杂的分子,原始汤中几乎不存在。但它们能随着原始代谢的发展而产生,并且在细胞封闭变得有利时出现在原始汤中。它不需要像暴风雨那样强烈的作用,就能在原始汤中自发形成双分子层小泡,就像现在在磷脂和水的混合物中通过超声波振荡人工合成脂质体那样。原始细胞可能就是这样出现的,但是它们几乎很快就会饿死,因为它们的磷脂被膜不允许哪怕是最简单的营养物质通过。

这一点是可想而知的。而那些空的、一产生就死去的细胞为一些代谢系统提供了附着处,并为疏水的肽提供了聚集地。这些结构的进一步弯曲形成双层膜的杯状结构,并进一步获得能完成跨膜通信的必要系统并闭合形成双层膜的袋状结构。根据纽约洛克菲勒大学的德裔美国细胞生物学家布洛贝尔(Günter Blobel)提出的这个模型,最初的细胞是由双层膜包被的。[8]这碰巧符合革兰氏阴性菌的特征[之所以这么称呼,是因为它们在丹麦细菌学家革兰(Gram)设计的实验中呈阴性反应]。确实,它暗示革兰氏阴性菌的出现可能早于有单层膜的革兰氏阳性菌。英国生物学家卡瓦利耶-史密斯(Thomas Cavalier-Smith)支持这一观点,因为这个原因他采用了布洛贝尔的模型。[9]然而,革兰氏阴性菌的外层膜与代表真正的细胞边界或者说质膜的内层膜在结构上有很大不同。

一种可能性是,最初的细胞边界不是由磷脂构成而是由肽和其他大量的疏水性多聚体构成,它们形成一种比磷脂双分子层更松散更易透过的网状结构。这是一种似是而非的可能性,考虑到许多可供使用的构件的性质,这些疏水性多聚体必须从一开始就非常丰富。晚些时候,当开始建立必要的通信时,磷脂插入这网状边界的洞中,使它变得更灵活更通用。

无论它们有什么样的性质,这种最初原细胞封闭机制必定与在膜上形成适当的通道密切相关,这种通道允许在最初的原细胞及其环境之间发生必要的分子交通。不幸的是,找不到这样长期分子事件的线索。这些事件决定了日益加紧的屏障和越来越复杂的跨膜手段。我们只能通过观察已完成的产物来推测它的起源。让我们先看看它们的结构。

膜的装配

膜的生长是通过积累增长来实现的,即在已存在的膜中增加新的组成成分。[10]这样,膜的从头合成在生命史上只要发生一次,其后所有的膜就都能通过始祖膜的扩展分裂而产生。我们不知道事实上是否是这样发生的,但这是一种很吸引人的可能性。至少,现今的生命世界里膜是以这种方式发展的。

一旦最初的膜产生,一切有利于新的组成成分插入的变革都是有益的。对脂质来说,最简单也是最有效的变革就是它们能在膜中最佳组合起来,这样能为其使用的疏水构件提供良好的存在空间。这样,在脂质的合成和装配中就涉及一系列的酶系统,尤其是当磷脂与膜相关联时。现在,CMP(RNA分子所包含的胞嘧啶成分)作为一些重要构件的载体在膜的装配合成的过程中有重要意义。如果历史上如此,这事实就提示磷脂膜与RNA世界同时或于之后诞生,与后来的细胞形成假说一致。

对蛋白质来说,适应显得更加微妙,因为装配蛋白质的核糖体定位于原细胞的可溶性区域里。引导蛋白质到膜上通过一段特定的氨基酸序列来完成,这一序列叫作信号序列或靶序列,它典型地存在于膜蛋白上。这些序列被膜的特定区域所识别(结合),并为携带正确地址标记的蛋白质提供停泊区域。作为此种结合的结果,另外一个互补性的典型例子是带有该标记的蛋白质插入到膜结构中。在它的发展过程中有两个主要的变化。一个是靶序列位于初生多肽链的一端,并且从核糖体中一合成出来就立即与膜结合。这种传送方式叫作共翻译转移,因为它与蛋白质翻译同时进行,它的发现是因为观察到核糖体接近于细菌细胞膜的内表面。另一个称为翻译后转移,这种蛋白质的转移发生在多肽链翻译结束后,并且靶序列可能位于多肽链的任何部位。

外部保护结构

迄今为止,膜的机械结构被认为在最初的膜功能中起重要作用,但在膜的结构强度中起的作用很小。磷脂双分子层即使加上蛋白质也是很薄的结构,它们很容易被物理或化学因素破坏并且对渗透膨胀事实上没有任何抵抗力。渗透膨胀现象发生在细胞暴露于溶质浓度比细胞内低的液体中,由水分渗入导致。原细胞表面边界的这种脆弱性,严重削弱了它们承受外界侵略和适应不同环境的能力。后来,发生了一件对地球上生命的前景有巨大影响的事件,即原细胞“学会了”用糖类构件制造坚硬的胞外结构。

这一历史事件可能开始于将糖分子连成不同长度的糖链或糖类这一机制的出现,它们主要用作物质储备。我们日常说的糖,事实上是由两个初级单糖——葡萄糖和果糖——合成的双糖。淀粉是全部由葡萄糖合成的一种多糖。人们很容易看到,利用大分子形式能够储存有丰富能量的食物,还可以阻止其逃出细胞边界,如此多的优点使得原细胞选择这种形式。这是有趣的现象,而且还可能显示,在糖类合成过程中包含的主要载体是UMP的衍生物,偶尔是AMP或GMP,而这些都是典型的RNA成分。因此,和磷脂一样,多糖也可以是RNA世界或者后RNA世界的产物。

下一个决定性步骤由形成新的糖类载体开始,它由一种被称为多萜醇的物质生成,这种载体通过一条长的疏水性尾部锚定在膜上。糖或糖链从它们的核苷酸载体传输到固定于膜的载体,并且紧密地黏在膜的内表面。通过一种引人入胜的翻转现象,这些大的、高度亲水性的聚合物被改变位置,穿过磷脂双分子层的疏水性屏障,忽然出现在膜的外表面上。在那里,它们能被传递给蛋白质分子或其他受体分子。这样,原细胞的表面被越来越多的糖类支持和保护,这大大加强了原细胞的生存潜力。

外部保护结构中有一种值得注意的分子,它仍存在于现在的大部分细菌世界之中,并且具有幸存的古生物的全部特点。这种分子叫胞壁质,由糖类分子和不同种类的短肽组成,能从原始的多体混合物直接产生,它们的结构包含D型和L型两种氨基酸。这些部分连成一个巨大的网状分子,将细胞用一种有机的外衣完全包裹起来。这种结构叫细胞壁,它非常坚固、有弹性,同时有足够多的孔不至于阻碍分子穿过。

胞壁质能被溶菌酶降解,这种酶对生物防卫细菌入侵有重要意义。被溶菌酶降解掉细胞壁后裸露的细胞或原生质体,通常都会因为渗透作用而破裂,除非它所处的介质成分能防止水分渗入。另一方面,奇迹般的药物青霉素能够达到其独特的治疗效果,就是因为它能阻碍胞壁质的建成,从而阻止敏感细菌的生长和繁殖。巧的是,溶菌酶和青霉素都被同一个科学家即苏格兰微生物学家弗莱明(Alexander Fleming)所发现,而当时对细菌细胞壁的化学性质和合成还一无所知。[11]

细胞壁通过胞壁质的加厚或包裹一层由特殊的脂多糖分子构成的膜状外壳而进一步加强,在膜状外壳上插入通道状的膜孔蛋白可使它透过小分子而不能透过蛋白质。前面提到的作为革兰氏阴性菌特点的那第二层膜,可能是原细胞包有双层膜的时代的遗迹。

必要的入口和出口

首先,原细胞在封闭的环境下存活的必要条件,是能从外界摄取食物并排出废物。对于完全封闭的原细胞而言,实现这一条件的最简单方法就是利用孔道,在脂双层膜中插入一些蛋白质结构就能保持孔道的开放。刚才提到的膜孔蛋白就是这样一种蛋白质。

另外一种运输方式是协助扩散,有跨膜蛋白充当特定物质的分子通道。和简单扩散一样,协助扩散也是被动系统。通道的两端都打开并且服从压力高的一边,也就是说,物质从浓度高的一边流向浓度低的一边。但是它们对此有一定的化学选择性。例如许多细胞都有特定的转运葡萄糖分子的协助扩散方式。

一类更复杂的分子运输方式是门通道,类似于一些我们的控制进入设备。门通道和协助扩散一样仅仅被动运输给定化学特异性的某些物质,但它们是单向性的,并且需要一些化学信号物质或膜电位信号刺激来打开通道。

分子运输系统的进一步改善就是主动运输，这需要供给能量，通常是水解ATP供能，这样可以逆转自发的物质流动方向，使物质能被迫逆浓度梯度从低浓度向高浓度转运。有了主动运输，原细胞就能从外界环境获得浓度很低但十分必要的物质，也可以排出有毒物质，即使外界环境中该有毒物质浓度很高。虽然这样需要消耗一定的能量，但由此所获得的生存潜力高得足以使自然选择向这个方向倾斜。

能以主动运输方式进出原细胞的物质中有很多是离子即带电体。在很多情况下，离子向一个方向的移动总伴随着等价异性离子沿着同一方向移动，或者是有同性离子向相反方向移动。膜的边界保持电中性。有时没有这样的补偿，离子的被迫运输导致膜两边的电荷或膜电势不平衡。此种泵——一个经常用于离子转运系统的名词——是产电意义上的泵。

一个特别重要的产电泵，利用ATP以2∶3的比例将(带正电的)钠离子运出细胞，并运进(同样带正电的)钾离子，从而导致膜电势高于外界。对真核细胞而言，作为所有生物电现象基础的膜电势起着非常重要的作用，这其中包括动物神经系统的活动。

钠钾泵的起源不明确，它的重要性可能在于海水中的主要带正电离子是钠离子。动物血液中主要也含钠离子。面对浓度过高的钠离子，没有屏障的生命不得不保护自己，这是可想而知的。有趣的是，一些叫嗜盐菌的古老细菌能特别有效地对付外界的钠，从而能在高浓度的盐水里生存繁荣。

另外一个重要的产电泵，能使质子跨膜运输。以水解ATP为能量来源的质子泵在很多情况下能提高质子浓度，也就是在胞内或胞外区域产生酸性(想一想人胃里产生的胃酸)环境。质子泵最重要的功能在于能量转移，我将在下一章讨论它。

细胞分裂

无论什么样的包被机制,必然包括将生长转换为分裂的可能性。如果没有这样一个环节,任何有益的突变都不能转变成遗传上可供选择的资源,它们甚至会自拆台脚。这点很容易理解。想想球形细胞,当它生长时,它的维护和保养要以其半径的3次方来增加。另一方面,它能用来吸收营养的表面积只以其半径的2次方来增加。这样细胞的生长必然会达到某一点,此时它吸收的营养刚够它维护和保养。过了这点继续生长是不可能的,除非细胞变得不对称,比如说形成芽。芽的快速生长最终将导致它掉落,形成一个自由实体,尤其是当有一层封闭的膜包围整个芽时。这样,任何有利于最初原细胞不对称生长和出芽的表面特性,如果可遗传的话,都会被自动选择。

随着外部结构的发展,分裂成为一个越来越复杂的过程,它依赖于外壁收缩形成一环状的深沟。除了细胞膜和细胞壁之间有一连接外,对控制这一现象的机制还了解得很少。暴露于青霉素中的细菌不能形成细胞壁,不破裂的细胞可以长大但是不能分裂。

为了使分裂变得可以利用,每个子代的原细胞都必须包括自主生存和繁殖所必需的所有物质,尤其是一整套基因。起初,这一条件可能是随原细胞的成分随机被膜包裹而在统计意义上得以满足。当遗传物质集中形成一条环状染色体时,在DNA的复制与分裂之间形成了一定的关系,这样每个子代细胞都能继承染色体。染色体锚定于细胞膜,能使分裂更加容易。在DNA复制的初始期,这个过程所需要的酶和辅助因子的联合体集中在锚定点的周围,染色体则通过这个联合体逐渐旋绕,最后以所复制的形式离去。在两条染色体分开后,每条染色体的末端都结合到膜的不同位点。分裂沟出现在两个位点之间,从而确保每个子代细胞都继承一条复制的染色体。

第十章

化膜为机

包被是一个缓慢的渐进过程，不时被许多进化上的获得所打断。这些早期的获得必然涉及维持生命存在所必需的与环境的物质交换的主要途径。然而很快，获得的范围扩大了。一旦磷脂双分子层形成，这种新的结构就被证明是非常实用的边界，它呈现出拥有无数改良机会的生命蓓蕾。一类全新的蛋白质也形成了，它带有一段或多段疏水序列，使其可插入到膜中。如此固定下来，参加到一系列新奇的功能中，这些功能对于制造这些蛋白质的突变了的原细胞来说，在进化的选择中便具有十分充分的优势。最重要的这类发展是，装配了一种将可逆的降势的电子传递与质子排出偶联起来的装置。这种装置的出现，在生物从环境资源中获取能量的能力方面，是一个真正革命性进步。

质子动势电子传递

想象一下如下情景。它也许没有像描写的那样发生过，但是这情景似乎有道理，并且用一种简单方式告诉人们，起始生命可能偶然发现了这一完全改变其未来的发明——事实上，这使未来成为可能。

由于一些突变事件，原细胞获得一种载电子的分子，它适合于原细胞的膜结构。正是它作为从内部供体到外部受体的电子跨膜的桥梁。对电子来说，膜是不可渗透的，这使得电子载体非常有用，并有益于它的选择。达到这一受体的能力，来自原细胞的突变体。

但是世上没有免费的午餐。这也有一定的代价：载体以氢原子的方式运输电子。这意味着如果内部供体与外部受体之间的交易包括裸露的电子，质子必然与电子一起转移。载体必须从原细胞内部收集质子——一个质子配一个电子——使电子以氢原子状态运输。当载体运送给外部受体一定数量的电子，它必须向外部卸载同样数目的质子。所以，**电子传递必然偶联着质子转移**，反之亦然，两者缺一不可。这等于是一个可逆的电子驱动的质子泵。

该泵如要发挥作用，就要膜不可渗透质子，否则转移的质子很快就扩散回内部。如果质子渗透得以控制，电子传递与质子转移之间的偶联就成为能量链。随着电子的跨膜传递，伴随的质子转移产生了持续上升的失衡，即质子势，这取决于环境因素，表现为外部的质子浓度超过内部即外部膜电势为正，或两者兼而有之。不管其物理形式如何，这种质子势会抑制质子的进一步转移。并且质子势越高，抑制力量越强。当电子传递释放的能量与逆质子势转移更多质子消耗的能量相当时，这一偶联过程渐渐停止。这些能量本身，是供体释放出的转移电子与受体接纳的电子的能级之差的函数。

这种倾向能变成一种优势吗？从几种途径来看，可以。生存在酸性介质中是一种诱人的可能性。准确地说，酸是含氢物质。当其溶于水时，释放出自由质子（分子的其余部分成为带负电的离子）。这样质子浓度越高，酸性越强（即pH值越低，游泳池的管理人员可以理解这一解释）。从柠檬汁或醋的刺激性酸味，到能蚀刻金属的腐蚀性硝酸，这实际上都是质子浓度在起作用。

正如以前所讨论的，有许多理由怀疑，生命开始于或靠近于酸性环境。一些最古老的微生物种类属于嗜热嗜酸类,它们生活在高温高酸性环境中。在第三章我们谈到,这样的环境有助于硫酯的形成。而且,这种环境会促使其从不溶性化合物中释放无机磷酸盐(或焦磷酸盐),并允许这一许多生物分子的基本成分进入原始代谢。然而早期生命在这样环境中发育有一个困难,因为许多代谢中间物,包括几种重要的磷酸化合物,对热酸非常敏感。火山温泉及最近发现的深海水热火山口的存在,暗示了摆脱目前窘境的一条可能途径。硫酯可能已经出现,磷酸盐在高温酸性的地下水中随喷射上升到表层温和条件下。原细胞在这样的水源边发展也许已经适应不断上升的酸性水,通过排出内部的质子而保持一个适当温和的内环境以抵抗外部强大的质子势压力,后者会利用膜上的任何一个弱点将质子挤入膜内。

电子降势传递与质子排出之间的偶联,在另外一种方式下也可以发挥作用。当外部的质子势高到足以使电子逆向跨膜传递,也就是,强迫电子沿逆势方向运动,从外部受体的还原状态(受体变成供体),到内部供体的氧化状态(供体成为受体)。如果这要实现,原细胞就需要有质子"池",即有一个能够消耗逆向穿过泵的那些质子的代谢系统。

ATP驱动的质子泵的获得,具有同样的进化优势(见前一章)。无论哪一种泵先出现,都会给原细胞占据酸性环境提供巨大的好处。质子泵的出现为生命发源于酸性环境提供了又一线索,这是诱人的,尽管显然是推测性的。

当两种质子泵——电子驱动的和ATP驱动的——在同一原细胞膜上一起出现时,就会发生与外部酸度无关的戏剧性变化。想象一下这个场面,两个质子泵开始联合行动以建立一个快速上升的质子势。由于这两个泵不大可能具有完全相等的强度,可能会出现这样的阶段:弱者已经停止,而强者继续不断排出质子,使质子势超越弱泵的承受限度。当这种局面出现时,弱泵会开始反向运输。质子势的建立伴随了一种能源中介，是对其他消耗能源的补充。如电子驱动的质子泵是其中的强者，降势电子传递支持ADP和Pi组装成ATP。如果ATP驱动的质子泵是强者，则ATP水解支持电子从低能级向高能级逆势传递。一种新的基于质子动势的电子传递和ATP装配之间可逆转的偶联形式出现了。

这一事件的重要性不能被过高估计。在电子传递能量支持下的ATP(或焦磷酸盐)的装配发生前，这一过程全部由依赖于硫酯的底物水平的磷酸化机制所支撑(见第三章)。今天，大概不到百万分之一的ATP由这种机制产生(然而这种机制仍然普遍存在并且对生命存在很重要)。现在由膜包被的载体水平的磷酸化机制支配着生物能量的回收，离开它我们就不能利用食物的氧化来满足我们对能量的需要，植物也不能获取太阳能。

新的能量回收机制的进化优势显而易见。一旦它最初的种子被种下，与质子动势偶联的效率和通用性的每一个进步都极大得益于自然选择。在这漫长的进化发展道路中，登峰造极的成就乃是电子传递链——也称为呼吸链——的出现，因为在所有需氧生物中，电子在呼吸链末端被氧分子收集，后者本身由于呼吸作用得以提供。这条链由许多电子载体组成，在膜结构中以类似于一个电子递桶组或电子瀑布的形式排列。电子递桶组说是指像救火时人们站成一条龙来传水桶那样，强调在电子沿呼吸链流动时载体的作用；瀑布说清楚地说明电子流动路径是降势的，并包括几个步骤，电子在能级上有显著降低。一个或多个步骤——大多数高级系统有3个步骤——必须与质子排出相偶联，从而利用质子动势促使ATP装配。因此，当电子顺瀑布而下时，ATP分子同时进行装配。相反，通过消耗ATP或利用电子沿呼吸链的下半部分流动产生的质子动势，可迫使电子逆瀑布而上。

许多重要的嵌膜分子皆参加了电子传递链的构建。我们在第三章已提到铁硫蛋白家族，围绕铁硫原子簇构成，通过二价和三价铁两种状态之间的转换行使功能。许多被称为细胞色素的存在于膜上的红色物质,也利用相同的机制。细胞色素是一大类血红素蛋白,其原型是血红的色素——血红蛋白(hemoglobin,源自希腊语*haima*,意为"血液")。血红蛋白的有效结构是一个复杂的扁平碟状有机分子,由碳、氮、氢原子组成,属于卟啉类。在碟状结构中心有一个孔洞,被铁原子占据。在细胞色素中,铁原子在二价状态和三价状态之间交替变化,因此负责细胞色素分子的电子载体功能。已经证实细胞色素在膜中作为电子传递链的组分。血红素蛋白也包括一系列可溶性物质,其中铁始终保持二价或三价状态。含二价铁的血红素蛋白多数情况作为氧载体,如血液中的血红蛋白。含三价铁者参加一些酶促反应,如过氧化物的水解。

除了这两类含铁蛋白外,电子传递链还包括:亚铜蛋白,以铜作为电子载体;黄素蛋白,以FMN或FAD(参见第四章)作为电子载体;载电子的醌,由碳、氢、氧组成的高度疏水的有机分子。总的来说,可能有15种不同的载体连接成一条链,按能级下降的顺序排列,因此每一载体都有目的地分布,以期与直接的电子传递相协调。

自主性的成就

人们普遍认为,早期生命从无生命合成的初级有机产品中获取构件。至于其能量需求,同样可以从初级合成的富含能量的分子,如无机焦磷酸盐及多聚磷酸盐,或我在模型中提到的硫酯化合物中得到满足。或者,初步合成的有机分子的降解通过某些偶联过程提供所需能量。例如,在我提出的模型中,设想一下硫酯化合物导致的电子传递。

如果这些设想是事实的话,可以说生命起源于异养类型。异养生物(heterotroph,源自希腊语*heteros*,意为"其他的";*trophê*,意为"食物")说明这种生物类型像人一样,以其他生物制造的物质为食,与自养类型生物形成鲜明对照。自养生物(autotroph,源自希腊语*autos*,意为“自身”)——例如植物——它们利用无机矿物质来制造自身组成部分。当然,早期的异养生物不可能依靠自养方式,只能依赖无生命化学过程产生的“吗哪”(神赐的食物)。

当“吗哪”耗尽时,一些自养生物类型只好产生。我们不知这是何时发生的,但决不可能发生在原细胞出现之前,除非某些未知的机制参与进来。所有的自养生物都依赖于嵌在膜中的电子传递链。因此,很可能是电子传递链开始维持异养生物的代谢过程,后来转变为自养生物的组成部分。这一转变是怎样发生的呢?

要回答这一问题,我们必须先看一下生物的电子级联过程。它包括4个不同的“瀑布”,分成5个能级——按能级下降顺序依次为:A、B、C、D和E。每一电子瀑布的能量变化足以保证将ADP和Pi合成ATP,并且每对电子降落可产生一个ATP分子。A–B瀑布最古老,它涉及水溶性组分,依赖于与硫酯有关的底物水平的磷酸化。B–C、C–D及D–E等电子瀑布与嵌在膜中的组分有关,并依赖以质子势为动力的载体水平的磷酸化。电子级联反应的发生,需要电子的注入与收集。最理想的情况是,电子在A能级注入,然后在E能级收集。但在电子传递链中,电子的出口和入口同样可存在于中间能级上。

电子级联并非“预先存在”的自然特性。它是进化的产物,在自然选择的指导下,进化成功地将A–E能级的能量跨度充分利用起来,在此范围内,提供ATP合成所需要的能量。简单地说,每2个电子从能级A降低到能级E,所释放的能量足以合成4个ATP分子。电子级联的4个小瀑布自成一体,并使这一可能性发挥到极致。我们的问题是,这个自然选择的杰作怎样产生,它如何为自养生物的出现铺平道路。

这个问题有一个简单的答案。虽然可能不太正确,但符合我们的目标。按照电子级联说简述如下:生命开始于电子级联的上游,首先利用电子从能级A到能级B或更低能级的降落获得能量。这一过程通过硫酯的降解发生，并进化为底物水平磷酸化产能机制。无生命合成，大概在高能级电子帮助下，提供合适的电子供体（参见第三章中“失氢案件”），这些电子供体在38亿年后的今天仍在发挥着作用。例如，从乳酸或丙氨酸——两个典型的无生命合成产物——产生的丙酮酸，是当今底物水平磷酸化主要的电子供体之一。至于电子的收集，前生命世界提供许多在能级B或更低能级的电子受体的假设看来是有说服力的。甚至无生命合成的或原始代谢产生的有机分子，也可担负这一使命，我们可从现今代谢中理解这一点。[1]

按照我的方案，这种能量供应方式为起始生命提供能量，直到能够合成蛋白质并与其他种类在蛋白质改良能力方面展开竞争的遗传上独立的原细胞出现。出现第一个嵌入膜中的双泵，并能够利用电子降落释放的能量通过质子动势进行ATP装配，这便是生命进化的转折点。

很可能，这一机制在能级B接收电子，今天，大多数代谢的电子供体在这一能级将电子送入电子传递链，如通过NAD（见第四章）。在能级C进入的可能性也不排除，因为少数代谢中间产物（如琥珀酸，一种典型的无生命合成产物）就是在这一能级输入电子。当今世界最普遍的最终电子受体（氧，在前生命世界无法提供）在电子瀑布的底部收集电子，但有其他受体如三价铁（见第三章），像氧一样在能级E接收电子。

作为满足能量需求的方式，新机制比原来依赖硫酯的机制要优越得多，因为能级B的电子供体无论在种类上还是在数量上都比能级A要多。但比起另一真正具有“救生”作用的新发展的结果，这只是一个平常的优点：硫酯依赖性机制目前能在质子动势机制提供的ATP帮助下逆转运行，电子能够从能级B上升到能级A——生物合成还原反应中一个至关重要的能级。例如二氧化碳的同化作用，要求在能级A提供电子。“逆向电子传递”一词即描述了电子以能量依赖性机制从低能级向高能级传递。

一旦启动，这种电子的“自力更生”就会继续进行下去。在能级C输入电子，在能级D或更低能级卸载电子的第二个质子驱动的瀑布业已出现，因此提供了将电子从能级C上升到能级A的可能性——先通过第一质子动势机制的逆转，将电子从能级C升至能级B，再通过硫酯相关机制的逆转将电子从能级B升到能级A。在所有这些过程中，电子级联的下游提供将电子上传到级联上游所需的能量。

我认为，这就是自养生物出现及起始生命从对无生命化学的依赖中摆脱出来的过程。真正的自养生物还需要环境提供适宜的无机电子供体，以便在能级B和能级C间传递电子。接下来出现了能级D或更低能级的合适受体（如今是氧，在前生命时代可能是三价铁），降势电子在级联下游的传递，可以满足所有ATP的需要。同时，在级联上游，由下游装配的ATP提供能量的升势或逆向电子传递，能够提供无机构件，如二氧化碳、氮、硝酸盐、硫等还原所需的高能电子。这种生命模式为许多自养细菌，又称化能自养型细菌，它们大多利用硫的衍生物，如硫化氢或单质硫——前生命时代环境的可能组分——为电子供体。

一旦自养生物的基本框架建立起来，便很容易理解进一步改良如何产生，直至形成一套完整的3个“瀑布”的质子驱动的B–C–D–E电子级联链，像在今天所有高等生物，无论是自养型还是异养型中发现的那样。

电子传递链的根本性改进发生在卟啉的变化，其碟状分子中央孔洞中的铁原子被镁原子取代。据推测，因此诞生了光能自养生物，或更简单地说光养（phototrophic，源自希腊语*phôs*，意为“光”）生物中的绿色色素——叶绿素（chlorophyll，源自希腊语*chlôros*，意为“绿色”；*phyllon*，意为“叶子”）。

叶绿素的直接好处源于其捕获太阳能的能力，及进行所谓电子离域反应。其过程是，叶绿素分子中的一个电子吸收光能后，从静息能级跃迁到高能级，叶绿素分子被光激发。这一现象发生在许多有色物质中(颜色是有色物质吸收了一部分接收到的光能所致)，但多数情况下，这个过程寿命较短，跃迁的电子很快跌落到静息能级，吸收的光能以热能形式释放——热能是一种无用的物质，据我们所知，它不能有效用于生物体系的运作。

在激发叶绿素的过程中，光能的耗散得以避免。由于与叶绿素密切相关的嵌在膜中的呼吸链——记住，它诞生于这类链的一员——离域的电子被转移到呼吸链，通过呼吸链进行有建设性的电子降落。因此，光能支持质子动势的产生，并且通过这一动力进行ATP的装配。

当其用于ATP的装配时，被光能激发的电子最终回到叶绿素，又处于静息能级，等待再一次的光能激发。于是，电子可以无止境地循环下去——被光提升，顺级联而下——支持该过程(循环光合磷酸化)中的ATP装配。除了这一循环过程之外，还存在一个非循环过程，其中受激电子被用于自养生物所需的许多生物合成还原。在这一事件中，叶绿素从某些外部来源回收被转移的电子。

光养生物的进化主要经历了两个阶段。第一阶段为光合系统Ⅰ，由无机供体如特定的硫化物处收集电子，然后将这些电子抬升至生物合成还原反应所需的能级(A)，这一过程可以在硫酯依赖的逆向电子传递的额外帮助下进行，也可无需这种额外帮助。第二阶段为光合系统Ⅱ，可将电子由水分子中分离出来，同时释放分子氧。光合系统Ⅱ将电子抬升至中间能级，使得电子可进一步被光合系统Ⅰ所利用，并被最终抬升至最高能级。这种发育使自养生物可不依赖于外部电子供体而独立生活。因此，生物仅仅需要光和水就可将空气和一部分水中的无机元素转变成丰富的绿色覆盖物，这种绿色物质进而又支撑许多异养生物形式。这一重要事件又预示了今天植物中分子氧的出现，具有极为重要的长远意义(见第十四章最后一节“氧大危机”)。

第十一章

对受限制生命的适应

随着细胞形成,生命第一次具有了独立的、自治的特征,个体单元具有了多样化的可能性。达尔文的竞争观念是这种发展的最直接结果,也是其进一步进化的主要动力。另外,细胞的形成允许出现很多获得性特征,这进一步增强了原细胞作为个体单元生存和繁殖的能力,因此,也就为自然选择进行筛选提供了可能。在大多数情况下,这些适应是细胞膜改变的结果,细胞膜除了行使边界功能外,还是控制通道的位点和质子驱动的体系,并进化成一个能同环境交换信息及引起适当反应的敏感界面。无需按年代顺序的一个简单回顾,有助于对原细胞生命的理解。

感　觉

原细胞可能首次以"品尝"的方式"学会"化学性地利用它们的环境。这里说明它可能是怎样发生的。众所周知,膜蛋白质通常一个末端在膜的一侧伸出,另一个末端在另一侧伸出,中间为疏水性的跨膜片段。现在设想一下,这样一个蛋白质的外部对一特定物质具有位点互补性,因此就能结合这种物质。再进一步设想,这种结合导致一种跨膜片段的结构上的改变(如缠绕或解旋),因此蛋白质的内部相应地也会产生形态的变化。最后设想一下,这种蛋白质内部的变化会引起一种特殊的效应,例如一个通道的打开或关闭,或者是一种酶的激活或抑制。你将会看到,具有这种外形的蛋白质,是一个链环的产物,它允许外界的化学物质在不进入原细胞的条件下影响内部的事件。如果该反应被证明是适应的话,这很显然是一个有价值的获得性状——而此点有待于自然选择做出决定。

你可以把这样一种蛋白质视为被化学启动物质所控制的开关。这种启动物质被称为激动剂或活性剂。开关外部结合激动剂的部分称为受体,内部反应部分称为效应物。当受体空置时开关关闭(效应物失活),而当受体与激动剂结合时开关打开(效应物激活)。在一个细胞的表面通常有许多特定种类的开关,这允许在所有开关的开启和关闭间有等级性反应。反应的程度取决于全部受体位点中被激动剂分子所占据的比例。这一比例取决于激动剂分子在环境中的丰度,以及受体位点对这些分子的选择程度。通过一种合适的调节系统,就可良好适应对激动剂存在数量的反应。

举一个简单的例子。设想一个原细胞具有一种允许某种物质通过的通道,这种物质小剂量时对细胞是有用的甚至是必不可少的,剂量过大则会产生有害作用。这样一个原细胞将过一种不稳定的生活,严格依赖于具有该物质合适浓度的环境。现在让原细胞获得一个可以结合这种物质的受体,并与一个效应物相联系,这个效应物当受体被占据后将关闭通道。随着外界环境中这种物质浓度的增加,被占据的受体位点数量也增加,因此关闭的通道数相应增加。少数的通道是开放的,但每一个通道单位时间内允许通过更多的物质分子,因此即使该物质在环境中的浓度变化很大,单位时间内进入细胞的该物质的总量也基本不变。对原细胞来说,获得这样一种蛋白质意味着对环境中物质浓度相当大的涨落的一种适应能力,即一种很强的选择优势。

跨膜的受体-效应物的结合取得了巨大的进化上的成功,使物质的巨大差异同极其多样化的反应联系起来,包括搜寻和捕获食物,对有害物质的躲避,细胞分裂的启动,分泌物的刺激,以及其他许多方面。当激动剂产生于另一个细胞时该结果更加引人注意,受体就可能使产生激动剂的细胞影响受体生成细胞中的事件。这样就发生了**通过化学信号进行细胞间通信**的现象,这在较近期的进化中所起的作用越来越重要,特别是在真核生物中。当你阅读这句话的时候,你的大脑中有几十亿个细胞通过化学物质彼此通信,以使这些印刷符号可以理解。

现在已经没有办法弄清楚原细胞最早什么时候获得具有受体-效应物复合物的跨膜蛋白质,也无法知道这些最初的跨膜蛋白质是什么样的。然而,这种获得性状很可能在原细胞的结构及功能的复杂程度刚刚允许其发生时就出现了,因为这样的选择优势将会相当大。

运 动 性

跨膜蛋白质也可用于从一个细胞的内部向其表面传递化学信号。这种分子一个特别令人感兴趣的方面,是它膜内的耗能部分与膜外的一个机动部分相联系,内部的能量消耗通过这种方式转化为外部的机械功,就像连在桨上的臂或者是螺旋桨的发动机。能量的来源可能是ATP分解,也可能是质子动势。在细菌世界里,这种最基本的运动器称为鞭毛(flagellum,复数为flagella,拉丁语中意为“鞭子”),是一个伸出细胞表面的螺旋形杆状物,并与细胞内一个由质子动势驱动的“涡轮机”相连。这个杆状物的轴通过特殊的、紧密的“轴承”穿过细胞膜和细胞壁。毫无疑问,这种精细的机械是由简单的动力启动的,可能与结合了ATP后就发生弯曲的ATP分解蛋白有关,当其结合的ATP分子分解时该蛋白拉直。真核生物的动力系统，包括我们自己的肌肉，皆由具有这种能力的蛋白质构成。

这种蛋白质在细胞表面适当地排列，就可能使细胞依赖周围的水分而产生运动。这种运动开始像随机游走，细胞向一个特定方向运动一会儿，然后"跌倒"，再向另一个方向重新运动。这种运动几乎没有什么优势，因为它可能使细胞从一个较好的环境来到一个较差的环境。这种动力系统与化学受体偶联后，情况就发生了变化。这种偶联是很原始的，受到影响的只有跌倒的频率。受体对有用的物质敏感，并抑制跌倒，这样细胞就会持续地向有益物质运动更长的时间。相反，受体如果对有害物质敏感，则会促进跌倒，从而缩短细胞向错误方向运动的时间。这种机制（称为正的或负的趋化性，即趋利避害能力）一直保留至今，至少是在细菌世界中如此。尽管这种机制仅通过调整随机事件简单地起作用，并且只对单个细胞微弱地有效，但它在种群水平上却十分重要。这种获得性状具有相当大的进化优势。

蛋白质输出与消化的产生

在原细胞游走的过程中，在经过的路线上会留下排泄的废物及其他化学物质所形成的痕迹，这种痕迹无疑会警告原细胞彼此分开或聚集在一起。一个更特殊的排泄模式，通过初生蛋白质定向到细胞膜的机制而形成（参见第九章）。通过基因装配的一系列奇特行为，靶序列也可被加到蛋白质上，除了那些携带适当的疏水基团而需要安置在脂双层中的蛋白质序列。一些可溶性蛋白质被佩上正确的标记，并通过其翻译或翻译后方式与膜联系起来。为完全转运开路的插入机制仅发生了微小的变化，其结果是蛋白质的输出或分泌。

在原细胞中以这种方式被排出的蛋白质中，有一个特别受偏爱的群体，它由酶组成，在水的帮助下，可裂解与天然大分子相关的构件中的化学键。这些进行水解反应的酶，即水解酶，使蛋白质分解成氨基酸，核酸分解成核苷酸，核苷酸分解成糖、碱基和磷酸分子，多糖分解成单糖，磷脂分解成其组成物质，等等。水解酶对一些极其重要的物质有破坏作用，因此获得它们要冒很大的风险。含有以全部活性形式出现的该酶的原细胞很快就被消灭了，除非这种有害蛋白质有一个标记，使它们一产生就被输出。这样，进化中的劣势突然转变为优势。活着的原细胞释放到环境中的水解酶可以将死亡的原细胞残余的有机废物分解，结果分解后的小分子就可以满足原细胞对营养元素的需求，这样消化就产生了。有了它，对一个活的生物来说就有了利用其他生物的合成活动的能力。换言之，也就有了异养生物消费自养生物的可能性。这一事件具有长远的影响。它使生物从生产自身的构件的繁重负担中解放出来，赋予它们更广阔的创新的天地。引人注目的是，这在整个动物界（包括人类）的出现中是关键的一步。我们直接或间接地以植物光合作用的产物为生，在分泌至细胞外的酶的帮助下，在肠胃中消化这些物质。

被一个可通过蛋白质分子的简单胞壁质“墙”所包围的原细胞（这种原细胞相应于现在的革兰氏阳性菌），一定生活于一个停滞和受限制的环境中，从而使它们从消化酶的分泌活动中受益。否则，酶可能在起作用之前就被清除。相反，原细胞具有第二层膜（相应于革兰氏阴性菌），使分泌的酶保持在两层膜之间的周质空间。在此处，酶能够作用于允许从外膜的膜孔蛋白进入的分子。

不论细胞膜是否被结合，环绕于原始异养细胞四周的空间可以被视为生命历史中最早的“消化袋”。可以这样说，最初的胃只可惜不在生物的内部，而在其周围的什么地方。稍后我们将会看到，这种胃的内在化在原始的原核生物转化为最初的真核生物中可能起到一个决定性作用(见第十六章)。

性 接 触

最近的一个表面获得性状必须提到。它包括一个长的、微弱的细丝,其长度是细胞本身的几倍,这些细丝修饰着许多细菌细胞的表面。正确的称呼是菌毛(pili,单数为pilus,拉丁语中意为"毛发"),这些结构像锚一样使细胞可以黏附到一些支持物上。它们既不活动也不连接到效应物上。但它们具有某种化学特异性,故可充当效应物。例如,具有合适特异性的菌毛可以使游动的细胞固定在丰富的食物资源附近或使细胞集合形成群落。这就很容易理解自然选择怎样使具有有用特异性的菌毛出现的了。

细胞表面成分特定的菌毛,允许细胞以一种特别的方式彼此接触。称细菌间的这种接触为抚爱无疑是太拟人化了。事实上这种菌毛的发展确实导致了性别的出现,并由此释放了最重要作用中的一种(如果不是最重要的)、促进进化多样性的强动力。具有性菌毛的细胞(称为雄性)用这种细丝作为一种分子阴茎与雌性细胞(即缺乏性菌毛的细胞)交合。在这种交合过程中(如用术语表述的话),雄性细胞给雌性细胞中引入一个小的、附属的圆形DNA片段(称为质粒),片段上有编码性菌毛蛋白质的基因。通常,雄性染色体或长或短的一部分复制产物也随同质粒注入雌性细胞中。随后注入的DNA与受体的DNA重新结合,这就产生了由双亲提供基因组成的杂种染色体。

直到这种发展的出现,突变已给自然选择提供了大量可选择的材料,这些突变主要是复制错误或化学损伤引起的碱基替换,以及特定DNA(或RNA)片段的插入、缺失、倒位及复制。由于交合与重组的出现,一个关于整个基因或基因簇的全新的整体遗传性变异提供给了自然选择。进化博弈变得无比丰富,并且更加具有创新性。十分有趣的是,在这种最初形式的性活动中,雄性完成它们的工作,而雌性是这种进化优势真正的受益者。如果你想从这个事实中得出一些性的寓意的话,请注意雄性在交合中做的第一件事是给雌性注入使之变成雄性的基因(编码菌毛蛋白质的基因)。

第十二章

所有生命的祖先

强有力的证据表明,所有已知的生物都起源于一个单一的共同祖先。在某个遥远的长期与世隔绝的环境中,可能会有我们一无所知或知之甚少的具有不同起源的生物,我们不排除这种可能性。但是,还没有证据显示出存在与“我们”的生命方式具有极大不同的生命形式。除非另外的情况得到证实,否则单一祖先假说就成立。

在本章中,我将试图重建我们共同祖先的轮廓,追寻它起源的历史,尤其是它深藏的根源。这个共同祖先是沿着一条极富决定性而少有偶然性的道路发展的单一萌芽,还是众多分支中的一支,只是偶然地发展得快一些,消灭了其他分支,最终使得这个世界上充满了它的后代?

重建遥远的过去

共同祖先被定义为生存于生命之树刚刚分成延续至今的两个不同分枝之前的生物。这个定义将共同祖先与此前更原始的生命形式区分开来。它也预留了这种可能性,即有更早的,但没留下生存至今的后代的分枝。原则上,给这个祖先生物画个像是很简单的:只要把现今生物所共有的特性拼在一起就行了。实际上,有3个要求使事情变得复杂。首先,我们必须将那些可能是生命之树首次分叉后各分枝独立获得的共同特性除去。其次,我们必须将那些先出现于一个分枝,随后被其他分枝通过基因转移的方式获得的特性除去。最后,我们必须将那些由于在进化过程中丢失而在某些或所有生物中缺失的特性加入我们的图景中。

第一种情况称为进化趋同。这在后来的进化中是一种很重要的现象,可以用昆虫、翼龙、鸟类和蝙蝠各自独立地发展出飞翔能力的例子加以说明,但在我们这里最关注的分子进化中,这很可能是一个不太重要的问题。比如说,细胞色素 *c* 的100多个氨基酸中有50多个在所有经分析的物种中都相同,像这样一个分子,不大可能在两个以上的分枝中独立地产生。

第二种情况较为严重。横向基因转移[1]——这种叫法将其与代与代之间的"纵向"基因转移区分开——被认为普遍存在于细菌世界中。看来原始生物之间要交换基因至少和现在的细菌一样容易。但是,对于一个在**所有**现存生物中都有的相同基因,横向基因转移必须在进化的极早期发生,那时只有很少的分枝(很可能只是两个)生存在相同或紧密联系的生态位中。另外,在接受基因的分枝中没有获得此基因的个体必定已灭亡。

至于第三种情况显然非常相关,必须小心对待。幸运的是,有足够多的共同特性被保留至今,使得图景的主要部分相当清晰。少数几个不确定的特性,是那些没有在所有生命形式中发现,但可以料想存在于共同祖先中,而后被某些后代丢失了的。

即使有以上的限制,由于我们已拥有关于各主要生命形式的丰富生物化学资料,你可能预期共同祖先的重建工作会相当容易。如果不是有所谓的根源问题,情况就会是这样。

20世纪70年代末，伊利诺伊大学的美国微生物学家韦斯(Carl Woese)在科学界同时投下了两颗炸弹。[2]首先，他宣布，根据比较所有生物的核糖体RNA序列所得结果，现存的细菌不像通常认为的那样属于同一个家族，而是分为两个从细胞发生开始就分开的群体。他将这两个群体的地位提升到界，一个命名为古细菌界(古细菌英文为archaebacteria，源自希腊语*arkhaios*，意为"古老")，因为他认为它们的一些性状特别古老，另一个命名为真细菌界(真细菌英文为eubacteria，源自希腊语*eu*，意为"好的")。这两个界都属于原核生物(prokaryotes，源自希腊语*karyon*，意为"核")。与真核生物(包括原生生物、植物、真菌和动物)相比，原核生物没有一个真正的核。韦斯最近甚至将这两个界提升至更高的范畴，[3]他称之为"域"，并将之重新命名为古细菌和细菌，以强调它们之间的差别。但这种提法还未被普遍接受。在本书中，我没有依从这种叫法，因为相似的称谓"细菌"在今天的词汇表中已占有一席之地，对它重新定义会使大多数读者感到困惑。另一方面，我已接受了韦斯最早的划分方法，这种划分起初被人反对而现在已被广泛接受。

韦斯的第二颗炸弹更加令人触目惊心。真核生物，通常认为大约10亿年前由单一的原核生物主干分支而来，实际上先于此30亿年出现。它们在古细菌和真细菌分离的同时，由生命之树分支而来。

于是，共同祖先位于一个三岔口的根部。然而，进化树的发展形式是二岔而不是三岔。这样就有三种可能性：(1) 古细菌和真细菌首先分叉，然后真核生物从古细菌中分出。(2) 像上面一样，原核生物首先分叉，然后真核生物从真细菌中分出。(3) 第一个分叉把真核生物与原核生物分开，后来原核生物又分为古细菌和真细菌。这就是根源问题。在第一、第二种可能性中，共同祖先一定是原核生物，在第一种情况中通过古细菌衍生出真核生物，而第二种情况是通过真细菌。在第三种可能性中，共同祖先可能是真核生物和原核生物之间的任意形式。

不幸的是，对于根源问题，现有的序列分析数据非但不能给出一个明确的答案，反而产生了互相矛盾的结果。这些问题有很强的技术性，既涉及数据本身，又涉及对数据的解释。在如此复杂的形势中，多数作者偏向于一个原核生物根源。韦斯认为共同祖先和被发现具有特别古老序列的极端嗜热(thermophilic，意为“喜好热的”)古细菌有关，这种看法已得到公认。即使这祖先更近似于真细菌，它也被认为应该是适应于高温环境的，因为极端嗜热真细菌在真细菌中也是最古老的。[4]真核生物的起源仍不确定。真核生物与古细菌有很多共同特性，但与真细菌也有一些共性。在第十四章中，我将详细讨论针对这个矛盾所提出的各种解释。

不是所有的研究者都认可一个嗜热原核生物的祖先。法国研究人员福泰尔(Patrick Forterre)强烈主张，嗜热性不可能回溯到共同祖先，因为那样一个原始体系不大可能经受住高温这一恶劣条件。[5]他认为对高温的适应是通过简化随后才发展起来的。根据福泰尔的说法，共同祖先是一种原始的真核生物，由于越来越热的环境入侵而简化产生了原核生物。这样，原核生命形式不像通常认为的那样是一种原始形式，而是对热环境二次适应的产物。这种形式的生命组织一旦产生后，就获得了巨大的成功，并占据了现今为细菌占据的所有生态位。

一个更为奇特的假说是由索金(Mitchell Sogin)[6]提出的，他是马萨诸塞州伍兹·霍尔海洋生物实验室序列比较领域的专家。根据索金的说法，共同祖先是一个直接从RNA世界产生的原始细胞——用韦斯造的一个词来说是原生体(progenote)——DNA只是在生命之树首次分叉之后才出现于通向原核生物的分枝。RNA的那条支线继续发展成为在几个方面类似于真核生物的大细胞，只是没有细胞核和包括DNA合成、复制和转录的整个机制。这种细胞被认为是进而通过吞并一个很可能属于古细菌的原核生物而获得了细胞核与所需机制。

晚些时候,我们考察过真核生物和原核生物的早期进化过程之后,再回到这些假说上来。至于现在,我还将采用被普遍接受的假说。

祖先的肖像

所有生命的共同祖先,是一个原核生物类型的单细胞生物。也就是说,就缺乏被隔离起来的细胞核和只具有初步的内部组织来说,类似于现今的细菌。在我们现在的知识水平上,这显得更为可能,尽管提出过别的假设。

这个生物看起来是什么样子呢?没有解答这个问题的线索。我们所熟悉的钝头棒状的大肠杆菌——它是我们肠道中的主要居民,也是在细菌世界中被研究得最彻底的种类——的形象是一个容易使人误入歧途的原型。细菌有着各种各样的形状——球状的、柱状的和纤维状的。一些最近从深海水热火山口中分离到的微生物甚至不论怎么看都像微型、扁平、有着锐利边缘的长方形瓦片。一些古老的微生物化石则有长而细的线状结构。但这些都只不过是些提示,祖先生物的形状是完全可选择的。

尽管现在存在少量不具细胞壁的细菌种类,祖先细胞可能还是包被有坚固的细胞壁。无细胞壁的形式非常脆弱,没有某些外部结构的保护,祖先细胞很可能无法生存下来。另外,从微生物化石中我们得知,包被有细胞壁的生物早在35亿年前就存在了。

祖先细胞的质膜,极有可能由带有跨膜蛋白的脂双层这种普遍结构构成。假设典型的膜结构存在,那么问题就是:已经整合入其中的是前面章节中提到过的多种系统中的哪种,随后出现的又是哪种。

祖先细胞几乎肯定是利用了质子动势的事实给我们提供了宝贵的线索。能量回收这一重大机制如此广泛地存在,以至于它不可能是后来进化的产物。同样，膜包裹的电子传递链的几个主要成分包括铁硫蛋白、血红素蛋白、黄素蛋白及其他可能的成分皆如此。最精巧的呼吸链可能要到后来才会形成，但它们的一些主要成分已经出现。另一方面——虽然对这一观点存在争议——祖先细胞可能缺乏利用光能产生质子动势的能力。

这样，能够利用质子动势表明祖先细胞的细胞膜对于质子和其他离子是不通透的，由此对于必须出入细胞以维持其代谢需要的大多数分子也是不通透的。因此，细胞膜必然拥有同环境进行代谢交换所需要的最精简的转运系统，这些系统必然足够精细以便在运作时不使质子通过。

祖先细胞也必然拥有构建自身所需的各种酶和装配系统。另外，细胞膜必然拥有转运系统，以便外面包被的细胞壁组分的分泌与装配。祖先细胞很可能能够分泌蛋白质并进行细胞外消化。涉及这些活动的机制的广泛存在和在整个生物界这些机制所涉及的相近分子的相似性，有力地支持这些观点。

我们不知道祖先细胞在多大程度上装备有表面受体，也不知道它是否具有运动或感觉结构（包括性菌毛），但这些可能性决不能被排除。祖先细胞的质膜和与之相关联的成分已经表现出很多现在的细菌细胞膜所特有的结构与功能属性，这一点毋庸置疑。

在代谢方面，祖先细胞能够执行所有必要的反应，以构建和破坏它的组成分子并支持其能量需求。它通过已经被证实的、目前在真核生物和原核生物中广泛存在的途径达到目的。为了这一目的，祖先细胞拥有在现今细胞中发现的许多辅酶，并利用ATP作为主要的能量供体。祖先生物代谢的某些细节肯定是猜测性的，因为它们取决于细胞生活的环境。我们已经看到，由于已知的细菌中最古老的种类生活于热环境中，共同祖先也被认为生存于这样的环境中，这一点得到了广泛的——虽然不是一致的——认同。像现在的嗜热生物一样，它可能利用某种硫化物作为最终电子受体，或者可能像我提出的那样利用三价铁。

有一个问题经常被提出，那就是祖先细胞是像现今的异养生物那样以先于它存在的有机分子为食，还是像现今的自养生物那样有利用简单的无机前体合成有机分子的能力。在祖先细胞被认为是生活于原始汤中时，异养理论非常流行。事实上，最初的原细胞必定是这样的。然而祖先细胞是长期进化的产物，在此过程中，复杂的电子传递链被装配起来，因此很可能发展出自养能力。而且，无生命来源的有机分子一定在逐渐减少，可能在祖先细胞出现之前很早就已不复存在。最后，自养能力分布得足够广泛，所以这是祖先细胞的一项特征的假说可以成立。因此，我认为祖先细胞可能是自养型的，尽管它不一定是光能自养型的。它很可能更像现今的化能自养生物，并像这些生物一样，依赖于无机物的电子传递反应来满足它对于能量和高能级电子的需求，可能以三价铁或别的什么无机物而不是氧作为最终的电子受体。

最后但并非最不重要的是，祖先细胞很可能拥有DNA基因，这些基因很可能串在一起成为单个环形染色体；这些基因被转录成为RNA；这些转录产物(除了那些有催化或结构方面用途的)根据通用的遗传密码被翻译为蛋白质。祖先生物的基因和翻译出的蛋白质已达到和现今所有生物一样的长度和复杂性。除了微小的不同外，在普遍适用的复杂结构的协助下，蛋白质被典型的核糖体装配出来。

总之，我们可以把祖先细胞视为相当典型的原核生物。如果今天我们碰巧能见到它的话，我们或许会错认为它是某种现代的细菌。但是，与祖先细胞最相似的现代原核生物是哪种这个问题超出了我们的知识范围，因为在我们所能绘出的肖像中很不幸地留有几处空白。以下是几个主要的还没有明确答案的问题：祖先细胞的细胞壁是由胞壁质还是由其他成分构成的？祖先细胞的膜脂是化学家们称为醚脂型的那种还是酯脂型的？祖先生物是光能自养型的还是简单的化能自养型的？祖先细胞的基因是被内含子分开的还是连续的？这些不确定性所以存在，是由于在每个问题上我们都要面对在现存生物主要类群之间的、显然是有着非常古老来源的显著差异。当我们考察祖先细胞后代的早期进化历程时，我将在合适的时候讨论这些问题。

一些读者可能会对我描绘出的肖像中留有如此多的空白感到震惊。我倒觉得他们更应该惊奇于已经搜集到的关于那些极为复杂的微小生命体的细节，它们生活在比人的生命长5000万倍的时间之前——而所有搜集工作都是在本书作者一生的时间内完成的。

第十三章

生命的普遍性

所有现存的生物都起源于一个单一的祖先生命形式,这已经很清楚了。但为什么会这样呢?这个问题有几种可能的答案。

首先,如果认同生命的地外起源说的话,我们可以认为这个祖先是40亿年前来到地球上的外来的种子。

第二种解释是,不可能有其他形式的祖先生命。它所以是单一的,是因为它独一无二。

第三种可能性是,我们的祖先生命形式在几种相互竞争的形式中通过达尔文的选择过程脱颖而出。

或者换一种说法,起初有几种生命形式,但所有其他的支系都灭绝了。

最后,还有一种可能性是,在几种同样可能的生命形式中产生出我们的祖先形式只不过是偶然性的结果。

在抛弃第一种可能的前提下,我们还剩下其余的4种。中心问题是古老的偶然性与必然性的二分法。共同祖先的出现有多少是出于偶然性,有多少是出于必然性?我们没有明确的线索来回答这个问题,进行猜测所根据的只有我们对生命本质的了解,以及对其起源的猜想。

生命是独一无二的吗?

在38亿年前我们星球上的物理和化学条件下,导致RNA类分子产生的原始代谢必定沿着一条既定的可重现的化学道路进行。这个明确的结论是我考虑到其中所涉及的机制而得出的。根据调和原则,这个结论适用于所有在原始代谢中已具雏形的现今代谢的特性,包括一些关键的成分如电子传递,基团转移,依赖于硫酯的底物水平磷酸化,焦磷酸键的中心角色——其中ATP很可能占据特殊的地位,和几种主要的辅酶如磷酸泛酰巯基乙胺、辅酶A和NAD的参与。生命在早期受到本身化学成分的严格限制,这是由决定性因素决定的。

那些基于另外的化学成分,在另外的物理和化学条件下诞生,并且适应于另外的环境的别种类型的"生命"是可能的吗? 我不能完全摒弃这种可能性,但是我觉得,在用尽各种方法也无法找到有关它们的存在——或者仅仅是存在的可能性——的最细微线索的情况下,提出这个问题是无益的。与生命概念联系最为紧密的特性依赖于多功能的大分子,所有的化学家都一致认为这些大分子不可能在碳骨架以外的结构上构建起来,甚至碳最近的亲属硅也不行。水具有适于作为生命基质的独特性。据现在所知,没有别的液体具有类似的合适的物理特性。另外,水为含碳分子的构建提供了两种不可缺少的成分——氢和氧。氮、硫、磷和其他生物生发元素对生命的不可替代性也同样被强调过。再考虑到这些元素的化合物占了星际间化学组成的相当大部分,你就可以得出一个强有力的结论:生命是根据同样的"有机"化学独一无二地构建起来的。

在别的条件下,这种化学组成能否发展成为不同于RNA世界的生命世界,是一个必须回答的问题。当今有机化学领域方面的大量研究都着眼于用人工分子"模拟"生命。即使这些工作有朝一日成功了，这种人工过程在自然条件下是否发生过也仍然是一个有待回答的问题。即使能做到这一点，在这发生之前，我们还是满足于了解我们所知的这种生命吧。不需考虑其他假想的生命，它也足够令人惊奇了。

在现有的化学条件下，起始生命可能会演变出不同的遗传系统吗？我在第二篇讨论了这个问题，得出的结论是只有小的细节——可能是遗传密码，即使这点也远不能确定——可能会有所不同。偶然性无疑在RNA世界的进化史中扮演了某种角色，但是选择因素的不足保证了最后的结果不大可能有什么不同，包括原细胞的形成——这是在特定阶段为进一步的进化所必需的条件。

从原细胞到共同祖先还有很长的路要走。途中的每一步都有机遇在起作用，它提供了适当的突变，产生了巨大的多样性。然而还有一个主要的瓶颈，即自养能力需要在无生命产物的供给耗尽之前发展出来。到那时，所有可能存在的异养支系都会灭绝。能存活下来的或者能直接从某种无机物来源中获得能级A电子——根据我们对无机世界的了解，这是不大可能的——或者将它们依赖硫酯的机制转换为能在ATP水解所产生能量的帮助下把电子由能级B逆向传递到能级A。这就意味着它们已发展出另外的产生ATP的机制，有合适的无机物作为电子来源，并且，如果需要，有办法将这些电子传到能级B。

这些前提条件没有给偶然性留下什么作用的余地，特别是如果像我猜测的那样，环境因素——比如高酸度环境——对于能量驱动的质子外排作用的发展具有很强的选择性。在这样的环境中，驾驭质子动势可能是通过自养瓶颈的唯一途径。即使不是，它也应该是最有效和最容易获得的途径，因为需要的辅助因子如黄素衍生物FMN和FAD，或许还有卟啉，作为产生RNA世界的碳-氮组合化学的产物，很可能已经出现。在瓶颈的入口处可能会有一些竞争，但是在出口处却没有什么选择。如果我的重建是正确的,那么,某种主要特征类似于共同祖先的细胞很可能是38亿年前地球生命发生过程中的必然产物。

在本书的引言中,我从理论上提出——记得那13张黑桃吗——生命的发生过程一定包含大量的步骤,其中大多数步骤在当前环境下发生的可能性很高。但是我留下了可满足这一迫切需要的不止一条途径的可能性。在考虑了所基于的化学方法之后,我的结论是,在给定的机会下,生命的发展过程很可能像它实际发生的那样进行,至少在主要方面是这样。

地外生命

在宇宙的别处有生命吗?[1]两艘"海盗号"宇宙飞船(1976年发射)载有通过探测火星上的生命踪迹以回答这个问题的仪器。不幸的是,我们得到了否定的——往好里说也只是"不确定的"——结果。但火星只是我们最近的邻居。别的太阳系又怎么样呢?单在我们的银河系中就有大约1000亿颗恒星,而宇宙中有数以百亿计的星系。这些数不清的恒星中有多少颗拥有行星呢?这些行星中有多少颗拥有与地球类似的地质历史呢?其中又有多少颗拥有与孵育了地球生命的物理和化学环境一样的环境呢?最后,在拥有这些条件的行星中有多少颗真正出现了生命,那些生命与地球生命有多大程度的类似呢?

没有人知道这些问题的答案,但自从一个值得纪念的日子,1961年11月1日后,这些问题就成为众人注目的焦点。那一天,一些科学家聚会于西弗吉尼亚格林班克的国家射电天文台,启动了"寻找地外智慧生命"计划(简称SETI)。这一次,他们设计出所谓的"格林班克方程",其相关参数包括宇宙中可能存在行星的恒星数目和一个行星上可能存在生命的概率。一些最杰出的宇宙学家已经在利用已知的证据考虑这些问题。尽管估算出的数据差别很大,但一致的意见是地球的历史很可能不是独一无二的。每个星系大约有100万颗"可居住的"行星,这个数字被认为是不无道理的。即使这个数字被高估了几个数量级,潜在的生命摇篮也仍然有万亿个。如果我对这个证据的理解是正确的,这意味着有万亿颗行星上已经产生,正在产生或将要产生生命。宇宙中充满了生命。

不幸的是,星际间距离使得我们不可能得到关于这一点的确证,除非某处的地外生命已发展到一定阶段,有能力向我们发送我们可以接收并解码的信息。于是,格林班克聚会者的兴趣集中在搜索地外智慧生命上。同时,我们只得满足于我们从本地的生命所得到的信息,这信息是:别处一定有大量的生命。

人工生命

这个术语和试管中的生命没什么关系——尽管某一天这可能会发生——而是和计算机中的生命有关。[2]自从著名的匈牙利裔美籍数学家冯·诺伊曼(Johannes von Neumann)在20世纪40年代后期首先设计出"细胞自动机"后,理论家们就对将活生物的典型特征如复杂性、自组织、发育、繁殖和进化等进行数学建模,表现出了很大的兴趣。他们特别注意到,这些特征的自发产生是代表酶与其底物,或基因与其产物的不同变量相互作用的结果。

这些模型强调了在何种条件下通过涨落从无序中产生出有序。涨落随机地发生,直到系统落入相互作用的网络中,这网络驱动系统向动态组织的结构发展。这可以被描绘成系统随机地探索一个"空间",从而最终落入一个"盆地"中。考夫曼(Stuart Kauffman),[3]一位这一领域的先驱者和圣菲研究院——它已成为人工生命科学的圣地——的出色成员，倾向于相反的图景，即在“坎坷的适应性地貌”上被“峡谷”分割开的“适应性山峰”。不知为何，我觉得落入盆地的图景比爬上顶峰的图景更能代表真实的情况。

不管图景是什么样的，新的计算方法揭示了一个拥有多种相互作用的变量的系统怎样被困于盆地中(或山峰上)，以及它怎样根据地貌结构凭借一种跳跃的非线性过程——其展开方式类似于进化论者所说的间断平衡——逃出并落入另一个盆地(或爬上另一座山峰)。这种过程包含多个长时期的假稳态，它们之间通过偶然事件诱导的间或性跳跃互相连接。

根据考夫曼所说，产生这种过程的条件是一种将混沌与确定性分开的限制性不稳定态。“生命，”他借助于同事帕卡德(Norman Packard)和兰顿(Christopher Langton)的话得出结论说，“适应于混沌的边缘。”[4]达尔文进化在这一地貌的范围内进行，并且只有和地貌结构联系起来才能被理解。

“人工生命”研究适应了当今对耗散结构、复杂性、混沌、突变、湍流和其他服从非线性关系的现象的兴趣。非线性关系的特点是非常小的变化可能会引起大的事件，即所谓的“蝴蝶效应”：里约热内卢的一只蝴蝶扇动翅膀会引起芝加哥的一场风暴。很多自然现象的不可预测性，都可归因于这种随机性因素与决定性因素互相纠葛的结果。从某种角度来看，生命现象好像是这种现象的一个特别突出的例子。生命的自发产生和发展可能可以用物质的某种偶然产生的结构的“固定”来解释，这种可能性已经引起大家，特别是那些反对决定论解释的人的兴趣。

利用精确的数学过程，建模方法对于解释所有生命系统特有的自组织和自调整现象的内禀特性有着宝贵的价值。它还阐明了生物进化方面的一些重要问题。但通过与“人工智能”类比得来的“人工生命”这个术语可能会引起误解。生命是一个化学过程,如果它真的能被人工创造出来的话,创造它的也将会是化学家,而不是计算机。

第四篇

单细胞时代

第十四章

细菌征服世界

地球上所有生物的共同祖先最可能是细菌或者是原核生物。如果不是进入这样一条漫长、复杂和神秘的进化路线直至真核生物,那么今天所有的后代都将由细菌组成。尽管细菌不再孤单,但它们仍组成了这个生命世界的绝大部分。这种源自共同祖先的进化说明原核生物生命形式的持久性和多样性令人吃惊。这些性质使它们得以适应各种各样不同的环境,并且能在任何一种栖息地生存和兴旺。细菌的种类还在变化,所以它们不能完全得以划分。细菌所以能成功繁衍,原因很简单:**它们能够用最快的速度生长繁殖**,并且已成为最原始生命的缩影。

细菌成功的诀窍

生物工程师曾试图构建一种能像细菌那样快繁殖的细胞,但没有成功。细菌的基因组是精简高效的,有利于快速复制。它的基因没有被内含子割裂而是紧密排列于染色体中,其间几乎没有给"无用"DNA留有任何余地。染色体本身松散的结构对于复制过程没有任何阻碍。而且,细菌几乎不停地进行DNA的复制,同时操纵基因的转录,并构建其生长所需的所有RNA和蛋白质。有的细菌甚至在第一轮复制完成之前就开始了第二轮复制。只要它们基因组的两份拷贝可以利用,细菌就分裂。所以,细菌经历一个完整的生长和分裂周期平均不超过20—30分钟,这区别于一般动物或植物细胞需要的20多个小时。

生物工程师认为这种奇迹的产生是自然选择的结果。我们因此要问:生物进化优势是如何推动这一过程的呢?这不大可能仅是快速繁殖后代的结果。一个单一的细菌细胞以非限制性的指数形式生长,那么在不到2天的时间内它的子孙就可以覆盖整个地球表面。如果是一个真核细胞,则至少需要2个多月才能达到同样的结果。显然,任何一种生物如缺乏可利用的资源,其增殖将很快受到抑制。因此,看来搅乱增殖模式是没有什么好处的。

的确如此。通过这种高速繁殖率,细菌得到的最大利益在于它们提供给自然选择以巨大的突变数。当1个真核细胞分裂成2个时,1个细菌细胞在这一时间内可产生1万亿个细胞,其间,由于复制错误而产生的几百亿个突变体会独立地分散开(1个细菌的基因组包含大约300万个碱基对,而由于错误碱基的插入所导致的最小复制错误频率也达10亿分之一)。其中许多突变是中性的,也就是说,它们对细胞的繁殖能力并无影响。另一些有害的突变则会依照自然选择法则被淘汰,其原因是它们所影响的细胞不能繁殖,或者繁殖得比其他细胞更慢。但是,也会有这种可能性,即偶然突变产生有益的结果,特别是当环境改变时。这就是为什么与引起疾病的微生物的斗争从来没有停止过。无论人们发现多么新的抗生素,与之相对抗的突变体都可能随之出现,而且在药物存在的情况下能够大量繁殖。毫无疑问,在长期的进化中,这种情况在细菌身上已发生无数次了。无论何时,当生存条件改变,总会有一些突变体能够利用新的条件生存。细菌的这种多样性使它们能遍及每一生态位,同时以它们旺盛的生命力覆盖地球表面。至此,可以说它们是卓越的生存者。

细菌的进化策略说明了适应能力的一种统计形式,我们尚很难对于这一术语有直观的理解。我们更倾向用个体反应来定义适应性,即对变化了的环境所做出的有意识的和自主的或者无意识的和自发的反应。比如,我们对冷的反应是多穿些衣服,眼睛可通过缩小瞳孔来对强光做出反应。假如我们是细菌,个体就不值得考虑。我们中的绝大多数会冻死或者失明,而有些偶然保暖得好或生来就是狭小瞳孔的个体会生存下来,我们就是依赖这些"古怪"个体的快速繁衍来弥补个体储备。如果温度上升或光亮减少,采取同一个策略会让那些缺乏覆盖物或者大瞳孔的群体适应下来。人类不能以此种方式生存,即使对个体来讲任何一种方式都可行。因为这需要太多的时间来恢复个体储备。细菌所以用这种方式,是因为它们的繁殖率很高。然而,要指出的是,更复杂的生物也遵循细菌的策略,只不过更加缓慢,经历了千万年。通过选择呈现的变异,是达尔文进化的主要动力。

关于个体的适应能力,细菌的确有其内在的机制。例如,某种细菌被接入某种培养基,该培养基把半乳糖作为碳的唯一来源,细菌通过产生利用这种糖的酶来做出反应。这是科学史上一个有名的例证,因为这首次表明半乳糖可以"指导"细胞产生合适的酶。法国研究人员雅各布(François Jacob)和莫诺获得了诺贝尔奖,因为他们证明该细菌一直有能力生成酶,但在缺乏糖的时候不能,这主要是由于一种叫阻遏物的蛋白质封闭了相应的基因,阻止RNA的转录。一种糖的衍生物可以打开基因,主要通过某种方式结合阻遏物从而使它不再有封闭作用。[1]该机制在细菌总的精简高效进化策略的背景中可以理解。除非必需,否则细菌不会浪费时间和能量生产东西。

人体和高等动物免疫系统的启动提供了另一个有说服力的例子,这是一种有明显指导意义的机制。当有外源大分子物质(叫作抗原)侵入生物体时,机体通过产生相应的抗体做出应答,这些抗体是能特异地中和抗原的蛋白质，而抗原可以由病毒、微生物或者外源细胞产生，也可以来自移植物。机体的应答反应包括一种杀伤细胞的产生，它们对特定抗原具有特异性，癌症患者就是以这种方式攻击他们自身的肿瘤细胞。能够通过产生抗体和杀死外源细胞而做出应答反应的细胞称为淋巴细胞。这些淋巴细胞由骨髓产生，并在血液中循环。在20世纪50年代初，人们开始阐明这些机制，当时的一种观点即抗原一定指导了淋巴细胞的产生是很明显的。那么，对于实质上任何抗原都能诱发一个特异性应答反应这样的事实，人们又如何解释呢？唯独澳大利亚免疫学家伯内特(Macfarlane Burnet)提出了不同的解释。他提出的观点在那时看起来有些离奇，但后来证明是正确的。他认为淋巴细胞中有少部分能够抵御机体中已形成并存在的每一种抗原，当这些淋巴细胞开始同“它们的”抗原相接触时，它们能大量增殖并形成克隆(完全相同的细胞组成的群体)，由此产生的抗体或者杀伤细胞通过特异的形状来识别外源抗原。[2]

这种机制，即我们所称的克隆选择，令我们想起细菌的突变体伺机而生，这种策略使其有更广泛的生存机会，但克隆选择机制复杂程度较高。淋巴细胞的“突变”不是偶然的而是程序化的。在发育期间，淋巴细胞经历了复杂的基因重排，这种重排可以产生数以百万计的不同基因，甚至可能达到10亿。这种机制让我们回忆起原始的搭积木游戏并借此装配了最初的大基因，我们姑且把这段基因称为A片段，它随机地来自一组不同的基因A片段，并且与B、C、D和E片段连接，而这些片段也同样来自相应组。正是由于这种过程才造成这种多样化，每一种淋巴细胞都是以不同的ABCDE组合而产生，而这种组合可以被翻译成有不同特异性的抗原识别蛋白。

淋巴细胞通过与相应的抗原接触而被激活增殖，这一过程发生的机制比适应能力强的细菌被动繁殖的机制阐述得更详尽。这里所提出的问题是关于生长控制和癌细胞的生长失控方面的。我们一旦停止生长，就意味着体内绝大多数细胞停止分裂。但也有例外，许多细胞因为它们寿命较短，如血细胞，所以必须不断更新。而我们的皮肤和黏膜细胞则由于大量脱落而丢失。然而，受到适当的刺激，我们身体的绝大多数细胞都保留着繁殖的能力，比如说损伤修复。最近几年，随着对这些机制的认识，我们已经取得了很大的进展，其中主要涉及许多受体和能激活这些受体的特异性细胞"生长因子"。许多癌细胞的转化是由于其中基因的变化，这些基因编码这些受体和生长因子。癌基因就属此类，这些基因都属于正常的生长调控体系。

在淋巴细胞的克隆选择中，暴露于给定抗原就意味着选择性激活细胞分裂，而这些细胞能识别抗原，并建立起防御外敌的特定检测系统。不过对于所有的类似复杂事件即所说的慢性增生，都有一个不利因素。淋巴细胞需要两周时间才能建立一个克隆，而细菌几个小时就可以产生。此外，当这种控制生长的体系发生偏差时，就会发生像淋巴瘤和白血病这种致命的疾病，也就是"淋巴细胞癌"。

尽管现代生物工程还不能发明精简高效的超速繁殖器，但目前还可以充分利用它。如基因克隆，我们把一段外源DNA片段通过基因工程技术导入宿主细菌体内，并且通过这种方法获得的细胞可以无限制地进行克隆生长。这样，一天后我们就可以得到相当数量的插入基因，它可以通过每一代的细菌DNA进行复制，并可用来进行序列分析或其他应用。如果这段基因以某种方式插入后，可以如实表达，那么，它的产物就能无限量地得到。现在，人们已经能够靠细菌生产胰岛素，甚至更慢的繁殖器也在工厂中得到应用。淋巴细胞和癌细胞融合后具有无限繁殖的能力，人们利用它进行大规模的克隆，并得到大量的特异性抗体产物，即单克隆抗体。

第一次分叉

大约在38亿—36亿年以前,原始祖先细胞群中的一些成员从大群体中分离出来,可能是由于地质上或气候方面的因素,它们到了一个不利于生长的不同环境。这差点成为它们灭绝的原因,但是极少数的突变体(如能暴露在抗生素中的细菌)能够适应这种新的环境并繁衍下来。我们知道这是因为亲系和旁系都在生长、进化并分化成许多不同品种,如今这些品种已逐渐在世界各地被发现。然而,已有明确无误的证据表明一个或其他类群(古细菌或真细菌)内部的亲缘关系,以及两个类群之间固有的差异。这些证据主要体现于特定代谢反应,尤其是核酸和蛋白质序列中的一些重要成分的结构上。因此,令人惊喜的是,几千万年前微小生物中发生的事件,在今天的化石记录中可以说没有留下什么可以追寻的线索,但由于现代分子生物学的"法术",我们能在某些细节方面揭示它并且重新构建它。

是什么样的环境变化引起了它们之间的裂隙?目前尚不知道,但我们可以进行大胆的猜测,尽管还不够肯定。如果万物的祖先皆来自一种能适应高温的、属于古细菌的原核生物,一种可能的假设是生活在较冷环境中的分支类群会发现其抗热能力已成为一种障碍。此外,还有其他例子支持这一可能性。古细菌可以在高达110℃的条件下生存并且生长旺盛,这时的压力足以阻止水分汽化。当温度超过80℃,我们就不能得到嗜热真细菌。而且,根据序列比较分析,那些最古老的祖先正是在这种温度下生存的。

如果这种假设成立,那么热适应在什么方面将不利于在寒冷环境中生存并且能通过产生合适的突变体补偿这一缺陷?极端嗜热的古细菌之所以能在不利的场所生存繁殖,要归功于它们自身的抗热蛋白和其他成分。当温度由50℃升到70℃时，大多数蛋白质的结构就会打开并且不可逆转地失去自身特异构象。鸡蛋清的凝聚就是一个例证。通常酶在这种条件下会失去活性。而嗜热生物的蛋白质能更好地阻止热的破坏，这种性质如今已引起人们极大的兴趣，并利用它的属性将其做成工业催化剂。

实际上，所有古细菌中的嗜热古细菌[3]所具有的突出特点是有特殊的膜脂（称为醚脂），由此形成了特异的坚固脂双层。（醚是由两个醇分子结合并失去一个水分子而形成。）嗜热细菌的脂双层可以进一步融合成刚性结构，因为脂质的疏水性末端被化学性地结合成单链。真核细菌的膜脂中，这种刚性的醚键被更易弯曲的酯键所取代（酯键是醇分子和酸分子结合并脱水形成的键），因此脂双层的两层之间能够自由滑动。

现在考虑的是什么能使嗜热细菌突然面临一个相对较冷的环境。其本身具有的抗热蛋白对它是有利的，特别是可以通过点突变得到修复，除非一种特异性蛋白质在某个临界温度下构象发生改变，那么这种不合适的构象就会阻碍该种蛋白质发挥作用。相比较而言，刚性的醚脂可能是一个重要的不利因素。为了能理解这一点，我们可以想象猪油、黄油和色拉油。在给定的温度下，每一种油都可以从固体变成液体。比如色拉油在室温下是液体，将其移至冰箱中就会凝固。黄油通常是固体，但天气变热后就会融化。猪油则需要更高的温度才能融化。以上3种自然脂肪都包含有相似成分——三酰甘油，它们融点的差异就是因为组成三酰甘油的不同次级化学结构。

同样的解释也适于膜脂。它们的融化温度同猪油和色拉油有很大的不同，这取决于它们的化学成分。尤其是醚脂，总的来讲比相应的酯脂需要更高的温度才能融化。而且，细胞膜脂的融化温度和该细胞所生存的环境温度之间有明显的相关性。这是可以理解的，膜只有在其脂双层处于液态时才能完成其功能。而另一方面，膜过于液化也会危害细胞的稳定性。因此，每一种细胞类型的膜脂都是正常环境温度下是液态而当温度低于10—15℃时就凝固。

根据这些信息，我们很容易想象因为气候或者地质上的变化，比如说从110℃到80℃，就可以让极端嗜热的古细菌发生转变。它们带有醚键的膜脂会凝聚，细胞因此变得不活跃，进而与外界环境的物质交换也将停止，最终导致细胞完全冻死。尽管如此，我们仍可认为有些细胞在热水中会被烫死，通过突变则可导致其形成适应性膜脂，它们可以在新环境中仍保持液态，这样细胞就能免受死亡命运威胁而获救。这就是我认为可能发生的情况。在突变体细胞的膜中，突变使得醚脂被酯脂所取代。这样，突变体细胞及其后代为了它们生存所付出的代价，是它们将不能回到从前酷热的摇篮。但其获益是无限大的，整个世界被它们所征服。第一个真细菌诞生了。

这个真细菌创世故事是假想的。酯脂发源于共同祖先，醚脂由古细菌获得而来，这种可能性不能被排除。我的选择基于以下假设：祖先细胞居于一个热环境，拥有可充分适应的脂。这种观点为许多科学家所认同，但并非全部。

一些真细菌家族的膜保持了一种对热环境的偏好，尽管已不像极端嗜热古细菌所生活的环境那样热，或者已回复至类似后期进化阶段的环境状况。你可以看到，在你后花园的肥料堆里，一些细菌通过它们自身的代谢产生一个它们所喜爱的生活环境。然而，大部分真细菌适应了适中的温度，有一些甚至在极地的冰水中存活下来。与被限定在所起源的热生态位和特化环境中仅具有少量例外的古细菌相比，真细菌无处不在，它们是迄今为止最具统治地位的原核生物。所有致病菌都在其列，还有其他许多无害的细菌，它们生活于我们的肠道和身体的其他部位。还有大量的其他不可见的生物，通过发酵、食物腐败、有机物质的分解和其他自然现象，可发现它们的存在。真菌一类真核生物，在这些过程中充当重要角色。

陆外集落

当真细菌征服世界时，古细菌却被长期限制于它们出生的沸水中，在那里它们可以很好地适应。在这一阶段，这些生物可能失去了合成特征性细胞壁成分胞壁质的能力，如今胞壁质为真细菌所独有。胞壁质，既包括D型也包括L型氨基酸，还具有其他结构上的不规则性，具有原始物质的特征。因此，制造胞壁质的能力更可能被古细菌所丧失，而不是被真细菌所获得。大多数古细菌具细胞壁，但由蛋白质和糖类构成，与胞壁质有别。

最终，一些古细菌冒险冲出其发源地，成功入侵到其他栖息地。[4] 一个特别昌盛的类群发展起来，当我们以原始代谢特征——在无氧条件下利用氢将二氧化碳转变成甲烷，并在这一反应的帮助下支持其能量需求——为依据时，它们更可能保持下来。甲烷是高度可燃的物质，也是天然气中最易挥发的成分。

与其假定的起源相符，最古老的产甲烷菌，正如这类生物名中所称的，是耐热菌，后来获得了在较低温度下生活的能力，同时保持了其膜中的醚脂。它们如今占据了有机物质无氧分解的几乎每一个位点，同时产生氢。它们也存在于动物的消化道中，特别是牛的消化道，那里已成为甲烷气体的制造厂。因此，它们也成为温室效应的参与者(见第三十章)。产甲烷菌在海洋和淡水沉积物中也很丰富，在那种泥泞的底层物质中，它们产生出一个个气泡，沉闷的扑扑声打破了沼泽地的宁静，并成为晚间沼泽鬼火的燃料来源。

其他的古细菌在高盐的水域中成功定居，甚至是在将干涸的极咸的海水中。它们是仍栖息在死海和大盐湖的仅有生物。在这些不寻常的嗜盐生物中,盐生盐杆菌(*Halobacterium halobium*)是唯一的光养古细菌。与其他光养生物不同,这种生物不依赖叶绿素获取光能。它依赖于一种紫色物质——紫膜质,这种物质是一个固定于膜上的蛋白质,与类胡萝卜素这一维生素A的亲属相关,类胡萝卜素在复合物中充当捕光的角色。

类胡萝卜素在生物界随处可见,包括在光养生物特化的膜中。但紫膜质是这一家族中将光转变成可利用能量的唯一例子。这一事例在另一方面也是独一无二的:被吸收的光直接用于产生质子动势,不需要电子参与。不像叶绿素,紫膜质不是以光为能源的电子泵,而是以光为能源的质子泵。

有一点很有趣:根据可能的揭示,与紫膜质亲缘最近的化学物质是动物眼中光敏性的紫红色色素视紫质,该名称将希腊语词根“玫瑰”和“视觉”合在一起。由于和眼的关系,类胡萝卜素又称为类维生素A。但是在视觉中,这令人兴奋的视紫质并不给能量转换机制提供原料,而是触发一系列由眼到脑沿神经的信号传递。但是,让我们尽力假定,我们眼中这一充满活力的色素是一些遥远的古老紫膜质的后代。

绿色革命

在第十章,我提及红色的细胞色素如何通过不同的卟啉分子转变成绿色的叶绿素,即卟啉分子有一个中央孔洞,其中的铁原子被镁原子所替代。当真细菌家系从古细菌家系中分离出来后,这一事件最有可能在真细菌家系中发生,因为在古细菌中没有具叶绿素的生物,而仅有少量真细菌物种是光养型。由于这些原因,我假定,祖先细胞并非光养型。另一种可能性是,产生叶绿素的能力是被所有古细菌和许多真细菌丧失的古老传家宝,这种可能性更小一些。叶绿素的出现具有极重要的意义,首先对于相关细菌而言,最后对于整个生物界和地球本身而言。

正如前面所提出的,已出现的生命为了利用太阳能,光合系统Ⅰ首先出现。当被光激发后,光合系统Ⅰ能从无机物质中分离出电子,有时也从有机物质中,但并不从水中。一些依赖于光合系统Ⅰ的光养细菌已在今天被发现。

绿色革命下一个主要步骤是消耗水并产生氧气的光合系统Ⅱ的发育,假定它是通过光合系统Ⅰ的调整性进化发展而来。两个系统的运作相关,但依赖的叶绿素不同。在今天的光养生物中,光合系统Ⅱ总是与光合系统Ⅰ相互协作,后者提供来自水的被光合系统Ⅱ这一它们所需的额外推动力所抬升的电子,参与生物合成还原反应。

在细菌界,两个系统的协作在大量的蓝色微生物中被发现,最初它们被称为蓝绿藻,因为它们与和一些原始海藻类似的多细胞链相关联。但真正的藻类是真核生物。为避免歧义,具有两个光合系统的原核光养生物被称为蓝细菌(cyanobacteria,源自希腊语*kyanos*,意为"蓝色")。

这些重要事件是何时发生的?据许多专家的意见,至少是35亿年前,也可能是37.5亿年前。最强有力的证据源于叠层石,[5]这些分层的岩石起源于叠置的细菌菌落。在这一类型的大量菌落中,顶层被蓝细菌占据,它作为深层异养菌的基本食物供给者而存在。最古老的叠层石可追溯至35亿年前。如果构成这些岩石的菌落像它们今天的后代一样,被蓝细菌样的生物覆盖,就意味着光合系统Ⅱ和光合系统Ⅰ一样,至少有35亿年的历史。

这一估计被相同年代的微体化石所支持。国际著名的微体化石专家舍普夫(William Schopf)[6]来自加利福尼亚大学洛杉矶分校,他已鉴定了澳大利亚西北部岩石中至少7种不同的蓝细菌样生物的真正遗迹，其精确的年代为34.6亿—34.7亿年。这些遗迹看来像数十个有壁细胞组成的链，与现今蓝细菌的形态几乎没有区别。

如果舍普夫的鉴定正确（他是承认纯粹形态学判据的不确定性的第一人），光养生物的产物氧气至少35亿年前就开始出现。然而所有的可信证据都显示，分子氧直到大约20亿年前才开始产生，大约15亿年前达到稳定水平。对这种矛盾现象一个可能的解释是，对产氧光养生物的最初20亿年而言，大量的不含氧无机物的存在限制了氧气的产生，直到这些氧气"窟"被填满后，大气中的氧气才开始增加。一个主要的氧气窟就是二价铁，据信在早期海洋中二价铁非常丰富。二价铁和氧气的反应至少部分可以解释（也有其他可能性）混合的二价/三价铁氧化合沉积物的大规模产生。磁铁矿是第三章中提到的条带状铁建造的主要构成形式。具有启发性并可能十分重要的是，条带状铁建造的沉积至少在37.5亿年前，地质记录还无法达到那么远的年代。它持续地形成，直至大气中的氧气开始出现才渐渐衰弱，约17亿年前停止。

请注意，如果条带状铁建造证明了产氧光养生物的出现，则共同祖先一定在37.5亿年前的某时就已出现，因为它必须对真细菌由古细菌中分离负责，对一类真细菌中的叶绿素的出现负责，对出现产氧光养生物的进化过程负责。因此，自40亿年前地球首次具有可生存的条件至共同祖先出现的最迟年代，这一生命出现的时间跨度，对于共同祖先来说，最多不超过2亿年。这样一个时间跨度对于生命起源这样一个复杂事件来说一度被认为太短了。如我以前指出的，此种观点没有确凿的理由。2亿年实际上是一个漫长的时段，是从猿到人这一转变所经历时间的20多倍。在那样一个时间段中，据我们所知，生命可以出现和消失多次。

光养生物的产生是地球生命扩展中的重大事件，因为它能使活的生物直接介入对太阳能的巨大能量储存，产生高能级的电子，供由无机构件合成生物分子这一过程所需。生命的早期形式可能产生紫外线支持的产物氢，并以消耗二价三价转换所提供的能量为基础（见第三章）。这一后来机制具有简洁的优点，是生命蹒跚起步时的一项巨大成就，但它并不适于依赖叶绿素的过程，一旦这一过程所需的嵌膜结构基础发生的话。

光养生物的另一优势是它对特定环境所提供的合适电子供体和受体的依赖，养育了自养生物。特别是光合系统Ⅱ出现之后，实际上地球的整个表面都被覆盖了。我们的星球成为绿色家园，它所储存的碳、氮和其他生物元素与这一绿色覆盖物日益紧密地联系在一起。反过来，这种状况又给了异养生物发育以巨大的推动，它们可依赖其他生物合成的生物分子为生。这些又激发了巨大的结盟活动，从最初的叠层石菌落开始，包括我们及其他所有动物、所有真菌和许多细菌，以及绿色植物和光养微生物，都囊括在一个全球式的超级生物即生物圈之内。生物圈的代谢已被生物所产生的主要成分的连续再循环所证实。

也许光养进化最重要的贡献是产生了大气中的氧气。不考虑光合系统Ⅱ的首次出现，这一联系中的关键时刻，约在20亿—15亿年前。在生命历史上，这可能是当时最大的生态灾难，也是活的生物所进行的意义最为深远的适应性反应。

氧大危机

直至光合系统Ⅱ产生，世界才真正具有了自由氧。我们倾向于将氧气视为生命成分，它对于我们和其他所有需氧即那些“生活在空气中的”生物而言，是维持生命所必需的。然而对生命的早期形式而言，氧是可怕的毒素，就像今天它对那些专性厌氧生物所起的作用一样，厌氧生物只能在缺氧的条件下生存。氧的毒性源于它可将活系统转变为高反应性的化学成分,例如自由羟基、超氧离子和过氧化氢,它们能严重破坏活细胞的结构,包括DNA和脂双层。

当氧气出现时,生命对这一毒素毫无抵抗能力,一场大屠杀威胁着生命的生存。幸运的是,这一过程很缓慢,有充足的时间去产生并实施进化适应的主要对策。牺牲的可能是大多数,但少量幸存者产生了世界上新的生命形式,这使得迫近的大灾难转化成革新的主要源泉。

第一个适应氧气的是它的生产者。在其内部,产生光合系统Ⅱ的关键突变是致命性的。它可能出现许多次,直至机遇将它与其他遗传变化联系在一起。遗传变化可能具有产生大量物质的能力,这些物质被称为抗氧化剂或自由基清道夫,能消除由氧形成的伤害性高反应活性化学物质。这些抗氧化剂包括维生素C(抗坏血酸)、一部分硫醇和维生素E(生育酚)。或许它们还能获得一些保护性的酶,例如超氧化物歧化酶可使超氧离子失活,过氧化氢酶可破坏过氧化氢。对这些保护性适应的需要,可解释使光合系统Ⅱ从光合系统Ⅰ中分离出来这一延迟的事件。

当其他的生命形式也暴露于氧气中时,它们的第一个反应就是撤退。但是从氧气中退却意味着从光养生物的主流中撤出,而光养生物是异养生物的基本食物供给者。另外,氧气是无处不在的。它侵入泥土的每一条缝隙,溶解在水中,到达海洋深处,能够提供给厌氧生物的避难所不久变得匮乏。正是这些压力使得存在的厌氧菌发育出保护性机制,这些机制与那些允许原始的光养生物产生氧气又免受伤害的机制相似。通过随机突变,许多细菌,包括自养的和异养的,都能在氧气中生存。

大多数物种并不止于仅仅生存下来。由于相对简单的突变事件,它们获得一种将来自电子传递链的电子传递给氧气的能力,同时形成水。今天被称为呼吸作用的这一功能因此发展起来。这是一个重大的进化发展,通过将氧气转变为水,触发了这个全球性的水/氧循环。无处不在的氧气取代了特殊的无机电子受体,过去生物曾受制于其中。电子沿磷酸化链流动,能够下降至最低能级,从而最大程度地产生能量。被这些巨大利益所激励,许多细菌演变出专门依赖从前敌人的生活方式。一些生物成功地将这一依赖开发至最大限度,主要通过呼吸链的获得,它允许能量最大限度地回收。

当氧气出现在大气中时,一些古细菌也获得清除氧气毒性及利用氧气的能力。嗜盐菌是需氧菌,嗜热嗜酸菌也是如此。它们生存于今天我们视为最恶劣的生态位中:非常热或非常酸或充满硫化氢恶臭的水中。但是,除了其氧气成分,这类介质可能正适于作为生命的摇篮,并且是共同祖先偏爱的居处。

尽管有所有这些适应,氧气仍保持了其危害生命的特性。我们的白细胞在有毒氧气衍生物(自由基)的帮助下杀死微生物。相同的衍生物有时也偶然在我们的组织中形成,它们可能在那里参与一些衰老过程,引起遗传性损伤或导致癌变。将抗氧化剂制成对抗此类伤害的蛋白质,具有相当诱人的魅力。

我所提及的这些事件都是很难重建的,如果不是对极其丰富的细菌界来说的话。在细菌界,光养和需氧生命的发育过程中几乎每一个过渡阶段的代表形式仍然都可找到。它们的古老,正如序列比较分析和其他证据所揭示的,通常对应于它们在这一事件链中所占据的位置。但它们的故事意义更为深远。伟大的氧气传奇中的部分参与者,在原核生物前体转变为所有真核生物(包括我们自己)的祖先这一不寻常的过程中扮演了基本角色。因此,以下三章将表明,我们的起源,以及我们周围所有动植物的起源,最终皆植根于真细菌进化中的这些重大事件。

第十五章

真核生物的产生

早在35亿年前，当细菌形成成功的集落，开始得意洋洋地征服整个地球的时候，一个模糊的分支开始向着一个奇怪方向进化。如果当时有一个天外来客的话，他极有可能将这一分支当作地球上生命系统的一个完全异常的现象，似乎毫无前途。事实上，就在20亿年之后，“毫无前途”变成了妄言，这个异常的分支演化成为各种庞大的类群，包括原生生物、植物、真菌和动物，还有人类——实质上就是生物圈可以见到的全部。通向这一具有非凡多样性的生命形式的道路产生了一种新型的细胞，它完全不同于我们已知的任何细菌，无论是今天的还是从前的。它拥有一个真正的细胞核，因此被称为真核细胞。这种细胞还具有其他重要的特性，使之与原核细胞或细菌截然分开。

原核生物—真核生物转变

真核生物旁支开创者的特性，至今还蒙着神秘的面纱。大多数证据指向一种原核生物，它在生命之树第一次分叉后不久就出现在古细菌的分枝上。真核生物也具有很少看起来起源于原始真细菌的特征，与这种可能性似乎有冲突。在不同的情况下，这些反常很大程度上应归因于趋同进化，归因于横向基因转移，甚至归因于像德国研究人员齐利希（Wolfram Zillig）[1]所提出的，在远古的一对古细菌和真细菌伙伴之间曾经发生过的原始融合。混合了真核生物血缘的外貌也被用来支持一个更为激进的假说，这个假说把原始真核生物的祖先描绘成一个出现于原核生物之前，具有DNA基因，或者甚至具有RNA基因的细胞。[2]

在本章中，我将假设真核生物的分支由原核生物的祖先产生。这种原始的真核细胞大概具有古细菌的特性，结合了一些通过某些或其他途径获得的真细菌的特征。这一假说与大多数已知事实吻合，而且赢得了大多数人的偏爱。此后，我们面对的难题就是，去追溯由原核生物的结构类型向真核生物转变的途径。这一途径在机制上至少能自圆其说，与可以得到的证据一致，而且能用自然选择解释其前因后果。

乍一看，这个任务非常艰巨，令人望而却步。如果把一个普通的细菌与即使是最原始的真核生物放在一块儿，差别也如此明显，这使得从原核生物到真核生物的转变近乎天方夜谭。幸而我们手边还有一条有价值的资料。一个建立在高度确定性之上的观点认为，真核细胞的一些组成部分，包括线粒体、叶绿体，可能还有过氧化物酶体等3种由膜包被的粒状细胞器（见第十七章）事实上皆来自细菌。它们大小与细菌相若，实际上，它们正是细菌的后代。大约在15亿年前，某些种类的细菌被一些真核生物的祖先所吞噬，并被永远地接受成为细胞的内共生体（endosymbiont，源自希腊词根，意为“在内部共同生活”）。[3]由此，真核生物的历史可以分为两个分离的时代：前内共生体时代（35亿—15亿年前）和后内共生体时代（15亿年前至今）。[4]

重建第二个时代不存在大的问题。细胞随时可以吞噬细菌——当我们受病菌感染时，白细胞的免疫功能就是这样起作用的——我们也知道这一摄取过程中的详细机制。人们都知道，被吞噬的细菌通常要么被杀死分解掉，要么攻击宿主并将其杀死。然而有很多事例告诉我们,在这场冲突中也可能形成平局,双方最终和平共处。从中可以找到大量的资料来支持我们的重建。

第一个时代囊括了从祖先原核细胞转变成为能捕获细菌和接纳内共生体的细胞的全过程,它对我们而言还很神秘。但我们还有少许线索:第一,如果在遥远的过去发生的吞噬细菌的过程与今天吞噬细胞作用的方式相同,我们就可以从现有知识中找到一些特征,这些使细胞有吞噬和捕获能力的特征必定是在转变过程中获得的。第二,序列分析结果和其他一些生物化学数据也给我们提供了一组有价值的线索,帮助我们按迹追寻这些真核生物结构各自从哪些祖先原核生物进化而来。最后,也是最有力的证据,已知的极少数原始的单细胞真核生物,可以回溯到前内共生体时代,也许能告诉我们前内共生体时代真核生物是如何生活的。下面就让我们来看一看这样一个"活化石"。

活化石贾第虫

已知最古老的真核生物是双滴虫,其中就包括贾第虫(*Giardia lamblia*),一种营寄生生活的微生物,能引起人类和其他一些动物罹患严重的肠道传染病。[5]根据测序的结果,贾第虫在进化树上位于真核生物主干的一个侧枝的末端,这一侧枝大约在20亿年前分化出来,正好在氧气出现在地球大气中之前。由此,这种生物获得了极长的时间来进化,以至于跟那些产生贾第虫和其他一些真核生物的共同远祖几乎没有任何相似之处。毫无疑问,变化已经发生了,但可能还没有达到无法识别的地步。在贾第虫身上,人们发现了很多与更晚一些的真核生物相同的特点,因此我们可以放心地将很多特点归于一个前内共生体时代的共同祖先——这里一直存在着进化趋同的不确定的可能性。对于前内共生体时代的共同祖先而言,这是一种不可避免的解释。因此,贾第虫可以给我们提供这一共同祖先的一些有意义的信息—— 一些在进化中失去的特性，这段空白需要被填充。例如，在生物的生活方式从自主转向营寄生生活的过程中就存在大量信息。

贾第虫是一种单细胞、梨形的生物，大小为千分之一厘米，体积比一般原核生物要大1万倍。我们正在明确地处理一种与细菌相比是非常巨大的细胞。它并不像细菌那样被细胞壁围裹，但外面包被一层没有什么硬度的绒毛状物质。该细胞仍然维持其特征性形状的原因在于，细胞内部有一定数量的细胞骨架系统支撑着细胞的形状。贾第虫的一个侧面形成碟状结构，像一个吸盘，有助于黏附在肠壁上，这个特征毫无疑问是在贾第虫的祖先逐渐适应肠道寄生生活的过程中形成的。

贾第虫高度可动，由4对长的、波动的鞭毛驱动。[6]这些细胞器与细菌同名的动力附属物完全不同，它们纤细中空，由微管蛋白构成，并结合有许多种其他的蛋白质，最后形成一个长的、灵活的杆状物，能够弯曲，以波浪形方式运动，由ATP裂解提供能量。鞭毛与纤毛的基本结构相同，只是纤毛比较短，在细胞表面一般分布非常多，可以快速地拍打。这两种“马达”从不在同一个细胞上出现，由此成为分类学的重要证据。

在真核生物中，鞭毛和纤毛广泛存在。正是来自父方的精子在鞭毛的推动下与来自母方的一个卵细胞成功地结合，才有了我们的存在。像真核生物的鞭毛这样一种复杂结构，不大可能在趋同进化中两次独立地起源。贾第虫由此告诉我们，真核生物的远祖早就获得了建构鞭毛的所有主要蛋白质。

观察贾第虫摄食是一件特别长知识的事。它吞下细胞外的物体，[7]这正是首次接纳内共生体的祖先细胞所进行的行为。而且它的吞噬机制与我们的白细胞，以及其他数不清的真核细胞吞噬细菌和其他物体的机制实质上完全相同。所谓的吞噬(phagocytosis,源自希腊词根,意为“吃”和“细胞”)过程如此复杂,以至于我们可以再次假设,它在前内共生体时代的祖先中早已存在。我们不必过于深究内共生体进入宿主细胞的方式,就像我们从现有的知识独自猜测的那样,这些重要的“宾客”是被一种基本属性与现存细胞相似的典型吞噬细胞所吸收。这是一条价值无法衡量的信息。马萨诸塞大学的生物学家马古利斯(Lynn Margulis),在几乎还没有证据的时候,就坚定地支持内共生体理论,并以此闻名。她曾假定一个“凶猛天敌”的强有力的入侵来解释内共生体的进入。[8]相比之下,吞噬细胞的摄取似乎更易于解释,因为我们所知道的一切都支持这一假说。

我们再看一看贾第虫或者它的营自由生活的近亲的捕食过程。我们可以看到它偶然地碰到一个细菌,或者在化学信号的诱导下,看起来像有目的地游向细菌,如同我们的白细胞在同样条件下的行为一样。是机遇还是化学信号促成了相遇并不重要,结果都是被接触的细菌黏附在细胞表面,就像一只苍蝇粘在粘蝇纸上一样。这种接触启动了生物的活性,慢慢地把它那可怜的受害者吸入体内,直至消失在我们的视野里。不久,细胞表面已经没有这一戏剧性的吞噬所留下的残余物痕迹了,一切复归平静,细胞表面依旧平滑无皱。

并不是所有的细菌都是通过这种方式被捕获。这是因为黏附需要捕食者细胞存在表面受体来识别细菌细胞壁特定的物质——另一个互补的锁钥关系。如果锁或者钥匙中哪一个失去了,细菌只是在与细胞撞击一下之后就逃走了。一些细菌正是利用这种缺陷来逃过捕杀,这一事实在科学史上扮演了一个极为重要的角色。例如当我们感染肺炎球菌时,这种细菌性肺炎的可怕致病源与它们无害的亲属不同,它没有某种细胞壁成分的编码基因,而这种细胞壁成分正是我们的白细胞识别所必需的。细菌没有这把锁,所以血细胞的钥匙也就不再相配。

1928年,英国卫生部的一位医学官员格里菲思(Fred Griffith)发现,有一种细胞壁分子可以使微生物变得能被捕捉从而变得无害,而制造那种分子的遗传能力,可以从无害的、非传染性细菌转移到活的致病菌。这一工作被纽约洛克菲勒医学研究所(现为洛克菲勒大学)的道森(Martin Dawson)密切跟踪。16年以后,3位洛克菲勒的科学家,埃弗里(Oswald Avery)、麦克劳德(Colin Macleod)和麦卡蒂(Maclyn McCarty)向起初充满疑虑的世界宣布,他们已经纯化了这种"转移因子",并毫无疑问地确定这是一种DNA分子。[9]这一历史性实验首次证明,基因是由DNA分子构成的,而不是像很多人认为的那样由蛋白质构成。这一发现引发了一场最重大的史诗般的科学竞赛,直到1953年,由沃森和克里克提出的双螺旋模型赢得了头彩。

在这些研究进行的时候,吞噬作用的机制还不清楚。今天,在电子显微镜和其他一些复杂精密技术的帮助下,我们才能理解这一现象的细节。被捕获的细菌并不像人们猜想的那样,通过一个小孔进入细胞。它被逐步包入一个渐渐深入的套中,或者说由细胞膜逐渐内陷,而细胞膜仍保持完整。当包围完成之后,内陷就猛然从内膜上不留痕迹地脱落下来,成为一个封闭的细胞内的囊,或称之为小泡,内中有被吞下的细菌,完全被一块在内吞过程中从细胞表面分离下来的膜所包围。细胞膜是一个脂双层结构,具有流动性、弹性和自封闭的特性,这使吞噬现象在物理学上成为可能。

是什么推动了摄取?对于贾第虫,我们一无所知,因为在这方面人们还没有进行过研究。但我们知道在其他细胞中存在着至少两种机制。其一,外部的"拉链"过程(更好的说法是"维可牢"过程,如果这个词存在的话,因为我们只关注"表面"),即吞噬细胞表面受体和与之互补的细菌表面伙伴分子的拉链作用。另一种机制是在细胞内完成的,通过一个装置,可以将已结合配体的受体附近的细胞膜向细胞内收缩。这一机制允许摄取液体小滴,或称之为胞饮作用(pinocytosis,希腊语意为"细胞饮水"),由水溶性分子与细胞表面受体的结合所触发。通用的术语胞吞作用包括了所有形式的依赖于细胞膜的内吞作用,包括吞噬作用和胞饮作用。由胞吞作用形成的细胞内小泡被称为内体。

随后的事件是将俘获物带入另一类由膜包被的细胞内小泡——溶酶体(lysosome,希腊语意为"消化体")中。在溶酶体中,被吞噬的物质暴露在酸和消化酶中,遭受到食物在我们的胃中同样的命运。酸是由溶酶体膜上的质子泵泵入质子而分泌的,消化酶则是由另一种小泡状的细胞器——内质网(简称ER)运至溶酶体内的。随着溶酶体中消化的进行,分解产生的小分子营养物质经过溶酶体膜进入细胞质,参与到代谢中。溶酶体中只剩下消化酶和未消化的残渣,通常被排到细胞外介质中,这一过程被形象地称为细胞通便,或者一般称为胞吐作用,实质上是胞吞作用的逆过程。在这个过程中,一个小泡通过将其膜与细胞膜融合而将其内容物排出细胞。

注定要被运到溶酶体中去的消化酶在被附着在内质网小泡膜上的核糖体制造的同时(共翻译),被移位到内质网内部。这部分镶嵌有核糖体的内质网被称为"糙面内质网",因为在膜的横切面上呈现粗糙的表面。新合成的酶从这些粗糙部分转移到光滑的内质网部分(附着有很少核糖体),随后被运到一个膜囊的复合体——高尔基体[得名于一位著名的意大利神经解剖学家高尔基(Camillo Golgi),1906年他与西班牙同行卡扎尔(Santiago Ramón y Cajal)共获诺贝尔生理学医学奖]之中。在酶转运通过光面内质网和高尔基体的过程中,其分子经过了一系列化学修饰,一般称之为加工或者成熟过程。

内吞体、溶酶体、糙面内质网和光面内质网,还有高尔基体,在细胞内形成了一个由囊和小泡组成的复杂网络,有时被称为细胞质膜系统。考虑到有上千种与膜结合的截然不同的区室,这一系统掌管着许多重要的细胞功能，这些功能可以笼统地归成一类，控制细胞物质的“输入”和“输出”。输入通过胞吞作用实现，吞食的物质通常运往溶酶体消化，偶尔也储存起来或转运到其他细胞。输出开始于糙面内质网，然后经由光面内质网、高尔基体、溶酶体，最后通过胞吐作用将这些物质清理干净。在大多数细胞中存在另一条旁路，可能更为重要，它绕过溶酶体，直接由高尔基体将废物排出细胞。这就是分泌的主要途径。

物质进出通过细胞质膜系统上许多区室进行，受到区室之间永久的、或在更多情况下是暂时的连接所调控，同时也受到内部受体以及属于细胞骨架的外部“栏杆”所指引，驱动这些运动所需要的能量来自ATP水解所释放的能量，同时也得到了特殊的细胞骨架动力系统的帮助。

细胞质膜系统是所有真核细胞所独有的特征。贾第虫告诉我们，早在20亿年前，这套系统就已存在。甚至依赖高尔基体的分泌装置也是在这时发展起来的。[10]

贾第虫体内没有线粒体、叶绿体，也没有其他可能的被吞噬细菌的后代细胞器，尽管这些细胞器也许是在进化过程中被遗弃了。另一种非常古老的真核生物——微孢子虫，同样缺少内共生体起源的细胞器，却引起了人们很大的兴趣。[11]这些事实和其他一些证据强有力地支持了这样一种观点:这些非常原始的生物远祖所在的支脉，早在真核生物接受内共生体之前就从主干上分了出来。这一“血统”使这些生物成为前内共生体时代的真核细胞现存的最近亲属——尽管仍然极为遥远。

从代谢角度讲，贾第虫是一种绝对厌氧的微生物，适应在无氧环境中生活。这种适应可以令人信服地追溯到贾第虫与真核生物主干未分离时的远祖，那时氧气在地球大气中还未出现。如果情况确实如此，那就意味着贾第虫的整个祖先世系经受了氧气危机的考验，而且10亿多年来一直不停地进化,并且不知何故被保护了起来,与氧气隔绝,直到后来它在一些动物的内脏里发现了适宜的无氧环境。同样有可能的是——甚至更为可能?——贾第虫的祖先细胞早已适应了在氧气中生活,只是后来适应了厌氧寄生生活,又丧失了这种特质。然而,值得注意的是,真核生物主要的电子传递链属于内共生体起源的细胞器,而不是起源于细胞膜或者细胞质膜网络,除非进化中曾发生过丢失事件。这一事实显示,营厌氧生活的原始真核生物像20亿年前存在的所有生物一样,也许缺少了膜包围的呼吸链,因此它的后代只好设法经受氧气危机的打击,直到内共生体来拯救它们。

贾第虫的遗传结构看起来属于我们熟知的"经典"类型。有两点很有趣。第一,从特定的分子特征的角度看,它的核糖体更像原核生物,而不像真核生物,这种相似性与我们前面推测的结果相一致。贾第虫的祖先应该早在今天这种类型的核糖体进化形成之前,就从真核生物家系上分支出来。第二,也是特别有趣的,贾第虫有两个大小相同的核。但在我们查看这个令人着迷的副本之前,让我们考虑一下核本身,即真核细胞的标志。

真核生物的细胞核

贾第虫的核具有真核生物细胞核所有的主要特征。其所以将它命名为细胞核,是因为它位于细胞的中央,就像一个果仁(同为核,拉丁语中叫*nucleus*,希腊语中叫*karyon*)。细胞核是一个体积巨大、略成球形的细胞器,完全由双层被膜包围,核被膜与内质网在结构和功能上紧密相关,外膜也附有核糖体。核被膜的内表面有坚固的衬里,这一内层由紧密编织的蛋白质纤维组成。大量加固的开口,或者说孔,镶嵌在核被膜表面,就像核被膜的舷窗,是核与细胞其余部分(即细胞质)进行信息交流的调节通道。

细胞核中的主要成分是染色体(chromosome,希腊语意为“有色的东西”),其所以这样得名并不是它真的有色,而是因为早期的显微镜观察者通过特定染色制片后观察到一种被深染的东西,于是命名为染色体。原核生物的染色体不过是一条环形的裸DNA片段,而真核生物的染色体与之相比就如同宏伟的大厦,是一个高度结构化的实体。你可以想象一个微型的五朔节花柱,螺旋形的由珠子编成的花环围绕着它,垂下一个又一个绳环。柱子就是染色体的内骨架,由蛋白质构成。在花环中,线由DNA组成,而珠子由小的蛋白质轴组成,DNA线在一个小线轴上来回绕两圈,然后转到下一个线轴上。这个串珠状的细绳扭成一条电话线般的粗绳。这条绳本身又分成一连串扩增环,锚定在中央骨架周围螺旋形排列的附着点上。结果是,这些环中有的是解开的,有的则捆扎成结实的球。当细胞开始分裂,所有散开的环也捆扎成球,染色体的形状变成一个多节的粗棒。正是在这样的分裂细胞中,人们首次观察到深染的棒状染色体。在非分裂细胞中,基本的染色体结构掩藏在松散的DNA形成的无法解开的缠结中。这是多么混乱的局面!只要想一想有3千米长的极细的线缠在一根半米长的短棒上的景象。这就是你的染色体放大10万倍后的模样。

核的存在,使真核生物的组织结构从发生的时候起就完全不同于原核生物。首先,核被膜将细胞分为两个不同的区域,两者之间的通信必须通过核孔复合体。这种分区与细胞质膜网络产生的分区不同,细胞质膜网络以其多重相互连接的空腔,其中排列着化学加工装置和转运系统,在细胞内部和外部世界之间形成了一个中转站。**核被膜**区分了实际的代谢过程。这种区分的原理很简单,仅有少数与DNA活动相关的功能留在细胞核内,而所有其他的功能都在细胞质中进行。核孔复合体上有特殊的装置可以对物质的进出进行调控,以此实现核与质之间正常的联系。

定位于核内的两个专门功能，是DNA复制和DNA转录。由于染色体结构的复杂性，复制需要一套复杂的系统来解开DNA的螺旋结构，使复制酶能够接近DNA。因此，真核生物的复制速度要比原核生物慢大约20倍。真核生物的DNA分布在几条染色体上——例如贾第虫有4条染色体，而人有46条染色体，而且每条染色体都有多个复制位点，以此来克服这种复制障碍。在原核生物中，只有一个复制位点锚定在细胞膜上，全部染色体都经过这一点散开而后参与复制。真核生物中有大量这样的位点，因此DNA可以分成许多小段同时复制，然后再连接起来。由于有这种安排，真核生物的整个基因组（人细胞中的DNA约有2米长）可以在1小时内复制完成，所需时间只有3厘米长的原核生物基因组复制用时的2倍多一点。当真核生物细胞核中进行DNA复制的时候，所有必需的染色体结构蛋白从细胞质中转运进入细胞核，与新形成的DNA自发装配起来，形成两套完全组织好的染色体，两者通过一个桥相连，就像是连体双胞胎。

核内DNA转录也遇到了与复制过程一样的结构性问题。更为麻烦的是，合成的RNA产物要被运出细胞核，只有成熟的RNA才能被送到细胞质中。断裂、修饰、剪接以及RNA重排皆发生在核内。一种叫核仁的特殊核内细胞器为RNA合成和核糖体RNA的成熟提供了场所（核糖体由RNA与一组蛋白质结合形成），核糖体RNA在任何时候都占核输出RNA的最大部分。其他位于核内的复杂系统保证信使RNA的剪接——较高等的真核生物的一个重要功能，但贾第虫可能没有这种功能，贾第虫中至今还没有发现割裂基因，也不需要RNA剪接。成熟的RNA自己不能离开细胞核，但在特异的RNA结合蛋白的陪同下可以进入细胞质。而空载的结合蛋白完成任务后回到核内。

如上所述，这种核质分离最重要的结果是遗传信息的翻译在拓扑学上与其转录过程分隔开来。而在原核生物中不是这样，在那里人们经常可以看到，信使RNA的转录还未完成，忙碌的核糖体就像串珠一样结合在RNA线上翻译合成蛋白质。真核细胞里，核糖体都在细胞质里，信使RNA分子在核内合成并加工好以后才能经过核孔复合体进入细胞质，这时核糖体才能结合到这条完整的RNA链上。因此，基因表达可以在多个位点上调控，在核内核外都可以进行。

真核生物细胞核的存在，给细胞分裂增添了特殊的难题。在原核生物中，在染色体复制之后，细胞分裂只是一个简单的缢缩过程，或者说是细胞膜（以及细胞壁）的皱缩，分裂的结果是每一个子细胞都继承了一条复制的染色体，同时也继承了母细胞的一半细胞膜。而在真核生物细胞分裂的时候，细胞质按照大致相似的机制分成两份，但并不是产生一个副本细胞核。

核的分裂是一个戏剧性现象，是少数在普通光学显微镜下就能清楚地呈现在我们面前的细胞事件之一。曾经有一代生物学家都为之着迷。在"核壳"里边，染色体首先被复制和压缩。这时它开始能被观察到，像一支短棒或者细丝，因此核分裂又叫有丝分裂（mitosis，源自希腊语*mitos*，意为"丝"）。接着，核被膜拆除了，被纺锤体所代替。纺锤体是由微管组成的一种复杂的索具——牵引丝，与鞭毛轴的结构相同。然后复制后的染色体就聚集在将纺锤体一分为二的赤道板上。这时索具开始行动，将成对的染色体强行拉开，并将其分别拉向纺锤体的两极。现在我们该看出复制后的染色体这种连体双胞胎结构的优点了。它允许成对的染色体按正确方向排成一行，也允许牵引丝将两套完全相同的染色体拉开，分别聚集在纺锤体的两极。当这一聚集过程完成之后，纺锤体就分解了，全新的核被膜又在每一个染色体组的周围形成。

贾第虫的核分裂很有特点，是典型的无丝分裂（就像在一些原始的原生生物中一样，核被膜不解体）。[12]因此我们可以相信，原始真核生物已经具备了在真核生物细胞核的形成和分裂中起作用的所有相关的结构和特点。但是,为什么贾第虫有两个核而不像普通真核生物那样只有一个核呢？而且,作为这个问题的一个推论,真核生物在进化的某个阶段是否也曾有过两个核？我们现在还不知道这些问题的答案,但可以认为这样一个如此惊人的复杂问题理应受到区别对待。这就不得不先研究自然界中最强大的力量——性的起源问题。我将在下一章中探讨这一问题。

第十六章

原始吞噬细胞

图景已相当清晰。贾第虫家系从后来成为真核生物主干的侧枝上分出来时，大约在20亿年前。真核生物细胞几乎所有关键的特征都出现了，除了起源于细胞器的内共生体外。原核生物向真核生物转变这一重要过程约发生于导致真核生物侧枝的原始分叉后的10亿—15亿年。在那时，简单的原核生物发展成为原始吞噬细胞，它具有一个大的细胞核，能够捕获食物并进行细胞内消化。这个重大转变是以什么途径发生的？而且，特别是为什么这种途径确实能够变成现实？

现存的生物为第一个问题提供了许多有价值的线索，但我们只能通过科学的猜想来帮助回答第二个问题。记住这个原则：排除先入之见。没有目标，也没有理想的真核生物在遥远的未来招手，邀请进化中的细胞去克服种种障碍和困难。这个超常旅程的每一步都是在它目前的情况下迈出的，随后的一些随机突变刚好对受影响的细胞的生存和繁殖产生了即时的益处。是什么样的隐藏的选择性力量开辟了这条道路，在一个十分漫长的岁月里一步步产生了可能是生命历史上最有划时代意义的创新？当我们回顾这一旅程的主要步骤时，这个问题将始终伴随着我们。

我们从贾第虫已经看到，实际上有两个主要的进展可以描绘一个增大细胞的内环境:细胞质膜和细胞骨架的元件,以及一个由两者特殊结合形成的隔离的细胞核。我们没有真核生物细胞骨架的起源线索,这可能是一个真正的创新。但是我们知道真核生物细胞质膜的起源。据所有可以得到的证据,它们起源于**祖先原核生物的细胞膜**。

网络的传播

一个平凡的事件,已被证明具有长期而且巨大的影响,可能引发了整个一连串的事件。一个古老的异养原核生物失去了建造细胞壁的能力。这种缺陷极可能削弱细胞的生存能力,但也并不总是致命的。已经知道自然界中存在缺少细胞壁的细菌,包括极端嗜热菌。在这种特殊情况下,周围环境就是如此,作为其牺牲品的细胞不仅存活了下来,而且从这种缺陷中获得了很大的益处。可能这种有残疾的生物是那些多层细菌菌落的代表,它们从那个时代开始繁盛,并在叠层石中留下了它们的痕迹。生活于细菌群中,我们裸露的无细胞壁的远祖躲避了许多灾难,而且虽然其身体裸露,受到的损失却很少。于是细胞壁的缺失现象可能在周围的细胞中也繁衍出来,并产生出相似的裸露后代。根据化石的证据,叠层石菌落自生命的早期到如今,外观上几乎没有发生多少变化。如果可能的话,原核生物向真核生物的转化在很长时间内需要一种稳定的食物供应环境,而这种菌落恰好可以满足这样一种要求。

另一个可能很早发生的事件,是酯型膜脂的获得。所有的真核生物都有酯脂。这是真核生物与古细菌起源不相符的一个特征。酯脂是真细菌的一个特征,而所有已知的古细菌都具有醚脂。关于这种差异有许多种可能的解释,此处不想进行深入探讨。我们只需记住,我们假定的无细胞壁的祖先可能有酯脂,这意味着它可能生活于一种更温和的环境中,而不是嗜热菌可能起源的环境。另外,酯脂与不断增长的膜的流动性相关,可能这在细胞壁的丢失转变成一种益处的过程中是一个重要因素。

为了更好地体会这种益处,我们设想一下我们裸露的祖先细胞。它是一个无定形的、扁平的团状生物,以死的细菌残体为食。像所有的异养真核生物一样,它通过分泌的酶进行细胞外消化。在此,细胞裸露变成一种优势。在细胞的周围没有固定的"外衣",在细胞与食物供应之间没有了障碍。由于其膜具有可流动性,细胞可以紧密地与其摄食的食物黏在一起,并可以根据食物的轮廓改变自己的体形,甚至可以使自己的身体完全包裹住食物,所有这些运动都是在其表面受体(或结合位点)的帮助下进行的,这些受体可以与细菌身体表面的特定组分结合。正是由于这些密切的接触,才使从细胞膜中分泌出的消化酶可以存在于细胞与食物之间,这样消化酶可以更好地发挥作用。接下来,消化后的小的营养分子也可以更容易地进入细胞膜,这样就不会有丢失或延迟。我们裸露的异养生物祖先是一个成功的捕食者,生来就是食物竞争中的胜利者,只要其生存环境可提供保护以弥补由于缺失细胞壁的损失。

第二个优势:我们的勇士可以长得更大。一个细胞的大小受到可用于与外界交换(营养物质的进入和废物的排出)的表面积的限制。由一个光滑的膜包围的球形细胞不可超过一个极限大小,因为体积随半径的3次方增加,而表面积只随半径的2次方增加。细胞若要再增大,就必须或者改变它的形状(例如变成棒状或细丝状),从而使给定体积有更大的表面积,或者通过折叠(内陷)或外翻(外突)以扩展其膜。我们裸露的祖先在这方面是一个柔术表演冠军,它可以通过形成表面的褶皱而长成任何大小。[1]

但它为什么要这样做呢?更有效的捕食方式是一个可能的答案。

表面有更多的褶皱，在褶皱内部就有更多的两种成分（消化酶和当时情况下的食物）不受干扰地混合。这样，自然选择就会倾向于一个更大的细胞，并具有一个更不规则的表面轮廓。可预测的最终结果是，细胞可能获得自我封闭的脂双层习性。当内陷继续深化时，食管会变得更窄，直到没有食管。这种内陷忽然从表面到细胞内部形成了一个封闭的小泡，而在细胞膜表面留下的疤痕也同时由切断手术通过自我封闭自动地复原了。一个小气泡进入一个大气泡的内表面，突然切断它的锚链并神秘地滑入内部——就像一个肥皂泡专家所玩的小把戏那样。在这些内部的小气泡内，食物和消化酶现在充分地与外界隔离并混合在一起。这样，消化也就从细胞外消化变成细胞内消化了。[2]

当这种把戏自然地发生时，它就不再是一个微不足道的事件了。它开创了细胞进化中一个的重要进展：生命的吞噬生存方式。异养生物第一次具有它们自己的胃。这就不再迫使细胞在它们的周围环境中创造一个胃并且生活于其中，现在它们可以四处游动并通过捕获食物而生存。这在细胞的解放道路上是一个巨大的迈进。细胞从一个被营养元素框架包围的金色监狱中的俘虏，变成了一个为了捕食而在世界各地游荡的坚强的猎人。

细胞的第一个胃是各种东西的复合物。胃从一种吞食现象发展起来，并起到了一个吞食食物的储藏场所的作用。同时，原始的胃接收来自结合于膜表面核糖体的消化酶。这些核糖体只是继续它们在细胞膜表面的工作，不同之处在于，现在酶在胃中聚集起来，而不是分散到周围的介质中，并且直接作用于收集的食物。通过其起源的优势，胃的膜具有细胞表面所有的运输系统，包括一个质子泵，原来是直接面向外界的，现在面向胃的内部，使胃的内部变成酸性，因此更能满足消化酶的需要。像我们的胃一样，细胞的胃也需酸性而使酶发挥更好的作用。其他的运输系统，以前向细胞内运输细胞外消化产生的小的营养分子，如今在胃中以同样的方式清除消化产物。而另外一些运输系统则起相反作用,向胃中释放以前释放到周围环境介质中的废弃物。并且还存在着突出于胃膜内表面的细胞膜表面受体,包括那些使细胞黏附一些物质并吞掉它们的受体。最后,经常发生胃最初行为方式的逆转,胃又重新与细胞膜结合,这样最初由细胞膜上脱落的"补丁"又通过内在化方式回到细胞膜,同时向细胞外的介质中释放未消化的食物、废弃物及酶等胃的内容物。

把这些综合在一起,你就会发现最初细胞的胃组合了一系列的功能,在高等生物中可以被描述为摄食、分泌、消化、吸收、排泄以及通便。借助于现在的知识,我们可以确认在原始的胃中具有典型的内体、糙面内质网小泡和溶酶体,所有这些,使我们可以认为是胞吞作用和胞吐作用两种现象把胃与细胞膜可逆地联系起来。进一步的进化可以总结为各种功能累进的分离,这是一种通过由原始的胃逐步分为细胞内小泡的复杂网络这一过程所表现出来的功能,而所有这些皆从原始细胞膜发展起来。以一种相似的方式但是完全不同的尺度,同样的功能也沿我们自己的消化道从口到肛门分布下来,只不过在细胞中通过一个原始生物体内单一的通道来执行这些功能,就像水母那样。

分离出来的第一个功能,是食物的收集和酶的储存。这是伴随着更进一步的膜的内在化及核糖体从最初与细胞膜结合到细胞内囊状结构中的一个新位点这一过程而完成的。从糙面内质网起,这些囊状结构转变成新合成的消化酶的接收容器,这些消化酶不再直接通过与膜结合的核糖体排出细胞或排入由细胞膜演化成的内陷和小泡中。由于这种转移现象,食物的捕获现在由无核糖体的膜碎片完成,从而导致小泡承担起吞入食物的临时储藏室的功能,而不具有消化功能。细胞膜偶然开始的内陷现象因此已经变成我们现在所知道的胞吞作用,同时内在化的小泡也变成了内体。细胞膜表面的各种受体使细胞可以被选择，同时也可以从周围介质存在的物质中选择它们的"菜单"。

严格意义上的胃，或溶酶体，是处于含有酶的、表面粗糙的囊状结构和含有食物的内体之间的一个分离的、酸化的隔离间，并且通过各种称为小泡运输的小泡把这两个位点联系起来。在这个过程中，小泡从一个位点形成，携带着那个位点储存的物质，到另一个位点处停下来并把物质卸下。如果以气泡类比，好似一个小气泡与一个大气泡分开，如发生在空气中的肥皂泡那样。飘动的、小的肥皂泡相继撞击在一起，相互融合并形成一个大的肥皂泡。结果，一些组成气泡的物质和其中的一些空气就从一个气泡传输到另一个气泡。在小泡运输中，膜结构也同样地从一个封闭的小泡传递到另一个小泡，但小泡中传递的不是少量的空气而是泡内一些重要物质。以这种方式，食物从内体、酶从表面粗糙的囊状结构进入到溶酶体内混合，现在食物就可以被酶消化了。

溶酶体并不总是作为这种双重转移的结果而无限制地膨胀。通过消化作用产生的小分子经由位于溶酶体膜中的运输系统（由细胞膜继承而来）而进入细胞内，而消化后的残余物要通过胞吐作用从溶酶体排出到外部的介质中。至于过多的膜物质，一部分由往返于它们起源位点的空的小泡从溶酶体膜上去除，剩余部分则通过融入最后的胞吐作用而被加到细胞膜上。正是由于这种不断的再循环，在细胞膜之间及细胞质膜系统不同部分之间膜物质才能保持稳定分布，尽管此时这些部位正在发生紧张的运输。

再回到我们与动物消化道的比较上。我们达到了一个具有口（胞吞）、消化腔（溶酶体）以及肛门（胞吐）的时期，并且具有附属的消化腺，以胰腺（糙面内质网）的方式注入消化液。除了尺寸上有巨大差异外，两者一个重要差别在于相应结构的性质。细胞的这些消化结构不是由瓣控制的连续的通道联系起来，而是由小泡运输建立起来的间断的连接所联系。两种情况下，系统的内部在任何时候都与身体的其他部分保持分离,除了通过管道内层运输一些选择性物质外,这是由特殊机制调节的。

在这种原始细胞内消化道随后的进化中,额外的中间站被插入到主运输线上,对经过的物质起到一个临时储藏室的作用,并对特殊的化学物质进行处理,或者通过特殊的受体对它们进行分类以及进行选择性重排。以这种方式,光面内质网及高尔基体的不同组分被插入糙面内质网和溶酶体之间。另一方面,内体进一步细分为几部分,这就允许一些经溶酶体消化后储存的物质被吸收而另一些被转移到细胞内或细胞外。

一个主要的转移活动插入到高尔基体的出口和溶酶体之间,这样经由内质网-高尔基体传输的物质就可以不经过溶酶体而被直接搬运出细胞的表面,并排出到周围介质中。最后,这条线路变成分泌的主要通路,分泌就是细胞向周围排放细胞外结构和其他各种复合物的过程,这些物质包括如:酶、激素和其他活性因子,它们被制造出来都是为了排出体外的。这些物质由糙面内质网制造的蛋白质组成,并被进一步修饰,然后在经过光面内质网和高尔基体时结合一些糖类、脂质和其他成分。新的线路略过了溶酶体,因此也就避免了被其中物质破坏的可能性。至溶酶体的原始线路依然存在,但是在受体的控制下才允许一些特殊物质进入,这些物质具有一种特殊的化学标记而被定向到溶酶体的消化酶。

通常膜的内在化过程中的伸展由原核生物细胞膜上的一个特殊的膜片完成,此处染色体被DNA复制中起作用的系统“钩”住。这种粘贴是所有原核生物的一个普遍特征。这种膜特化部分的内在化使染色体及其复制系统移向细胞的内部,在此它们逐渐地被一个双层被膜封闭,这种被膜起源于细胞膜,并且在结构及功能上与细胞内膜网络的其余部分相联系。这种膜的迁移是一个极重要的发展,它导致了细胞核的出现,由此真核生物才名副其实。

我关于真核生物的细胞质膜网络的历史重建是一个假说,因为还没有发现中间形式的后代。然而,这个模型得到了目前存在的分子结构与功能方面大量信息的支持。真核生物的细胞内膜网络中所散布的,是一些与原核生物细胞膜相应的明白无误的分子相关系统:网络某一区的特征性运输系统,或另一区转运核糖体的系统;或某一区的脂质合成的酶复合体;或某一区的转运糖类的装配系统;或某一区的运输定向受体;或某一区的染色体附着;如此等等。由原始原核生物细胞膜的内在化及分化而形成真核生物的膜网络,是非常可能的。只是缺乏必要的细节。

任何进化模型皆必须证明,几乎每一个被提议的进化步骤都提供了一个选择优势。我曾经认为主要的驱动力是**更大的异养生物自治的渐进性要求**,而这一过程通过寻觅、吸收和利用食物的能力的增加而实现,而且这对一个异养生物成功地进行生存和繁殖是十分关键的条件。这种解释似乎可行,在现有的知识条件下也是可以理解的。此外,它允许进化过程渐进地展开,即非常多的成功的进化步骤可以在一个十分长的时期内向前延伸。任何一种可能的小进化都伴随着吞噬细胞功能的一些小改进。

不可缺少的支持物和机器

仅仅是细胞膜的延伸和内在化,还不会产生我所描述的进展。细胞还需内支持物(细胞骨架),它可使细胞不会因体积的增大而崩溃,并且不会削弱细胞改变形状的千变万化的能力。此外,细胞需要动力系统以完成下列工作,如从增长的膜网络中不同的腔中摄入、运输以及排出物质。一个数目惊人的复杂分子系统出现了,以满足这些需要。引人注意的是，与此相关的类似物目前还没有在原核生物中发现。细菌的支持结构和鞭毛与它们的真核生物的同类完全不同。与细胞质膜网络（它显然是起源于原始细胞膜）不同，真核细胞的细胞骨架和动力系统在原核细胞—真核细胞转变中可能是真正的创新。这使它们的出现对这种转变特别重要。但很不幸，有关这些起源的线索还没有被发现。它们或者是没有，或者是以十分复杂的形式存在。标明它们发展的许多中间形式还没有任何迹象可寻。

许多细胞内或细胞外的结构都由长的线状分子组成，或者是蛋白质或者是糖类聚合体，它们互相缠绕形成各种纤维、纤维束、网状、片状、盘状、篮状及其他的三维排列。有一个规律，就是这些结构皆为稳定的和静态的。在多细胞生物中，它们使多种细胞具有特定形状，或给细胞以外在的框架使它们排列成各种特征组织，如那些组成皮肤、骨骼、关节、黏膜及内脏的结构等。

这种结构对我们很没经验的吞噬细胞来说，可能没有什么帮助。它们可能仅仅是把外面的固定框架换入内部。进化使得（不是1次而至少是3次）“变形金刚式”蛋白质分子能够可逆地排列成一个刚性的结构。两类这种分子，肌动蛋白和微管蛋白，皆以相似的原理组合起来。设想一系列同样的建筑材料可以通过某种互补的栓孔装置连接在一起，就像积木一样。每一个材料在一端有一个栓而在另一端有一个孔，这样此种材料就可被无限制地连接成线形以组成杆或线。此外，每一块材料在一边有一个栓而另一边有一个孔，允许它们侧面连接。肌动蛋白中，这种侧面的连接使这样两股线缠绕成一个双螺旋纤维。微管蛋白的连接是这样的：13条这样的线螺旋式地结合成一个空的、圆柱状的管，即微管。

肌动蛋白纤维和微管具有相似的性质，它们在ATP的帮助下可以被拆分并重排成不同的结构。这样它们就可以使细胞变成各种暂时的形状，有时甚至可以通过它们的改变引起运动。这样刚性与可变性结合了起来。肌动蛋白纤维和微管通常与特殊的ATP分解蛋白结合起来，当它们分解ATP时就伴随着形状的变化，由此ATP就如同一个把化学能转化成机械功的转化器。这两种结构以及与它们结合的分子发动机，也一起参与十分复杂的大的稳定建筑结构的组成，而这成为真核细胞运动性的最精细形式的基础。

我们在贾第虫中已经遇到以微管作为重要的细胞骨架组分的情况。这种有机物具有两种结构完全不同的样本，可以通过微管及它们结合的动力系统而建成。一个临时的结构是有丝分裂中的纺锤体，在每一个细胞分裂时都形成而随后又分解。另一个稳定的结构是鞭毛，由9条平行的部分结合的微管围绕在由2条微管组成的轴外，形成纤细的、圆柱状结构（此种"9+2"结构也是纤毛的典型特征）。这样的500个另外的蛋白质完成了装配过程。其中有一个特殊的ATP分解蛋白，称为动力蛋白，具有特殊的性质，当它分解ATP时就会强烈地弯曲。这两个机械过程和化学过程固定地偶联起来，两者缺一不可。这样，如果动力蛋白的两头与不同的结构相连，这种分子就会使两种结构相互拉近，利用由分解ATP释放的能量以克服排斥的力量。这种现象可以解释由鞭毛推动细胞前行的波浪形运动。

在最古老的已知真核生物中存在的这种结构，是发现于整个生命世界中最精细的分子排列，这是一个令人激动的事实。它强烈地暗示着这种结构的出现在原核生物向真核生物的转变中起到了一个十分重要的作用，可能是这种转变的关键点，尤其是当我们明显面对一个极其漫长的进化过程时。

就我所知，肌动蛋白在贾第虫中还没有被发现，或者说被搜索到。因此，我们不知道肌动蛋白是否与微管蛋白一样古老。事实好像是这样的，然而肌动蛋白却被发现于各种原生生物，以及所有的高等真核生物中，经常以各种依靠细胞膜排列的纤维束或像电话线一样穿过细胞的缆线形式出现。肌动蛋白纤维束，通常由被称为肌球蛋白的一种ATP分解动力蛋白质分子构成的轴首尾连接。当供应给ATP并由钙离子激活时，肌球蛋白轴就像一个棘爪一样将两个肌动蛋白束拉近。肌动蛋白丝连接到细胞的不同部位，可引起各种细胞内位移及细胞的变形运动，包括一种爬行运动，又称为变形虫式运动。这由一种原生生物——变形虫得名，它就是以这种典型的方式运动的。

肌动蛋白-肌球蛋白的最精致的排列，存在于动物的肌肉细胞中。它们包括平行排列、相互间隔的肌动蛋白丝和肌球蛋白纤维，并由一些其他的蛋白质使两者结合起来形成肌肉纤丝。这些美丽结构使电子显微镜的观察者得到了一些令他们最快乐的审美经验，只有观察鞭毛、纤毛及其他的微管束才可与其相媲美。

第三种能够由ATP分解供能而进行排列的蛋白质构件是网格蛋白，它具有一个特殊的“三条腿”形状，可允许很多分子排列成具有各种曲度的二维的六角形网丝，很像由美国建筑师富勒(Buckminster Fuller)建造的著名的网格球顶。这种结构在受体调节的胞吞作用及某些形式的小泡运输中，起到了关键作用。当受体在细胞膜某一区域的外表面被占据后，它们就进行一种构象上的变化，这使网格蛋白分子在该区域的内表面汇集并排列成一个紧密的黏网状，而这需要消耗ATP。这个网逐渐重排成一个曲度渐增的球顶形或篮子形，拖动它所黏着的膜与其连带的食物，并最终从膜的其他部分分离出来，形成一个封闭的、被膜的小泡，其中包含着捕获物并用网格蛋白格架(下面将解释)包围其自身。尽管在贾第虫中也没有检测到网格蛋白，但从它与膜运动的许多联系来看，它可能也具有非常古老的历史。

另一个具有十分重要意义的古老的细胞骨架结构，由内部的支持框架及核被膜的孔体现。由许多不同的蛋白质组成的这些复杂结构随着每一次有丝分裂而解体，一同拆除的还有双层膜的覆盖结构，而在有丝分裂的末期它又在每一个子代染色体的周围自动地重排起来。这种重排现象是一个复杂结构自发装配的最著名实例之一。方式却惊人地简单：从中的分裂细胞内取一些液体，倒进任何裸露DNA的零碎片段中（即使DNA从未接近过一个真核细胞），加进一点ATP，然后，哟，你瞧！在2—3个小时内，一个完美的、令人惊叹的被膜出现在DNA的周围，具有双层膜，一个内部衬套和一些孔。在这个微核内部，DNA甚至形成珠链状并缠绕成一个微小的染色体。在这个过程中，成百个散落在细胞液中的片段以一种近乎奇迹的方式聚合在一起，仅仅通过添加的DNA和由ATP提供的能量而被召集在一起。这与一个将要从龙卷风席卷过的废墟上起飞的霍伊尔的波音747飞机差不多，除了一个基本区别：在所有的片段中都有信息。它们不是垃圾，而是一个拼板玩具的各个组成部分，每一个有特定的形状并在整个画面中占有特定的位置。然而，与拼板玩具模块（从一个原来已存在的图中剪切下来）不同的是，构建细胞核的构件都是突变基础上的盲目摸索和通过自然选择筛选的产物。然而，这些片段结合的方式远不是随意的。一个核被膜以一种严格的可重复序列的方式排列，这个过程由排列片段的特性及调节这一过程的那些催化剂所控制。

核被膜的例子，可以推广到每一个复杂的细胞骨架结构。例如，剪掉一根鞭毛，整个鞭毛结构将通过一个明确的演化步骤而从其根部重新生长出来。在所有的情形中，结构是自发的自我装配的产物，这是根据一个基因控制的、决定装配构件特性的程序化过程而进行操作的。

这些分子如肌动蛋白、微管蛋白、网格蛋白、细胞核构件及其他极多的细胞骨架蛋白质是怎么出现的？我认为，关键词是“互补性”。什么是第一个重要的突变，这提供了一个线索。蛋白质以一种方式做出改变，以使它们适合相互附着的互补方式。最初的支持物允许细胞长得更大,而不会由于以这种方式增长而崩溃。此后,一长串更进一步的突变(每一种都具有进化优势)使这些蛋白质达到它们目前的完美程度,并且增加数百个新的蛋白质与它们结合以建立日趋复杂的结构,这些蛋白质通常具有运动性。这个进化过程中的大多数中间型已经被自然选择所淘汰,但是分子血缘关系可能有助于重建相关的蛋白质的历史,这些通过序列比较分析开始被认识到。

对每一个进化上的问题,人们会提出这样的疑问:是什么样的优势,在这样长期的过程中的每一个微小进步中驱动了自然选择,由此,细胞骨架的蛋白质发展并分化开来。一个可能的解释是,新的蛋白质在帮助细胞扩大其体积及使其膜表面转变成一个不断增长的精细的细胞内隔室的过程中,起到了重要作用。不断增加的异养生物的自治性可能提供了驱动进化的主要选择因素,以一种相互支持的方式,真核细胞的细胞质膜网络与细胞骨架动力系统协同进化而来。为了使一个真核生物从原核生物中进化出来而需要发展许多新的蛋白质,这一事实可能会更好地解释这种转变所需的极其漫长的时间。

为什么有两个核?性与单细胞

贾第虫具有两个明显相同的核:同样大小,同样形状,同样的4条染色体,同样的基因。或者表面上是相同的。证据仍然还不完整,但现存的证据显示了这种方向。根据哈佛大学公共卫生学院卡布尼克(Karen Kabnick)和皮蒂(Debra Peattie)的观点,[3]极有可能贾第虫的两个核每一个都具有相同基因组的一个完整拷贝。用专业术语来讲,每个细胞核皆是单倍体(haploid,源自希腊语*haplous*,意为"单个的"),而整个的细胞是二倍体(diploid,源自希腊语*diplous*,意为"两倍的")。这些是整个真核生物进化的两个口令——值得记住。

很容易理解双核细胞如何出现。一个细胞在细胞核复制后"忘记"了分开,使它的后代具有了两个核,并进一步地复制,成双地从一代向下一代遗传。或者可能是,两个细胞,每一个都具有一个单个的细胞核,融合成一个双核细胞,这是小泡效应的一个变异,涉及它们周围的膜的融合。这种现象,在没有细胞壁存在的情况下更可能发生,在自然界中也时常发生,并且容易引发。这使阿根廷裔英国科学家米尔斯坦(Cesar Milstein)和德国科学家克勒(George Köhler)获得了1984年的诺贝尔生理学医学奖。他们把一个可产生抗体的细胞与一个癌细胞融合在一起,这样生成的杂交细胞,具有生产特定种类的抗体及无限分裂的特性,使其变成了一个大规模生产单克隆抗体的自动化"工厂"。这样的工厂目前在世界各地进行着生产,为科学研究及医学提供了价值无量的实验工具。[4]

具有第二个核,使细胞承载了一个额外的复制品。如果这种状态没有进化优势,它就不会永存。事实上,二倍体的优势巨大,而且在一个基因每经历一次突变后这种优势就会得到证明。假如这种突变有害,单倍体细胞可能死亡,相反二倍体细胞有基因的一个空闲拷贝而存活下来。在很少的情况下,突变是有益的,二倍体细胞也具有优势。它允许细胞及其后代可以享受突变带来的益处,甚至有进一步进化的可能性;而没有突变的另一个基因组仍可以做它的工作。一个最初有害的突变以这种方式经过一次或几次更多的相同基因的突变,甚至可以变成有益的。所有这些造成的结果,是基因的多样化。相同的基因在不同的细胞中进行着不同的改变。这样,相同基因的许多不同变体,即等位基因(另一个口令)在这个物种的基因库(也是一个口令)中出现了。

二倍体代表了真核生物的一种新的进化策略特征。尽管细菌偶尔也进行基因复制,并可从中得到进化上的优势,但它们主要的策略是通过快速繁殖，通过个体进行几乎任何可能的大规模基因实验。这是一种只重数量，不重质量的策略。与此同时，真核生物很幸运也有一些负担地具有一种不断增长的复杂结构和一个相应较慢的繁殖率，这导致了一种进化策略，它允许一些相似的基因实验，同时使个体具有更大的进化价值。二倍体就是解决方法。

两个另外的发展，使新的策略在遗传组合游戏中变成一个具有重要意义的新奇形式。偶尔地，双核细胞误期地"记得"分开，这样形成的单核细胞再与不同的单核细胞同伴相结合，就产生了具有两个不同来源的双核细胞。由于单个细胞核的基因多样性，这个改组的细胞核经常导致新的基因组合，可以供自然选择去试验。基因库被搅动了，而基因实验的范围也拓宽了。我们不知道这种在二倍体与单倍体间来来回回的运动是否曾经在贾第虫中发生过，但这容易使人相信它在真核生物进化的一些时期发生过，因为这对性的起源提供了最简单的解释。

在有性繁殖的所有形式中，二倍体细胞产生单倍体细胞以一种特殊的细胞分裂方式进行，称为减数分裂。两个单倍体细胞结合后就可以生成一个二倍体细胞，这样这个二倍体细胞就具有了一套自己特征性的基因，这与两个平行二倍体细胞的基因不同。如在人类中间，所有的体细胞都是二倍体，只有生殖细胞是单倍体。精子与卵细胞的成熟都要经过减数分裂，并变成单倍体细胞。受精时，一个单倍体的精子与一个单倍体的卵细胞融合，产生了一个具有独特基因组合的二倍体的受精卵。

以最原始及可能是最初的证明看，性开始于二倍体细胞间的整个核的交换。一个重要的精炼过程出现了，此时两个双核细胞的单倍体核融合成一个含有两者染色体的一个单一的二倍体细胞核。两个细胞核融合成一个细胞核需要一种机制上的重大创新，由此二倍体细胞产生出两个单倍体细胞。简单地分裂成两个各具一个细胞核的细胞已不再可能了。由一个单一的二倍体细胞通过染色体进行的简单的两次有丝分裂进行了这个工作,即产生了4个单倍体的单核细胞。这就是减数分裂的机制。减数分裂是一个高度复杂的过程,必须通过很多进化步骤才能出现,每一步都由一些选择优势所驱动。关于这个进化的细节我们还不清楚,但我们可以猜想到其主要的优势:基因的多样化及随后适应各种环境的能力。

在最初的时期,减数分裂允许单个染色体在细胞核内进行交换。这在很大程度上导致了组合的增加。例如,一个二倍体细胞包含4对不同的染色体,它可以产生16种具不同染色体的单倍体组合;具有23条染色体(这正是人类生殖细胞中染色体的数目)的单倍体的可能组合大约是800万个。正是由于这种交叉组合,组合的范围几乎可以无限制地增加。在这种现象中,同源染色体(即具有相同的基因,经常以不同的等位基因形式出现)以某种方式紧密地排列,允许同源DNA序列从一条染色体到另一条染色体相互交叉地"交换"。通过交换而重排的染色体就不是原来双亲的染色体,而是或多或少从两者随机挑选的镶嵌式的染色体。这实际上保证了每一个由特定类型二倍体细胞通过减数分裂形成的单倍体细胞都具有独特的基因组成,而且,因此由两个这样的单倍体细胞融合后形成的每一个二倍体细胞也都具有独特的基因组成,除非基因多样化被近交所阻碍。

真核生物的性方式比细菌交合要优越得多。它使真核生物有巨大的强有力的多样化和适应方式,而这也可以解释它们的变异和成功。有趣的是,有性生殖是原始的原生生物仅在危急时刻才采用的繁殖方式。这与进化的一个普遍特征,即很久以前发明的"不破不修"原则相一致,当然不是用在普通的意义上,而是因为如下的简单事实:当一切都正常进行时突变很少有益。只要生物适应其环境,进化基本上是保守的。细胞通过简单的分裂增殖,相同的基因组保持不变。但是如果细胞的生存受到一些环境剧变的威胁，那么它们就突然进入一个性放荡的狂乱状态，如果以拟人化的进化术语来说，就是说进入了一个基因更好组合的疯狂搜寻的状态，以更好地适应新的环境。对单细胞来说，性是一个应急措施，而不是一件容易的事。

第十七章

留下之客

随着原始吞噬细胞的产生,原核生物—真核生物转变大体上就完成了。在这一过程中需要很多创新,而内共生体的摄取和接纳仅仅算是一个平凡的事件。尽管如此,它在未来的进化中仍然起着重要的作用。今天的真核生物几乎毫无例外地属于后内共生体时代。这里有一个很充分的原因:可能与氧气相关。

古老的战争

贾第虫长有鞭毛这一事实告诉我们,原始吞噬细胞是一种可运动的、游离的细胞。人们推测原始吞噬细胞从长着厚壁的细菌祖先进化而来,但这时的吞噬细胞与其祖先已有很大差别。大概它倾向于游荡在丰富又易得的采食地取食,这些食物都是由它自己从前的住处提供的。但它可能也充分发挥自己可以自由活动的特长,游出自己的住宅,游入细菌大量生存的河流、湖泊、大海或者大洋。很可能它向不同的方向扩展,并且分化为很多种类以适应不同的环境。这种早期的多样化影响深远,我们今天能看到的幸存者如二倍体单体和微孢子虫,庞大的原生生物类群还未完全清查,可能还有一些成员仍在我们的视野之外。

可能我们遥远的真核生物祖先已经获得了为今天的吞噬细胞所仰仗的某些重要特性，从而改进了作为一种异养生物的生存能力。它大概拥有趋化性的表面受体，对特定类型的分子敏感，受体与鞭毛器通过某种方式相连，能够驱动细胞游向可能的食物供应地，或者游离有毒的物质。它极有可能还有胞内受体使它能捕捉和吞下它的猎物。可能就像我们自己的白细胞，它为溶酶体中的消化酶装配上特别的毒杀剂。它甚至可以像一些今天的原生生物那样，拥有刺一样的触须，可以通过分泌有毒的化学物质来刺晕它的猎物。

可以预料到，细菌并不仅仅是服从被吞噬细胞捕食的命运。多亏了它们有像抗体那样惊人的可变性，拥有各种各样的潜在的结合接触点，毫无疑问，它们进化出了一些对抗措施，有的和今天的致病菌很相似。有的，例如著名的肺炎球菌，能够通过改变其细胞壁的结构躲避检测和捕杀。其他的，又如链球菌和葡萄球菌，当它们拜访我们的时候，总会给我们带来各种恼人的传染病。它们能够对外来攻击做出应答，释放毒素破坏宿主的细胞膜，由此逃过捕杀，同时杀死捕杀它的细胞。还有其他细菌，如结核菌和麻风菌，则进化出了一种策略，可以生存在内体或者溶酶体中，在质膜包被的小泡中大量扩增，很快就使其寄主细胞过于膨胀而最终碎裂。有的将逃跑和生存策略结合起来，开始时打破内体或者溶酶体所形成的被膜，然后在胞质溶胶中长久地生存。

在这场永久战争中偶尔也会有僵局出现，在被吞噬的细菌和它的吞噬者之间似乎签定了一个休战协议或互不侵犯条约。当情况有利于细菌和吞噬者双方时，这种共生态在自然选择中就会处于有利地位，并在进化中形成永久的关系。由此吞噬者就成为主人，而细菌就成为了宾客。我们相信，今天所知的绝大多数内共生体，许多都是从前当第一个真核类的吞噬细胞开始漫游在世界上寻找细菌来吃的时候产生的。然而，这里还有一个奇怪的差异。

在生命的进化史上，有巨大的不确定性影响着所有对时间表的重构。如果我们的时间表是正确的话，原始吞噬细胞在20亿年前存在，当时贾第虫的远祖已经从真核生物的主干家系上分支出来，而永久的内共生体直到15亿年前才被普遍接纳。[1]因此，从细胞开始适于捕获内共生体，到永久的内共生体实际上形成，有几亿年的巨大断代。我不想对这种差异进行过于细致的猜测，只想指出，时间的一致性是否重要。第一个被接纳的永久内共生体是需氧细菌，它们被接纳大致与氧大危机相一致——对原始细胞来说，氧气无疑是毒气。考虑到这些，原始吞噬细胞很可能是厌氧的，大概也很少能处理氧气。暴露在氧大屠杀中，绝大多数原始吞噬细胞的后代都灭绝了，极少有例外，例如贾第虫的祖先。幸存者后来发展成为今天丰富多彩的生物界，而这一切要拜需氧内共生体所赐。我们对此无法加以证明，但它是一个吸引人的假说。这些救生宾客的后代，包括线粒体，也许还有过氧化物酶体。

线粒体：细胞发电厂

线粒体（mitochondria，单数为mitochondrion，源自希腊语*mitos*，意为"线"；*khondros*，意为"粒"）是细胞中明显的微粒成分，在大多数原生生物及所有霉菌、植物和动物细胞中皆存在。它们从球形到线状，形状多样，大小在千分之一厘米的数量级上，让人想起了它的细菌祖先。每个细胞中大约含有数千个线粒体，它们由两层膜包被，内膜褶皱成嵴，或呈羽冠状。内膜由祖先细菌的细胞膜转变而来，上面布满了有氧呼吸链，可以通过质子动势产生ATP。线粒体内基质中含有能量代谢系统，可以分解各种底物，将电子传入呼吸链。线粒体外膜相对较疏松多孔，容易透水，大概起源于早期（革兰氏阴性菌）细菌内共生体的外膜，也可能源于细菌最初被捕获时内体的小泡膜，不过这种机会比较少罢了。

线粒体是需氧真核细胞利用氧气、代谢产生ATP的主要场所,是细胞发电厂。

根据测序结果,线粒体与现今一些需氧微生物有着共同的祖先。在它最初被吞噬细胞捕获时,这些祖先微生物就逐渐被整合到它的捕食者细胞的胞质内。宿主向它们提供充足的食物,它们使宿主处于低氧状态。随着这一关系的发展,细菌定居者的增生不得不调整得比宿主的繁殖速度慢。从短期看,我们无法知道究竟发生了什么使得细菌如此驯顺。最后内共生体的部分基因转移至宿主细胞核,从而使问题得以解决。这一现象在极大范围内发生,以至于到今天只有很少祖先细菌的基因还残留在线粒体中。过去"自管理"的残余基因有幸留存了下来,同时留下的还有按比例的复制、转录和翻译系统,给我们提供了明确的证据,从中我们得知,线粒体起源于细菌。与祖先一样,线粒体的基因组含有一个环形的、相对而言几乎没有修饰的染色体,具有细菌类型的特征。线粒体的核糖体还有几种细菌的特征,而与宿主胞质中的核糖体截然不同。

在将线粒体DNA传递给细胞核的过程中没有什么惊人的事件。这一现象像例行公事一样在细胞转染—— 一种遗传操作,将DNA通过显微操作针或其他工具被引入胞质——过程中发生。通过外来DNA与核DNA同时复制的方式,外来DNA很容易被整合到核内,在转录为信使RNA之后能在胞质中正确地翻译。我们可以相信,同样的过程也可以在内共生体将基因释放到胞质中的时候发生。有时这对内共生体是一种损害。然而,由被转移的基因编码的蛋白质将在宿主的胞质中合成,这些蛋白质在胞质内对宿主和内共生体都没有用,要发挥功能还需要将这些蛋白质转运进内共生体,这一过程需要一些重要的创新。

今天,由胞质核糖体合成的线粒体蛋白质,在翻译后通过一个复杂的耗能系统转运进细胞器,这一系统存在于线粒体膜上,能够识别蛋白质上特殊的靶序列。相似的系统存在于细菌的细胞膜上(最初通过细胞膜的内吞作用带入细胞)和真核生物细胞膜网络的某些特定区域。人们推测线粒体系统是从这些系统中的一种发展而来,但分别适应于不同种类的靶序列。

乍一看这种发展似乎不大可能,但有两个事实使之有可能。第一,没有时间压力。当进化摆弄各种突变时,依然有足够的正常内共生体保留了以上被转移的基因,使得整个种群免于灭绝。第二,一旦有一种蛋白质的翻译系统与靶序列的正确衔接得以确立,剩下的事情就是这种靶序列怎样扩展到其他蛋白质中,通过突变或者基因转座,相应的DNA序列就会转入其他基因。要知道,这里有足够长的时间来完成这一事件。有两条格言,第一条,只有数据才可靠;第二条,万事开头难。这件事就是一个贴切的例证。然而,仍有必要解释,为什么基因转移会以这么大的规模发生?为什么基因没有转移的内共生体被淘汰了,而那些失去这些基因的个体却生存了下来?显然是强大的进化优势驱使宿主对内共生体的遗传进行了“颠覆”。这些优势中最主要的大概是由遗传基因的集中管理所产生,特别是将各种位点整装起来,从而使转录可以更为协调地发生,各种遗传重组得以流畅地进行,而RNA产物也能得到更为协调的加工。另一种额外的好处可能是,从此以后,不受妨碍的内共生体就可以把“杂务”委托给宿主,而全力投身于主要工作中:为宿主排除氧气,提供ATP。

在它们进行这种进化博弈的时候,线粒体甚至沉迷于用遗传密码进行几乎是独一无二的奢侈的修补。线粒体遗传密码的偏差出现得比较晚,它们与动植物和霉菌的遗传密码都不相同,甚至有几种动物和霉菌中的线粒体的遗传密码也各不相同。造成这一结果的原因可能是因为线粒体的基因太小了,很容易突变产生新的遗传语言。

线粒体有精巧的呼吸链,当电子沿着呼吸链流动的时候,能够将最多的能量转化为可利用的形式，与它亲缘关系最近的细菌亲属也是如此。因此人们推测，线粒体与细菌有共同的祖先。这种品质满足了今天线粒体在真核生物细胞中的功能，其中很多功能极其紧密地依赖于线粒体的呼吸作用和充足的氧气供应。然而，这种复杂性看来是进化中较晚出现的一种对氧气的适应。如果需氧的内共生体确实将宿主细胞从氧大屠杀中解救出来，人们必定料想第一次拯救是以一种较原始的形式由需氧微生物完成的。有一种很有希望的候选者，可能是这种微生物的后代。它被细胞形态学家称为微体，被生物化学家称为过氧化物酶体，存在于绝大多数含有线粒体的植物、霉菌和动物细胞中。

过氧化物酶体：对抗氧气毒性的保护神

过氧化物酶体是一种微粒状的小体，比线粒体小一点，由单层膜包被，与普通的细胞质膜系统不相连，可能也是起源于一种内共生体祖先。它们含有多种代谢系统，能够消除氧气的毒性，部分消除氧气的某些衍生物的毒性，特别是过氧化氢，由此被称为过氧化物酶体。与线粒体不同，它们还原氧气及其衍生物的方式，从能量回收的角度讲完全没有成效，却有点像一些原始的需氧细菌。它们的蛋白质在细胞质中合成，翻译后转运到过氧化物酶体内，转运系统与真正的内共生体的后代相似，也是依赖对特定靶序列的识别。差别仅在于，过氧化物酶体完全没有遗传系统的痕迹。如果说线粒体将99%的基因都丢给了细胞核，那么过氧化物酶体则失去了100%的基因。然而，如果没有遗传系统的残余，说它们起源于内共生体，证据明显不足。而且，迄今为止，测序结果对它们与细菌的亲缘关系还没能提供什么有力的证据。问题仍悬而未决。

如果是过氧化物酶体而不是线粒体首先成为对抗氧气毒性的保护

神,那么人们会这样问:为什么当更有效的线粒体被接受之后,过氧化物酶体却没有被完全淘汰?可能的答案是,过氧化物酶体在进化的进程中,逐渐承担了其他更为重要的作用,这些作用与氧解毒作用无关,但无论是细胞自身还是线粒体都没有这种功能。人类的遗传病理学实际上支持这种可能性。一些严重的脂肪代谢机制先天缺乏症,有的还能导致婴儿早死,现已查明病因是过氧化物酶体功能部分缺失。例如,肾上腺脑白质营养不良(简称ALD),特征是细胞丧失了水解某些特殊脂肪酸的能力,该病已通过电影《洛伦佐的油》而为公众所熟知。[2]

叶绿体:真核生物与太阳的联系

在线粒体被接受成为所有真核细胞一个极为重要的正常组件之后,第二个主要的细菌内共生体——日后发展为叶绿体的内共生体——的移植随之发生了。有证据表明,这种移植曾经发生过多次,历史上应该存在过这种移植的"浪潮"。在所有的情况下,宾客皆为蓝细菌,这是一种高度进化的产生氧气的自养菌。宿主是各种各样的真核细胞,所有宿主细胞都含有过氧化物酶体、线粒体,可能还有其他一些帮助它们抵抗细胞质中有毒氧气的系统。如果没有这些机制,吞噬细胞就不可能接纳蓝细菌。被吞噬的蓝细菌进化成为光养真核生物的特征细胞器——叶绿体。而接受这些蓝细菌的原生生物则变成了各种类型的单细胞绿藻、红藻或褐藻,这些类群的出现应晚于绿色植物。那些没有接受叶绿体的品系,除了一些原生生物,就发展成为所有的霉菌和动物。由于它们的远亲光养生物的大量增殖,给它们提供了丰富的食物,使得它们能维持异养生活。

叶绿体比线粒体明显要大,由两层膜包被,内部充满膜堆积物,其中含有光合作用元件。在蓝细菌中也有类似的堆积物。叶绿体内基质可能起源于蓝细菌祖先的胞质，含有一些代谢系统，其中与二氧化碳同化作用相关的酶非常显著地具有自养生物的特点。叶绿体具有内共生体后代的主要特征。像线粒体一样，它们都有简单的遗传系统，仅有一些原初基因留了下来，只是叶绿体较“年轻”，留下的基因相应比线粒体稍多一些。它们接受了通用的遗传密码，大多数蛋白质在细胞质中合成，翻译后通过特殊的靶序列转移至叶绿体内。它们与蓝细菌的亲缘关系已经得到了序列同源性的支持。

其他可能的内共生体

除了线粒体、叶绿体和过氧化物酶体之外，真核细胞的其他组件是否也来自内共生体细菌，这个问题已引起了人们的关注。人们推测氢化酶体就是源于细菌内共生体。氢化酶体分布在细胞质中，附着在质膜上，大小与线粒体接近，是细胞中唯一能产生分子氢的细胞器。[3]纽约洛克菲勒大学的缪勒(Miklós Müller)在一类特殊的需氧原生生物中发现了氢化酶体，这类原生生物叫毛滴虫，寄生在人类和一些动物的生殖道中。在其他一些真菌和与毛滴虫没有什么亲缘关系的原生生物中，也检测到了氢化酶体。氢化酶体具有内共生体起源的细胞器的主要特征，除此之外，像过氧化物酶体一样，缺少遗传机制存在的证据。这种引人注目的细胞器分布尽管非常有限，但使人想到，它们可能不止一次起源。

马古利斯曾假设，[4]鞭毛以及整个微管细胞骨架系统皆由鞭毛菌带入真核细胞。这些鞭毛菌属于螺旋体(梅毒病原体也属于螺旋体)。一些证据，包括鞭毛菌与中心粒的DNA之间可能的联系，已被用来支持这一假说。中心粒是真核细胞的组分，起源于鞭毛的根部基粒。而对已有数据的解释仍然没有定论。有人反驳说，细菌和真核生物鞭毛在化学成分上完全不相关，而相反的证据至今还未找到。

又有人提出，真核生物细胞核以及包含其中的整个以DNA为基础的遗传系统，可能已引入了所吞噬的细菌的DNA。[5]这一假说暗示，原始吞噬细胞可能使用以RNA为基础的遗传系统。对我来说，很难想象，这个作为进化成果的细胞同时具有RNA和DNA两个基因组。

最后的回顾

地球生物的共同祖先为适应各种不同的生态位，分化出大量原核生物的分支，其中导向真核细胞的这一支分外突出，像一个巨大的树干，高高耸起，独树一帜，精彩纷呈。直到突然成为一个硕大的、有着丰富分枝的天篷，遮蔽了下面分枝多样性的扩展，使下面的分枝变得衰弱矮小。人们会留下这样的印象，真核生物分枝是一些独一无二的，几乎是离奇的东西，是在上百万种"正常"分枝中的一种异常生长。而这上百万种分枝或者是周围环境特殊组合的结果，或者大概是唯一的一次偶然事件的结果。但是这种印象很容易让人误解。

孤单的真核生物之树发端于一个小小的枝条，就像它所有的原核生物亲属一样。它的生长并非一如既往的笔直。更可能的情况是，它的真实形状是多瘤的和扭曲的，树干上满是早夭的侧枝和枯萎的分枝。像所有其他的进化过程一样，从原核生物到真核生物的转变经过了漫长的摸索和"探险"。每一个被选择的进步都要经过无数次的尝试，而失败的尝试已无迹可寻。然而，既然选择总是由环境选择压力造成或者施加，面向未来进化的回旋余地总是越来越狭窄。以后的进化只能是"修补"——借用雅各布杜撰的词[6]——在以前的进化背景上利用它可以得到的、有时候必须长时间等待的有益突变。开辟一个崭新的方向是不可能的。

不幸的是，原核细胞如何经过一个漫长过程转变成为大的、可动的、有核的、能行吞噬作用的细胞，没有留下任何记录。然而希望仍在，将来可能会发现一些证据。在丰富多彩的单细胞生物的世界中，仍有大量陌生的生命形式有待分离和刻画。

在标志性原始吞噬细胞出现的所有变化中，那些导致细胞骨架和相关运动系统的发展可能在这一过程中扮演至关重要的角色。胞内细胞质膜系统的形成需要这些部分，也要求这些部分有大量的遗传创新。我们不知道新的结构蛋白如何出现，但我们可以确信，决不是魔棒一点，世界就变了。它们的诞生是缓慢的、逐步的和渐进的。在结构蛋白的进化成型中最主要的决定因子是它们的自装配能力，它们依此相互结合，形成高级结构。这种自装配能力基于其自身的化学互补性。我们在碱基配对和其他许多现象的背后都曾发现过这种化学互补性，现在，我们认为它是大多数情况下从蛋白质“构件”进行细胞结构自装配的关键。由组成蛋白质的20种氨基酸所提供的化学聚合有非常多的排列方式，蛋白质之间相互联系的机会几乎毫无限制，要使这些联系成为现实，仅仅需要一些偶然突变体。

真核生物两种最重要的结构蛋白是肌动蛋白和微管蛋白，在同种分子上明显地显示出互补区域，以至于自装配可以用相同的构件可逆地进行。[7]分子两极的互补区允许首尾相连，长度无限，而侧面互补区决定了最终纤维的三维结构是双股细丝还是由13条纤维组成的中空微管。迄今为止，还没有发现什么证据表明这两种分子之间存在着序列相似。由此看来，选择优势的强大压力，促使了蛋白质分子发展出与同类分子相结合的能力。结果，其他分子可能附着在最初的细胞骨架上，形成更复杂的装配，或者为它们提供运动的可能性。

关于这两种关键蛋白质分子的起源，直到今天，在原核生物界中还没有找到可靠的线索。同样，已知的细菌蛋白中也没有显示出相似互补区的。也许只是因为采样不完全，才没有发现相似的分子，也可能产生这种氨基酸排列的突变体是一个极为罕见的事件，碰巧只在真核生物的家系中出现。然而，这种互补性在同一个家系中接连两次发生，这一事实已经动摇了这种可能性。一个较可信的解释是，细菌不需要自装配蛋白质，或者说这种自装配蛋白质对其生命活动是一种妨碍，因此即使有这种突变体产生，也会被自然选择所淘汰。只有在一种特殊情况下，裸露的、受保护的异养生物才有充分的机会来扩大细胞、扩展细胞膜，也只有在这时，产生自装配机制的突变体才能找到肯定性选择的合适基础，并能沿着漫长的进化之路产生像肌动蛋白和微管蛋白这样的蛋白质工程的杰作。实际上，考虑到这两种蛋白质所达到的完美程度，这条进化之路必须很漫长。这也是进化逐渐变窄的一个典型的例证：肌动蛋白和微管蛋白在进化上都是非常保守的蛋白质，在整个真核生物界中结构极为相近。这意味着早在20亿年前或更早一些时候，它们的进化已经完成，事实上已经没有更进一步改善的余地了。

肌动蛋白和微管蛋白只是这一非凡的进化历程中两种最成功的产品，这一进化历程还产生了许多种其他的蛋白质，都是原核生物界不曾有过的。正是这些蛋白质，为最初的真核细胞提供了结构支持物和运动体系。大概在所有情况下主要的选择压力是相同的，并与生命在吞噬路线上的改进相关。最后的奖赏——解放，可能还有很长一段路要走，达到这一目标还得归功于几亿年间，环境提供的物理化学条件惊人地稳定，正是在这一期间，从原核生物到真核生物的转变最终完成，新的时代开始了！就我们所知，有些进化路线中途夭折了，因为环境限制不允许它们最终成功，沿这些路径向上，我们可能找到很多遗迹。有些甚至非常成功的家系因为某种原因灭绝了。

在真核生物进化的第二个阶段，即在原始吞噬细胞开始出现之后，尽管看起来没有什么重大的进化变易，这种生物开始趋向于多样化，并逐渐侵入多种环境。随后,可能由氧大危机促成接纳内共生体的浪潮,由此,现代的真核生物产生了。这是进化的一个典型特征。一个给定的群体也许能在较长的时期维持静态,典型特征是只有点突变,不会影响相关分子的性能,只能为进化距离提供一个有价值的路标。然后,突然地,往往是因为气候或其他环境因子的改变,一个较快速的转变发生了,相对于以前长时间的静态时期,给人一种进化跃变的感觉。进化的步履是变化的,但并非不连续。

在最初的含有内共生体的原生生物出现后,进化又一次停留在相对静止的状态,此时主要致力于多样化——无休止的变异都围绕同一个基本的主题,那就是产氧自养生物和需氧异养生物,没有一个真正新颖的主题出现。而后一些真核生物细胞"发现"聚集在一起共同生活的好处。是什么经过这么长时间才导致这种发现已经不清楚了,但此时对性的兴趣正在提高,这至少是部分答案,还有几种环境变化也使细胞间的合作变得有利可图。在下一篇中,我们将考察这个问题。

第五篇

多细胞生物时代

第十八章

细胞群集的益处

细胞以单细胞形式存在了30亿年。细菌至今依然如此，它们有时确实形成集落，但应该记住，这只不过如同叠层石一般，而不是真正的生物。[1]这也许与它们“自私的”生活方式有关，适合于在尽量短的时间内尽可能多地产生后代。

真核细胞以单细胞形式存在了几亿年，但具有所有真核生物特征（包括内共生体）的细胞在经过10亿年后才开始出现，然而在6亿—7亿年以前并没有多细胞生命的任何迹象。在当今世界上，单细胞原生生物依然比比皆是。

除了普遍意义上的原因外，到底是什么促使一些真核细胞聚集在一起至今未明。我们可以这样认为，细胞因有利于其相互联系的随机突变而聚集在一起，又因其以群集的方式繁殖比以单个的形式繁殖更易获得成功，于是继续保持群集生活。一旦细胞聚集在一起，群集的益处被进化进一步利用，从而迅速产生和分化了植物界和动物界。为什么这种聚集没有早一点出现？并且为什么一旦偶然出现就变为普遍现象？自养生物和异养生物又为何几乎同时出现？一个可能的情形是，一些重大环境变化通过促进有性繁殖而使协同行为比较有利。黏菌（一种介于单细胞和多细胞之间的生物）的行为说明了这种可能性的存在。

黏菌:一个建设性的范例

能够对远古细胞在真核、异养水平上的协作进行记录的,大多为一种被称为黏菌的生物的久远祖先。这一名称并不恰当,这基于以下原因:这种生物与霉菌毫无关系,在通常意义上,它们既不是植物,也不是动物,而是在10亿年前进化过程中的幸存者,实际上并没有大量存在过,然而它们确实传递给我们一些有意义的信息。

黏菌由与变形虫相似的单细胞异养原生生物组成。这些生物像变形虫那样漫游移动来搜寻食物,通过吞噬和细胞内消化来获取食物。然而,如果让食物供给变少,其细胞就交换一种化学信号,使得它们聚集成一团,这种化学信号为环腺苷酸(cAMP),是一种衍生自ATP的化学递质。这种聚合物开始爬动,后面留下了黏性的痕迹,其自身逐渐变成一个称为子实体的直立结构。有时这种结构通过有性过程产生一种特殊的受保护的细胞,我们称之为孢子,它们脱落后在条件不利时一直保持在休眠状态。当环境好转时,孢子开始成熟,呈变形虫状结构,又继续其单细胞生活方式。

在单细胞世界中,孢子的形成是一种普遍现象。许多细菌和原生生物对不利的环境变化产生反应,将自己置于一个保护性的壳内,在代谢上进入不活跃状态,等待着"好日子"的到来。黏菌是第一个协同形成孢子的例子,这种现象在许多植物和真菌中普遍存在。

黏菌也表现出其在动物产生方面的机制,尽管两者处于不同环境之中。黏菌在暴露到环腺苷酸中时,该生物的单细胞结构表达出新表面分子,它们呈互补的锁钥方式的排列,使得细胞在偶然相遇后能够互相粘住。这些细胞还通过表面受体结合它们分泌的黏性细胞间物质而间接地聚集在一起，这种黏性物质起到了胶黏物、类地毯物质与识别痕迹的作用。动物细胞同样由表面黏附分子结合在一起，黏附分子将细胞互相组织起来(细胞黏附分子，简称CAM)和结合到细胞间骨架上(底物黏附分子，简称SAM)。

我们从黏菌中学到的第三点知识，是有性生殖的作用。在多细胞真核生物的生活史中，这种繁殖方式逐渐成为进化适应力和多样化的一个主要因素。

有性生殖的重要性

细菌参与了结合与遗传重组。但无论如何，真正的性别在二倍体和单倍体之间存在系统上的改变，这是一个典型的真核生物的优势，可能在初期是由原始吞噬细胞参与的。有性生殖的主要优点在第十六章进行了讨论，但关于有性生殖对进化的影响在其中则未论及。

当细胞由简单分裂进行繁殖时，整个基因组随之增殖，有时会出现突变体组合，其本身也受繁殖的支配。选择在相同基因组的不同形式上发生作用，有些基因组可能一个接一个地连续演化。

有性生殖中的情形更为复杂。在每个世代，突变体基因与不同的基因组合相联系，其进化效应须在统计基础上通过它们在种群基因库中传播的能力加以评估。基于此种原因，只有在生殖隔离时，也就是说，它们不能进行杂交时，两条进化路线才产生分离。群体遗传学作为一门特殊的学科已经发展起来，以解决这些问题。因其方法过于复杂而难以在此进行详细阐述，但其存在值得一提，在随后的章节中将以简化的统计方法对其稍加引用。

细胞群集的原理

现代达尔文理论的一个中心原则是认为在进化过程中伴随着随机突变,突变的效应则由自然选择来筛选。分子生物学的所有发现都支持这一观点,但这并不表示进化是随意的。贯穿多细胞复杂化过程的是一些统一的线索:关联、分化、模式化和生殖。

关 联

每个细胞由分裂产生,同时还有一个姐妹细胞。如果有什么东西将这两个细胞保持在一起的话,那么它们将一起存在。如果姐妹细胞粘在一起或它们共同存在于同一个空间的话,上述情况就出现了。当两个姐妹细胞的每个细胞分裂时,相同的情形将所产生的4个细胞维持在一起。此过程的重复则产生一个增大的集落。

因为所产生的许多突变促进或阻碍细胞的关联行为,便由自然选择来对聚集的优点和缺点做出评价。主要的缺点为:细胞聚集在一起比单独存在时更易造成营养成分和能量获取的困难。从另一角度讲,细胞聚集在一起可较好地避免天敌和环境伤害,尤其具有协同性的优点。集落生长并不是无限的,但无论如何在一定的阶段会发生集落繁殖。

分 化

由同一类型细胞组成的真正集落极为罕见。关联从分化中获取了相当大的益处,遗传上相同的细胞因相同的基因所表达的程度不同而变得不同。分化的起因在于基因调控,它控制着许多适应性行为。细菌通过启动编码所需酶的基因来适应乳糖的方式,是一个典型例子(见

第十四章)。通过对基因表达进行转录控制这一方式的调控也发生在多细胞真核生物中,例如在青春期,导致女孩乳房发育或男孩胡须生长的原因在于相关细胞中特定基因的转录,这由分泌激发青春期的激素所诱导。

基因的转录控制在发育中特别重要。它可解释为什么拥有相同基因的细胞差异也许会相当大,这些细胞包括肝细胞、肌细胞、神经细胞等,以及植物中的根细胞、树皮细胞、叶细胞。这都依赖于它们表达了哪个基因。这些效应由称为转录因子的特殊蛋白起中介作用,转录因子具有与DNA某特殊区域发生相互作用的能力。编码这些转录因子的基因称为调控基因,与它们相对应的是编码酶或结构蛋白的基因,后者属于持家基因类。

分化引起细胞的特化,从而引起在群集细胞成员间功能的分工,它是细胞协同作用和进化复杂化的奥秘。分化贯穿于生命之树的所有分枝。在海藻与木兰、海绵与飞雕之间,一个重要区别在于组成生物的独立细胞类型的数目,但这只不过是生物多样性的一部分,另一个就是模式化。

模式化

成年人的身体包含了几兆个细胞,而细胞的类型则只有200个左右。基本上相同类型的细胞组成了鼠或鲸,或者再进一步,在存在少许差异时又可组成蛙或鱼的身体,这就如同由相同类型的砖和木板可建成从小屋到大厦的不同建筑物。模式化的最重要的意义由此显而易见。如果我们想理解进化,我们就应该特别注意美国生物学家埃德尔曼(Gerald Edelman)所称的拓扑生物学。[2]拓扑生物学主要研究导致分化细胞排列组成特征性三维模式的机制。因为进化过程中伴随着遗传性变异,从共同哺乳动物祖先产生鼠、鲸或人,或甚至从原始脊椎动物产生鱼、蛙或哺乳动物的变异，皆必须是大部分源于影响模式控制基因的突变。

生 殖

所有多细胞生物皆自单细胞——孢子或受精卵——发育而成，这一单细胞在遗传上已被编码，可以极大的精确性展现协同的分裂、分化和模式化方案，产生与亲代生物相同的生物，并且能够以相似方式保持物种的存在。相同的方案在每一世代重复出现，此生殖行为对进化过程而言有基础性意义。

首先，突变的目标是祖先细胞。只有影响祖先细胞的突变才与多细胞生物的进化前途相关。体细胞(somatic，源自希腊语*sôma*，意为“身体”)突变对其所作用的生物的存活力有很大影响，但并不能被传递，从而不影响生物的后代。

其次，选择的目标是生物。如果对存活力和繁殖成功的突变效应由自然选择来评价，且至少选择具正面效应的突变的话，一个产生突变的祖先细胞必定产生一个完善的生物。负选择在受精后可随时发生。

第三，一个生物的发育蓝图被编码在祖先细胞的基因组中。为具有进化效应，祖先细胞突变须影响控制发育的基因，即调控基因。

最后，进化在现存的发育蓝图的制约内发生作用。此蓝图越复杂，制约则越严格。在勾勒出一些线条后，一幅图画还有潜力变成一张风景画、静物画还是裸体画则取决于艺术家的心血来潮。随着更多细节的介入，任务则更为严格。这一原则对于我们认识多细胞进化至关重要，它解释了为什么进化早期的少量的不同形体构型引发了现今所有的丰富生物种类。

第十九章

地球的绿化

10亿年前,各大洲皆是由岩石构成的光秃秃的大片地区,沙漠白天在太阳下烘烤,晚上温度则急剧下降,并很少受到雨水的冲刷,因缺少表土而不能保持水气。[1]与此形成鲜明对照的是,海洋里充满了各种各样的单细胞生物。细菌丰富多彩,单细胞真核生物同样如此,并且已分化出各种各样的光养和异养种类,这些真核生物的许多种类已发育出了有性生殖模式,在特定条件下代替传统的通过分裂进行的无性生殖。在这个水体实验室里,原生生物形成了多种多样的关联,其中的大部分无法存活,只有少量的关联对生物有利,并且得到进一步的发育。

多细胞真核生命形式一开始可能是在它们产生后依然保持连接的小细胞克隆群中出现的,而这些细胞从单个母细胞通过连续的分裂形成。这些细胞通过胞间相互作用,或者通过共享一个外壁或壳而连接在一起。大体上,前一种机制形成动物,而后一种机制形成植物和真菌。这次分化反映了生活方式上的根本不同。异养动物为了获取猎物必须保持自由运动,即使由于自由运动会导致较大的脆弱性。光养植物需要的只是固定阳光(和溶解的矿物质),且保持固定,进一步可获得在某一地点固定生活的益处。真菌这类生物在通过分泌消化酶而对死亡生物进行分解的基础上发育成了腐食性异养生活方式,为了获得保护性外部结构而放弃了运动性。因为有了这样的根本区别，这3个生物界随后的进化途径也就大为异样。

植物早期的历史最容易重建，[2]因为可能代表渐次进化阶段的物种如今依然存在。从现在推断过去有一定的风险。尚存的所谓“缺环”皆经过极长时间的进化而来，可能与它们远古的祖先无雷同之点。有人也许甚至会这样说，它们不可能与它们的祖先相似，否则的话，为什么它们不再由于自然选择而消亡呢？这是一个问题，虽然不是一个难以克服的问题。进化论者不再将变化视为进化的必需伴随物，而视为是在外界环境，通常是在环境变化的促使下所发生的事情。如果一种生命形式很好地适应其外界环境，它就能够在其生态位不改变的情况下保持不变。一个并不适应的生命形式在竞争较弱的情况下依然能够存活。许多原生生物部分依赖于有性生殖，这表明自然拥有固有的抵抗变化的力。

淡水藻与海藻

早期多细胞植物生活的迹象可到形形色色的淡水藻与海藻的世界中去发现，这些藻类从使许多池塘呈翠绿色的微小种类到覆盖沿海岩石的茂密褐色巨藻。巨藻在海浪的拍击下闪闪发光，随潮涨潮落而起伏。更具传奇性的是，可陷住驶至马尾藻海区的鲁莽航海者。藻类至少存在3条不同的进化途径，每条途径与接纳不同种类的光养蓝细菌的胞内共生相关。按照从古及近的排序，它们分别是红藻、褐藻和绿藻。除了极少数的寄生生活的次级退化外，全部种类营光养生活，并产生分子状态的氧。它们的叶绿体都含有绿色的叶绿素，但是随各自其他附加色素量的不同而呈现不同的颜色。

在这3种不同类群间，其大小、形状、化学组成、代谢、发育模式以及生殖行为都存在极大的多样性。一个共同的特征是外壁由糖类多聚体组成,其中纤维素这种葡萄糖多聚体对整个植物界的结构起到了极为重要的作用,还有各种各样的黏稠状物质,并且其中的几种已在工业上得以应用。每当你品尝冰激凌时,你就有很好的机会感觉到滑溜溜的物质抚摸你的味觉,这是褐藻酸的作用,它是从特定巨藻中提取的。

多细胞藻类的形态组成通常较为简单,并且大多由分支的丝状体组成,有时则由扁平叶状层片组成,由维管系统断开。它们最为显著的特化包括一个称为固着器的锚结构,许多海藻依赖这个结构附着在固体物质表面;还包括起到浮器作用的气囊,以及原始性器官。藻类的生殖行为在一个复杂性很高的范围内变化,这通常被描述为生殖功能进化史的重演。

所有藻类都具有有性生殖方式,包括了两个单倍体配子(gamete,源自希腊语*gamos*,意为"结婚")融合为一个二倍体合子(zygote,源自希腊语*zygos*,意为"轭")。单倍体细胞具有单套的染色体,二倍体细胞具有两套染色体。在最简单,可能也是最原始的有性生殖中,两个配子保持相同。它们也许能活动,且依赖鞭毛运动找到对方。或者它们不能运动,由细胞壁融合的恰当适应而被动地组合在一起。在此家系的另一个极端,配子表现出广泛的性二态。一个较小,有鞭毛,与雄性精子等同;另一个较大,不能运动,因储存物质而膨大,与雌性卵细胞等同。两种配子通常由同一株植物产生,这称作雌雄同体(hermaphroditic),将希腊男神赫耳墨斯(Hermes)与女神阿佛洛狄忒(Aphrodite)的特点合为一体。

减数分裂是一种染色体数目减半而形成单倍体细胞的细胞分裂。在藻类中,减数分裂很少直接产生配子。首先形成的单倍体细胞被称为孢子,在产生配子之前要经过或简单或复杂的增殖与发育。在这种生长模式的极端情形下,该生物在所有的阶段都为单倍体(除了合子这一阶段),在合子形成不久即进行减数分裂。在生长模式的另一极端,该生物除了配子阶段皆为二倍体,此种情形亦为人所知。在许多情形下,该生物介于以上两个极端之间。孢子发育成单倍体生物,然后产生配子,再融合形成合子,再发育成二倍体生物,而二倍体生物又可产生单倍体孢子,于是开始了一个新的周期。单倍体与二倍体生物通常具有相似的形状。以上所谓世代交替的生长模式是许多藻类的特征,并且经过大量的变异而成了植物生活的主旋律。

藓类植物入侵陆地

藻类尽管简单,但它们完全适应了水生环境,并且自其出现起已经达到鼎盛。是什么导致它们离开温和的居所而去面对陆地的严酷性?过度拥挤、更为成功物种的排挤、动物的过度摄食都是可能的解释,尽管并不是很有说服力。要解决的方方面面的奇怪问题如此之多,以至于可用生死抉择来说明这种转变。最为可能的是,某一特定的水体与海洋相隔离,然后慢慢干枯,这导致了那些成功地适应了干旱的生命形式存活下来。

适应随着海岸湿度的逐渐减少而渐进。适应程度最低的生命在离水最近的地方继续存在,适应最为成功的生命则可在远离水的地方存活。首先,植物间歇地由潮汐与海浪来提供水分与无机盐,于是第一个难关是在受水滋润的间歇期避免脱水。拥有不透性蜡质外皮的植物,获得了选择优势。然而这个优势因对营养物质的需要而降低。自然选择偏爱那些允许植物从土壤中吸收充满无机盐的水分的改变,也偏爱角质层上的开口,此为当今气孔的前身,它使得光养细胞更容易吸收大气中的二氧化碳,并且释放出氧气。能使植物附着于地面的结构也是有利的,这避免了由风将与生命相关的水分散失。这样的一些额外结构扩大为吸涨结构，或者假根，以及未来的根。

植物需要的最后一种发育，是在地面上完全得以立足。它们的繁殖必须在没有水生祖先细胞的参与下进行。世代交替为进化提供了恰当的机制。单倍体孢子发育了保护性外被，并且可作为进行空气扩散的工具。在土壤中，受保护的孢子可保持在休眠状态，直到有了足够的水分诱导其萌发。由萌发孢子生长起来的单倍体植物在相近的结构中产生能运动的雄性配子和不能运动的雌性配子，保证足够的湿度使得雄性配子向雌性配子游动，并与之结合。所产生的二倍体合子，在经过简短的发育阶段后，再产生单倍体孢子。正是由于这些适应，原始藓类植物开始以其被有短绒毛的绿色地毯覆盖海岸，并随着其假根在土壤中扎得更深以获取水分与无机盐而向内陆进一步延伸。

显然，只有绿色藻类成功地在干旱的陆地上得以定居。它们通过其祖先藻类均匀地向前适应而做到这一点。我们可以通过对此模板的稍加改变来说明整个进化顺序，在每一步因提高其在陆地上的存活与繁殖适合度而获得利益。持续后退的水线对这些改变产生了相当大的选择压力，这些选择压力在一个水体环境中无任何价值可言。这些事实说明了环境因素影响进化方向的能力，以及促进进化在确定的形体构型框架内进行的内在制约。

一旦产生了一个成功的存活对策，环境压力就降低，而内在制约则变得更为紧迫。紧接着发生的事情大多是次级辐射，即通过增加许多细节的多样性侵入到越来越多的生态位中。这就是藓类植物在今天依然繁盛的原因。这类植物可分为大约15 000个独立物种，它们适应于从热带到北极的多种气候，并且附着于各种各样的支持结构，从热带雨林中的浸透水的树皮到赤裸的岩石。

维管化，一个关键的收获

陆生植物在早期一般限制在湿润的海岸，这留下了广大的光秃秃的干旱陆地，随时准备迎接植物的入侵。远古的沙漠被突变植物一点一点地征服，这些植物逐渐获得了根系统，能够穿透更厚的土壤，更为有效地吸取水分与无机盐。其他的几种变化伴随着这种发育。这些植物的身体两极化，分成了两个不同的生长区：地下无色的根部和空气中的绿芽，两者通过连接茎系统而分开。同时，植物变得对地球的重力场敏感（向地性），趋向于选择直立的姿势。最后，最为重要的是，这些植物发育出导管，使得水分和无机盐从土壤中吸收后从根部向上运输至植物的其他部分，同时在绿色部分形成的有机光合产物向下运输至根部与其他无色部分。正是由于这种维管化，植物能够长得更高大，同时将其能够获取阳光的光合作用部分扩展为具扁平叶片的分支系统。进化上的重要一步就这样完成了。

在生殖方面，首次出现的维管植物同它们的祖先一样经过单倍体与二倍体的世代交替，并将单倍体孢子作为传播的方式，但是其重点已从单倍体阶段向二倍体阶段发生了显著转变。尽管藓类植物的主要形式同许多藻类一样是单倍体（产生配子的形式），但早期的维管植物变为二倍体（产生孢子的形式）。所散布的孢子在土壤中发芽后，在一个不显著的通常为地下的发育阶段末尾产生成熟的配子。然后配子融合为二倍体合子，植物就从这个合子中生长而成，通常达到相当的高度。

有了这些发育，便开始了在生命历史中最为重要的一个阶段。在4亿年前，绿色植物共同大规模地从海洋向陆地入侵，这借助于当时发生的气候与地质变迁，它们为此从土壤中为自己吸取水分。大气变得更为湿润，有丰富的雨水，土壤也更易保持水分。所有种类的细菌伴随着入侵者,不久也出现了首次基于陆地的真菌和动物,这使得群落生境进一步丰富多彩。植物长得更高大,并且发育出一种坚韧的被称为木质素的多聚物,这样便有了坚固的树干。树木看起来高度达到十几米,直径亦有1米之多。大部分陆地变成了广大的热带木本沼泽,包含了丰富的植被,其生长速度远远超过了以其为食的异养生物。死去的植物聚集在一起,变成化石,产生了大量的富含碳的沉积物,如今称之为煤。因此将石炭纪这个名字给了此地质年代,在距今大约3.6亿—2.86亿年,当时那些木本沼泽相当兴旺。

大多数征服陆地的先驱者早已灭绝。根据化石记录,与它们亲缘关系最近的现存种类包括木贼、石松,特别是蕨类植物。我年轻时曾用石松的易燃粉状孢子做成篝火假面舞会上的舞台怪物,而蕨类目前所知大约有9000种。这些植物只是它们祖先辉煌的丁点皮毛,属于已消失时代存留下来的残余种。是什么导致了它们的衰落?在大多数进化剧变中,地质与气候的改变是其肇因。

二叠纪危机与种子形成

经过5000万年极为成功的发展,壮观的石炭纪木本沼泽开始干涸,它们的森林慢慢消失。同时,并不只是陆地植物,还有许多海洋生物也遭到灭绝,这就是在地球生命历史上最为剧烈的大规模灭绝,称之为二叠纪大危机(二叠纪是2.86亿—2.5亿年前的地质年代)。[3]此次大灾难的主要原因,很可能是地球上的所有陆地漂移到一起而形成一个单一的大陆(即泛大陆)。泛大陆内部的大多数土地变成了广大的陆地包围的沙漠,如同今天的戈壁沙漠。另外,气候变得更为寒冷,可能是由于像今天的西伯利亚那样的灾难性火山喷发,遮蔽了天空,阻挡了阳光。泛大陆的一个比较好的部分位于整个南极,其上覆盖了一层厚冰。冰川以大规模的结冰悬崖为岸，冰川周期性的碎裂形成巨大的冰山，被冲向热带时冷却了海水。海平面降低，大部分照射到地球表面的阳光在反射中消失。地球进入了其历史上最严酷的冰河时代。

植物对此灾难性状况的反应是，由种子代替孢子作为扩散方式。或者更为可能的是，一些产生种子的物种已经存在，但是一直没有繁盛起来，正是由于这次灾难的发生使得这种特性变为有利的条件，在以孢子繁殖的植物无法存活的地方亦能生存。

自孢子向种子的转变，成为雌性解除束缚的信号。第一步在一些诸如石松的非种子植物中已经完成，即在孢子水平实现性别分离。与单一类型能产生雌雄同体单倍体生物（此种生物又能产生两种类型的配子）的孢子不同，两种类型的孢子萌发生成两种不同的产生配子的生物体。大孢子发育成雌性植株，小孢子发育成雄性植株。这需要雄性植株的精细胞寻找雌性植株来发现卵细胞以达到受精。随后的事件随雌雄同体生物而发生。受精卵发育成一个早期的胚胎，最终会置于土壤中。

这次分化使得杂交优于近交（雌雄同体的主要缺点），允许利用所有种类的不同二倍体基因组进行实验，但它降低了受精的机会。下一个进化步骤，通过将受精位点从土壤移至植物本身而避免了这个缺点。大孢子产生后不再于土壤中萌发。它们在植物中被称为胚珠的特殊器官中达到成熟。在胚珠中，卵细胞产生时被有保护和营养结构的卵袋。

雄性孢子继续以风媒性花粉形式扩散，然而现在只是在一个可异花授粉的胚珠中达到成熟。这种扩散方式的随机特征由大量产生的花粉所弥补。一个降落在胚珠上的花粉成熟后发育成一个精细胞，进入胚珠与卵细胞受精，由此产生的合子发育成一个早期的胚胎。达到这样一个阶段后，进一步的发育受到抑制，胚珠关闭在其保护结构中。这种受保护的休眠胚胎变为种子,可以散发。

在种子散发后,受到外被保护的胚胎可抵抗寒冷与干旱,等待着可诱导胚胎恢复发育并冲开保护性外壳的适宜环境的到来。储存在种子内的物质是维持胚胎早期所必需的营养物质,此时期,是最初的小根和小叶发生作用和自发生长所必须经历的。这样的适应对生长在沼泽中的植物无任何价值可言,但是在地质和气候条件变得严酷之时会拯救物种。种子是比孢子更为坚实的传播工具,它们能够数月,如果不是数年或数百年的话,抵抗极端物理条件。此方面的记录由储存在中国东北的泥炭中经过了1000年的莲子保持着。[4]直到一个恰当的时刻,尽管很短,使得它萌发,成为植株。

在干旱与寒冷对产生孢子的植物造成大量毁灭的第一波之后,第二波是坚硬的种子代替孢子,并侵入到泛大陆的严酷陆地中。这第二次变化的植物现存的后代包括种子蕨、棕榈树状苏铁、银杏,特别是松、云杉、柏、红杉,以及其他针叶树。组合在一起,这些类群构成了裸子植物(gymnosperm,源自希腊语*gymnos*,意为"裸露的";*sperma*,意为"种子")总科。实际上,它们的种子几乎不是裸露的,因为相对于其植物种子包含在果实中的被子植物(angiosperm,源自希腊语*aggeion*,意为"包裹")来加以描述。

花与果实:登峰造极的成就

被子植物是地球上最为发达和丰富的植物生命形式。它们在大约1亿年前开始在各个大陆上进行扩散。在那时,泛大陆已经开始北移,并断裂为大陆块,各个大陆块向着各自的当今位置漂移。没有人知道新的植物是怎样出现的,但是我们可加以想象。在那远古的一天,一个种子植物发生了突变,叶片包被在性器官的周围,失去了叶绿素而变成白色，或者因保存了一些其他色素而变为黄色或粉红色。远古旷野和森林的统一绿色陆地景观首次因为亮丽的色块而变得斑驳，这为在遗传上已有趋光性的昆虫起到了灯塔的作用。因为此种偶然环境，植物发生的遗传性变异成了一种优势。在它们剧变的过程中，所吸引来的昆虫用它们的身体采集植物雄性器官上的花粉，同时也失落一些花粉到雌性器官上。突变植物的授粉记录在增加，其繁殖成功也相应增加。昆虫也从植物的突变中获得了好处，这指导它们采集富含营养的花蜜，它们也得以大量地增殖。新的进化过程一旦开始，就不可避免地继续进行。植物的进一步突变产生了新的颜色与形状，也产生了多种多样的香气，以吸引各种传粉昆虫，还有其他动物，如鸟类与蝙蝠。在植物与动物之间建立了彼此互利的关系，受这次最为广泛事件的推动，在地球上广大的绿色之间点缀着数不清的色彩，于是爆发了一场革命，产生了花。

花的关键特性是可发育成果实。这个术语不但包括了橘子、葡萄、苹果、李子、草莓，以及其他被我们称为水果的东西，还包括了坚果、谷穗、豆荚，以及许许多多的草与树在夏天发出的能在风中飘浮的有翅或绒毛的含种子的舱状结构。果实可定义为一个或更多的种子在一外壳中，尽管未受精的花因某种特别的要求可被诱导而发育成无籽橘子与无籽葡萄。外壳从花的雌性部分发育而来，它将被子植物从裸子植物中分离出来。它包括保护性外皮和营养性组织，起源于被称为双受精(有花植物所特有)的一个过程。当一雄性精子与一雌性卵细胞结合形成合子(胚胎可由合子发育而来)之时，第二个精子与花的雌性部分的一个二倍体细胞结合。此种三倍体细胞自其二次受精后发育成果实的外壳。这就是进化在集合了大量的变异后为我们提供的一首主题曲。

在这一新的进化阶段，在单一花中具有雌性和雄性器官的植物获得了选择性优势，尽管这从没有成为通则。具有分离的性器官的植物，甚至各自单独具有一种性器官的植物，也都存在。许多不同种类的昆虫与其他动物参与了这一传粉壮举，对此，花显示出其特化的诱饵与陷阱，以此确保花粉到达其目的地。

如果将地球上植物的进化史简明扼要地表达出来的话，则图2以高度结构化的形式阐述了“分叉生物”的关键突变怎样导致了显著的进化，一些未突变生物的后代为我们提供了分叉生物（即与更多进化物种有共同之处的最后一个祖先）特性的信息。

地下渗入者

当植物开始入侵陆地，不久就有一帮营腐食的生活者跟随而来。与单细胞酵母有关，这批机会主义式的征服者类似于原始植物，由分支管状结构或菌丝构成，外部被结实的糖类多聚体所包围，并且从事孢子生殖，但它们是无色的，营严格异养生活。与其他异养生物不同，它们不能运动，也不能捕食猎物，为了生存而完全依赖于原始细胞外消化形式。紧紧附着于它们的相伴植物或死亡植物的尸体，有时通过它们的小根伸展其附着范围。它们以强有力的从体内细胞分泌出来的消化酶来攻击这些物质，然后通过体表的渗透作用来吸收消化后溶解的产物。

这种原始的、显然并不牢靠的生活方式已经变成极为成功的范例，以及拥有超过20万个种的优势。这些物种组成了大的真菌（mycete，源自希腊语*mykês*，意为“菌”）类群，包括了酵母、霉菌、锈菌、黑粉菌、蘑菇、毒蕈、马勃，以及多而杂的其他真菌。以前将真菌划归植物界，并认为是从已经失去叶绿素的退化植物中起源的，现在则认为它们属于一个分离的界，与动物界和植物界皆不同。与以前的观点相反，通过分子序列比较已经发现真菌与动物比与植物更为相关。[5]

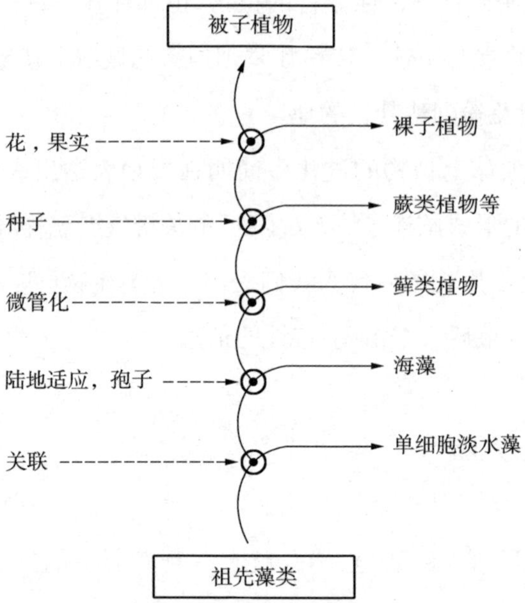

图2 植物进化鸟瞰图

该图描述了在更大的复杂性方向上植物起源的主要步骤。在每一个分叉处,形体构型中的遗传性变异所导致的突变体进化路线显示于左侧,未突变的进化路线(导致了现存的各个植物门)由右侧的曲线箭头表示,前者由后者中分离产生。

真菌是主要的营腐食生活者,在生命元素的再循环中起重要作用。许多真菌是寄生性的,在植物中引起许多疾病,在动物中的致病频率则较低。其他种类的催化发酵的能力已被利用,如在制作面包、加工奶酪与酿酒等过程中发挥作用。真菌的化学功能多种多样,有许多方面可证明这一点。例如粗心的食用蘑菇者遭遇灾难,有时甚至是致命性灾难;与此相反,数以百万计的患者因青霉素和其他真菌抗生素而获救。许多真菌基本上生活在地下,只有当它们突然长出一些生殖结构时其存在才为人所知。其生殖结构从土壤中出现在地面上是为了扩散孢子。有的已经与绿藻建立了长久的共生关系,形成了地衣——最为坚强的生命形式之一。

真菌的形体构型依然保持简单，大多由被称为菌丝体的菌丝相互联系的网络所组成。菌丝体可延伸至很大的面积，达几千米之遥。真菌菌丝体的细胞核通常为单倍体，但其细胞本身一般为双核，如贾第虫，此为目前所知的最为古老的真核生物。同一生物体内核数不同这一现象归因于一种滞后，通常持续时间还相当长，且包括细胞分裂和其他许多发育过程，在有性生殖中将细胞核融合与细胞融合分开。对植物和动物而言，这两个现象在受精过程中彼此迅速地相继出现。细胞核融合确实最终在真菌中发生了，所产生的二倍体核几乎立即进行减数分裂，随后形成单倍体核。基于有性生殖的主要进化优势，即减数分裂中染色体的重排，单倍体核的出现伴随着重组的遗传物质。减数分裂所产生的单核的单倍体细胞产生孢子，以此扩散物种。

孢子形成是大多真菌生活中的重大事件。它通过特定结构的发育来完成，其中蘑菇是一个最为突出的例子。在一些情况下，这些特定器官的形成是为了强有力地向周围发放和扩散孢子。最著名的真菌孢子，是由一种普通的霉菌青霉素菌（*Penicillium notatum*）于1928年9月的一天上午释放的，随后降落在伦敦圣玛丽医院苏格兰微生物学家弗莱明的细菌培养皿里。该孢子发育成绒毛状的绿色菌落，并杀死了其周围的所有微生物，产生了一条清楚的环状区。庆幸得很，它被弗莱明发现了。其结果是15年后的特效药青霉素，这归功于一位澳大利亚病理学家弗洛里（Howard Florey）和一位后来加入英国国籍的德国化学家钱恩（Ernst Chain）的不懈努力，也多亏第二次世界大战所产生的环境，那时所动用的能量与金钱的超常费用在和平条件下也许永远都难以比拟。[6]

第二十章

最初的动物

在单细胞光养藻类开始聚集成最初的原始海藻之时，异养原生生物也由多次的突变而导致其经历多细胞关联的优点与缺点，其结果是由自然选择去宣布最终定论。因为对主宰异养生活的食物有着压倒一切的需求，这一推动动物进化的选择优势与推动植物进化的方式不同，主要依赖于通过细胞间的协同关联所改进的摄食与生殖。

进化的结局是令人惊叹的多种多样的生命形式，对此，分类学家、比较解剖学家和生理学家、古生物学家，以及最近的生物化学家和分子生物学家通过共同努力，已将其组成一棵雄伟的描述现存与灭绝动物进化史的系统树。[1]

系统发生与个体发育

第一个精巧的动物系统树，由19世纪德国博物学家、哲学家海克尔(Ernst Haeckel)所绘制。海克尔是一位早期的达尔文热心追随者，同时也是将不充足的事实扩展为大胆的有说服力的产品的富于想象力的大师。将这一切归纳在一起的最著名的例子是格言“个体发育重演系统发生”，也就是说，在动物的胚胎发育(个体发育)过程中经历渐次阶段，这些阶段标志着它们进化史（系统发生）过程。作为著名的重演律，[2]此理论虽然没有逐字地进行阐述，但确实表达了一个深奥的真理。最近分子生物学的进展已经表明，发育是动物进化的关键，而动物进化大多通过遗传性变异影响形体构型的方式进行。

一个可能的误解必须纠正。我们中的许多人在理解动物进化树的表达时，趋向于认为我们的家系经历了海绵、水母、蠕虫、软体动物等形式的渐次阶段。这种观点是错误的。我们所熟悉的这些动物位于生命之树的末枝，是长久进化史的最终产物。**我们早期的祖先构成了进化树的主干**。为了重建它们，我们必须理智地从小枝的末端追踪，通过重要性增加的树枝，直达主要分枝发出的主干。我们在那里发现，动物的特化程度远远低于末枝的动物。从定义上讲，这些“分叉生物”组成了关键原始种群，它们通过突变事件而分化为相伴的两个类群，并开始朝不同方向进化。作为一个规则，这些方向与两个不同的栖息地相关，栖息地给予两个类群各自的繁殖边界。一个方向分支为产生主要现存生物类群的复杂系统。另一个方向沿着树的主干，直达一个新的分叉。正是这些分叉生物的渐次性组成了我们的祖先，我们必须重建它们。这是一次并不确定的尝试，因为我们只是通过现存的末枝动物和分散的化石证据来推知生命之树，而化石在生命之树上的位置通常难以确定。然而，通过比较测序，我们现在可以凭仍然有限但一直在增加的证据，来评估从最终共同分叉生物分离的两个小枝的距离。

动物生命的肇始

有记录的首次成功的关联实验涉及领鞭毛虫科的古代代表种类，这类动物为单鞭毛，异养，且需氧的原生生物，其名字的获得归因于它们的鞭毛由搜集食物的漏斗（funnel，源自希腊语*khoanê*）底部发出。这些细胞开始也许组成一个中空的球形排列，并将协同摄食与协同推进联合起来。[3]

随着时间的推移，进一步的突变使得球体变扁，成为微小的双层饼状结构，其背部和腹部由不同种类的细胞组成。厚厚的腹部细胞层用来爬行和摄取食物；较薄的背层用来保护和游泳（见图3）。此动物有时使其中间部分抬离海底，这样便产生了一个作为原始消化腔的空间。像祖先原生生物那样，该生物在特定条件下，例如过度拥挤，可进行有性生殖。此种生殖方式的完成通过大的含营养物质的卵细胞完成，卵细胞在受精后释放，并发育成亲本生物的副本。

这种描述告诉我们细胞群集的基本特征在动物界怎样首次实现，这些基本特征包括关联、分化、模式化，以及基因决定的形体构型。此描述是虚构的，但其结果却不是。这种观点建立在对一种毛面虫的描述之上。此种毛面虫属于较小的扁形动物门，亦为双胚层动物类群中的一员，包括了已知所有最古老的动物生命形式。双胚层这一术语指具有双层形体构型，一层称为外胚层，从祖先生物的背部细胞层转变而来，最终形成动物的皮肤；另一层为内胚层，从祖先生物的腹部细胞层转变而来，可进化成黏膜状消化层。

原始祖先双胚层动物进化过程沿两条主线进行。一个类群继续沿用原来的形体构型，而另一类群开始将双层饼状结构重排成一个各通道相连的网络。细胞组成的通道通过鞭毛摆动而保持水的流动，它们从流动的水中搜寻细菌和较小的食物颗粒，同时也为生物体提供无机盐和氧气，将产生的废物运走。在这些生物所栖息的贫乏环境中，以上形体构型改变被证明是有利的。这些生物不是依靠缓慢的爬行来找食物，而是通过它们的管道过滤大量的水来更好地摄食。运动性再也没有必要了，于是它们固定下来，发育了广泛的支持结构，并通过产生更为复杂的腔与管道曲径来继续利用新形体构型的优点。它们目前的后代是多孔动物(即海绵),它们的蛋白质支架通过净化、处理后,可软软地轻抚我们的皮肤,还从来没有任何塑料制品可与之相比。

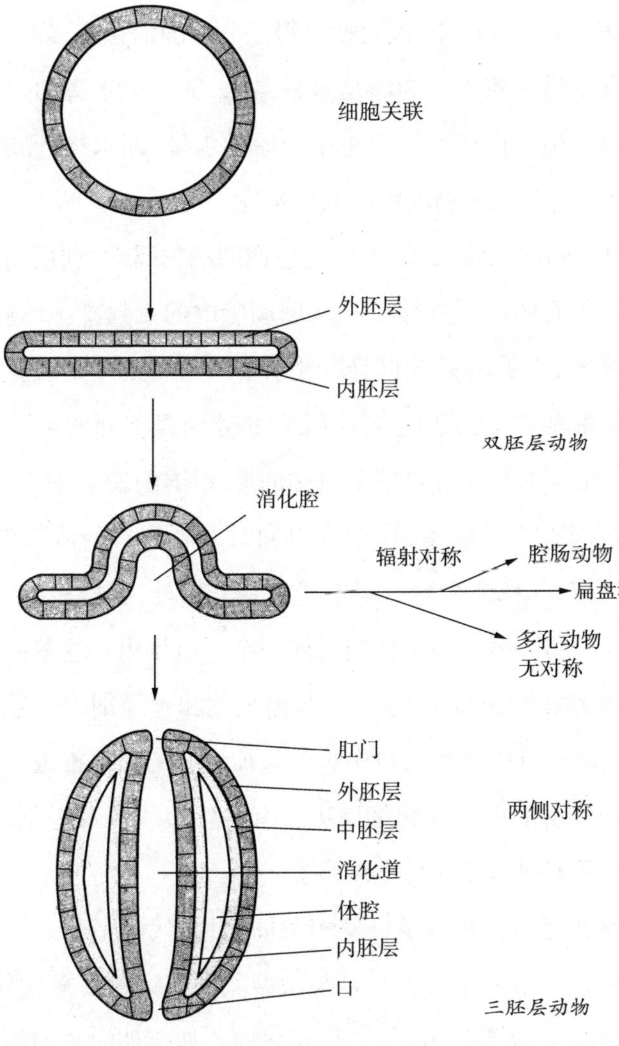

图3　早期动物进化的一些关键步骤

图的上部描述的是单层球形细胞进化为原始扁盘动物,其为所有双胚层动物的祖先。其过程是先有一扁平的囊——分化的腹部内胚层和背部外胚层,随后在中间膨大形成一个内胚层细胞排列组成的消化腔。图的下部表明了从双胚层动物形成三胚层动物的一些早期步骤:(1)第三个细胞层,即中胚层的发育,它包围着体腔;(2)身体变长,并获得两侧对称;(3)消化腔转变为消化道,并最终在两端开口,单向,具有一个口和一个肛门。

在另一条双胚层动物的进化路线中，毛面虫属的动物趋向于抬高它们的中部而产生一个用来储存和消化食物的空间，这种趋势被进一步地强调与利用。最后，这类动物形同一个通过小孔向外开口的微小双壁囊。正是由于这种转变，该动物获得了分节的消化腔，最大的优点是令更多的食物进入腔内。为满足这种需求，突变赋予囊的边缘以摄取食物的附属结构。这样产生了小小的原始水母，即水螅、珊瑚虫、海葵、水母，以及其他相关腔肠动物的共同祖先。

这些动物之间的亲缘关系，即使是它们的动物属性，利用肉眼也不易分辨。但仔细看的话，你会发现，从珊瑚礁内的无数微小的腔室，或海葵的主干推算，生物体是按同样的形体构型构建的，如僧帽水母一般。许多物种在固定的水螅型与自由游泳的水母型之间变化。

所有这些生物的身体皆以辐射对称的形式构建，围绕中央消化腔，并以一个开口与外界相联系，这个开口同时起到了口与肛门的作用。许多带刺的、有时含致命毒素的触手排列在开口处，获取猎物，并将之送入消化和吸收的腔内。残余物通过同一个开口排出。这些动物由许多分化的细胞类群组成，有时包括了肌肉细胞和神经细胞。它们可随水流漂浮和移动。有的物种通过中央腔收缩诱导的喷水推进而主动运动。它们通过典型的精子与卵细胞进行有性生殖。多数为雌雄同体，但有一些种类具不同的雄性与雌性形态。

多孔动物、腔肠动物，以及一些相关的动物，代表了今天双胚层动物的结局。它们的祖先在海中只是与微型藻类和大型海藻为伴，有时还有许多微生物，这大约在6亿—7亿年之前。如果那时它们的多样性堪与现在的状况相比的话，那么它们足够让戴水肺的潜水员兴奋不已了。观看一下一些热带水下“动物园”，忽视鱼类、螃蟹等甲壳动物、蠕虫、章鱼、硬壳的软体动物，那么你所面对的将是那些动物进化早期的海景，并且，也许今天仍然没有带来新的形体构型的突变。

蠕虫的辉煌时期

两大变化成为新形体构型的特征(见图3)。首先,对称性从辐射对称变为两侧对称;体型从圆形变得伸长;消化囊变成了消化道,开始是一端开口,后来沿口-肛门极化,在两端都开口,这样食物有方向地传递、消化。伴随着这些变化,出现了头,神经细胞开始聚集在口的周围,第一次产生了脑的原基,接着出现了发育良好的内分泌器官和生殖器官。

在这些发育之前、之中或之后(得不到任何时间序列的信息),第三个细胞层,即中胚层从祖先双胚层动物的腹部或内胚层细胞出现了,导致了以三层形体构型为特征的三胚层动物的起源,这类生物构成了整个动物世界的主体。[4]

这些新生生物仍然具有完全的软身体,因而没有留下任何化石。无论如何,已经石化的6亿多年前的泥土还是留下了踪迹、通道与洞穴等点点迹象,显示着它们在从前岁月中的重要性与多样性。在今天,它们最原始的后代是扁形动物。其中的几种动物已经适应于寄生生活,其消化系统已经退化,如绦虫,寄居于哺乳动物的消化道,还有几种为严重热带疾病的致病因子,如血吸虫或裂体吸虫。次于扁形动物的是纽形动物,这是最古老的具有单向消化道的动物,另外,还有其他许多原始蠕虫状动物,包括线虫在内。线虫到处可见,据说是世界上最为丰富的一种动物类群。线虫存在几种寄生形式,它们在哺乳动物中找到了生态位,包括繁盛在马的肠道中的30厘米长的蛔虫;为许多小孩子的父母所熟悉的蛲虫;以及诸如旋毛虫病、钩虫病和丝虫病等致死疾病的相当危险的致病因子。

这些低级蠕虫的形体构型被动物学家描述为原始是可理解的,因为他们已经在昆虫、鱼类、鸟类和哺乳动物中见到了更大程度的复杂化。然而,在远古的年代一个因偶然机遇探索海洋的观察者依然会被它那赏心悦目的错综复杂奇迹所震惊。我们可以通过观察小型线虫秀丽隐杆线虫(*Caenorhabditis elegans*)来对这种显著的复杂性有个初步的印象,这种线虫通常是所有动物中了解最为彻底的一种。[5]它由959个细胞组成,每个细胞位置都非常精确,并且可追溯其在卵细胞8—17次连续的有丝分裂中的起源。许多研究已经说明了这次发育是怎样按照卵细胞基因组的编码而进行的。各种各样的突变已被诱导,单个细胞可被微型激光枪杀死,这样可进行精确的外科处理,有助于阐明控制编码的遗传开关网络,以及弄清允许959个细胞中的每一个正确分化并找到各自位置的神秘信号。研究的进展显示出十分惊人的复杂精确性,要完全理解它将需要许多年甚至更长时间的研究。

"内环境"与氧气传递

线虫以并不完美的方式开始了其极具重要性的进化发育,也就是体腔(coelom,源自希腊语*koilos*,意为"中空的")的开口。消化道无论具一个开口还是两个开口,都不是一个真正的内部腔:它与外界相联系。而体腔则不。体腔最简单的形式是一个中空的双层鞘,完全由中胚层细胞构成(将三胚层动物与两胚层动物相区分的第三个细胞层),也可以这样说,它将内胚层消化道与外胚层皮肤隔离开来(见图3)。对于人体而言,体腔主要由腹腔和胸腔来代表,其中胚层形成了包围腹部内脏的腹膜和保护肺的胸膜。

体腔和从口至肛门的单向消化道,是基本的三胚层动物形体构型中至关重要的增加项。它们使得进化所能利用的潜在范围大大增加,产生了大量新的海洋动物,其中的一些在历史上第一次拥有了硬壳。化石的丰富度与种类多样性急剧增加,很多属于奇形怪状的早已灭绝的动物种类,此时期被古生物学家描述为寒武纪大爆发。[6](寒武纪是6亿—5.2亿年前的地质时代。)

是什么导致了这次爆发,它是怎样适应动物进化的一般框架的?一个可能的因素,尽管可能并不是唯一的,根据哈佛大学科学家诺尔(Andrew H. Knoll)[7]推测是大气中氧气含量的增加。具有产氧能力的含光合系统Ⅱ的蓝细菌的出现,在无机氧沉淀达到饱和后,导致大气中氧气含量的稳步上升,这种情况反过来又导致原核生物世界的危机。在适应氧气的微生物开始出现后,所生产的氧气开始以增大的速度被消耗,直至达到一个稳态,在此状态下,氧气消耗与生产持平,大气中的氧气处于一个固定水平。根据诺尔判断,这个水平实际上低于目前氧气在大气中所占的21%的水平,并且氧气在前寒武纪出现了第二次重要的增加,这可能归因于真核藻类的大量增殖。寒武纪大爆发被断言与氧气的第二次增加保持一致,并且可能正是由于这次增加而引起的。前寒武纪碳沉积物的同位素分析[8]确实表明光合作用活动超过了需氧生物氧化所制造的有机物质的能力,其中碳同位素分析一般选择较轻的碳12而非较重的碳13。两种活动强度的不同,导致大气中氧气的净增加。

正如诺尔所提醒的,这个解释依然保持在假说水平。然而,寒武纪大爆发与氧气之间的关系看起来是可能的。但是生物多样性急剧增加的原因可能是动物消耗氧气能力的增加,而非可获得氧气的增加,或者可能是两者共同作用的结果。所有的动物都绝对地需要氧气。这种需要对海洋动物形成了严格的制约,它们必须从周围的水中获得氧气,而水中的氧气又来源于大气。因为氧气在水中的溶解度很低,水生动物需要大量的新充氧的水,以及从水中获取氧气的有效方法。双胚层动物和原始三胚层动物通过保持流动的水经过它们的身体,实质上使得每一个细胞与循环水直接接触,来满足以上要求。然而,较高等的海洋动物若没有从周围水体获得氧气和将之分配至身体各部分的机制则不能存活。在更为复杂的生物出现以前,进化不得不等待这样的机制发生。一旦一个有效机制出现了,进一步的进化就非常快,于是产生了寒武纪大爆发。

进化对氧合问题的关键解决方法是19世纪法国大生理学家贝尔纳(Claude Bernard)[9]所命名的**内环境**(milieu intérieur)的产生,此环境指沉浸身体所有细胞的特定组分的身体内部液体。正是由于这种液体,直接与海水相联系的细胞所获取的氧气能够传递到位于更深部位的细胞。3种获得方法提高了这种传递的效率:(1) 鳃的形成。由薄而高度扩展的皮肤层构成的特化表面交换器官,可使氧从周围水体中快速进入体内液体;(2) 内部液体增加了专门运输氧气的分子,极大地提高了体内液体的氧容量,这种分子或者是红色的血红蛋白,或者是蓝色的血蓝蛋白。血红蛋白是一种含铁的血红素蛋白,而血蓝蛋白是含铜的蛋白质;(3) 推动液体、加快氧气运输的泵(心脏)的发育。心脏在早期只不过是与主要体腔直接相连的可收缩的加厚管道(开放式循环)。最后,支持心脏的管道加入封闭的网络系统(闭合式循环),并且**内环境**分为两个主要部分:在管道内的循环血液和细胞内静止的淋巴液。这种分化要求血管的回路形成两个穿插的高度分支的小而薄的鞘管(毛细血管)网络,每个网络为以足够大的速度进行氧交换而提供了足够大的总表面积。其中的一个网络穿过腮,起到从周围水体为血液获取氧的作用。另一个穿过组织,通过血液为组织运输了足够的氧。

两个重要的附加效益伴随着这些发育。食物消化所产生的存于消化道的营养物质可被收集,并分配到整个身体,这要求产生一个新的毛细血管网围绕在消化管的周围。相反,体内所产生的废物可排放到血液,并被运输至由特殊收集细胞组成的排泄器官肾管或原肾中,这要求有另一个毛细血管网。

通过一个(循环)的**内环境**为氧气、营养物质和所产生的废物所建立的交换机制,标志着动物进化的一个转折点。从此以后,生物不仅仅由一些细胞组成,而且可发育出多种器官。消化道壁的细胞开始分化为几种类型,其中的一些形成分离的器官(腺体),可产生消化酶,并将之通过导管释放至消化道中。于是出现了分泌作用。特化为各种形式的流动细胞防御着微小病源生物,开始通过体内液体,后来通过血液来巡逻。于是免疫机制出现了。作为对生物体重和体积及其器官增加的反应,一些细胞变为框架细胞,构成了细胞外由蛋白质与糖类多聚体组成的支持框架。可收缩的细胞加入肌肉,恰当地适应于协同运动。特殊的生殖器官,通常是多产的,也发育起来,配子可在此形成与成熟,并保证了通过包括直接交配在内的不同机制的受精。最后,为满足不断增长的调控与协调的需要,神经细胞织就了越来越复杂的网络,同时改进了的产生化学递质(激素)的腺体将产物释放到内环境中,而不是释放到消化道中。

这样,基本的动物构造达到了完美,包括摄食、消化、吸收、摄入氧气、排出废物、运动和生殖等功能在内,这些功能由循环联系在一起,并由神经网络和化学递质所协调。对一个做研究的戴水肺的潜水员而言,蠕虫世界在那时好似已经完全成型了,只留下部分细节需由进化在这里或那里进行补充。我们的探索者所不能预知的,是复制的创造能力。

第二十一章

动物充满海洋

音乐家已经发现,如果他们有一个好的主旋律,那么他们可以通过以多次不同的变奏重复此主题而创作一部内涵丰富的作品。序列音乐的作曲家已经将此规律利用到极致,以几乎难以觉察的步调从一个变奏转移到另一个变奏。相似的情形亦发生在动物进化中。在基本的框架完成后,进一步的进化由框架的复制与变异来实现。

身体复制:革新之路

新方向的第一步由一种显著的遗传修饰来完成,这导致了多节动物的形成,当时整个世界就像一根由原始蠕虫以微小关节首尾相接而组成的绳子。这个奇怪生物的每一节就其本身而言实质上是完整的生物,具有一个消化道,两个原肾,连接位于身体外侧突起的一对鳃的循环网络,雄性与雌性性器官,从中心神经细胞群辐射出的基本的神经支配(神经节),一套环肌与纵肌,以及一层外在的硬皮肤(外皮)。节与节之间并不完全分开,各节彼此连接,主要通过皮肤;也通过连续的消化管;还通过两条大的血管,一条沿生物的背部,另一条沿腹部;以及通过含有神经节的神经索。

该生物显然是从许多首尾相接的相同个体的复制体中起源的。然而若将一个分子生物学家发送到当时的地球上的话，他会发现生物体基因组中的大多数基因只是以单拷贝的形式存在。只有少量的基因组合在一起，其拷贝数与节数相同，在染色体中的排列与分节的排列相同。这些基因翻译而产生的蛋白质产物既不是酶，也不是结构蛋白；它们是与其他基因或基因组相应答的蛋白质，表明复制的基因属于调节基因这一大类。在未分节的祖先生物中，这些基因在实现形体构型中控制着中心开关。这些基因开关的复制导致了指令的重复，从而形成了生物重复体。乍一看，所有的分节皆相同。但是不久复制的基因经历了不同的突变，分节变得不同。在进化中第一个被突变影响的重复基因是那些位于染色体起始与末尾的基因，它们导致了特化的头部与尾部的发育。

与此现象相关的几个调节基因已经被确定和测序。它们有一个被称为同源异型框（homeobox，源自希腊语*homos*，意为"相同的"）的180个碱基对的高度保守序列。在这些同源异型基因编码的蛋白质中，由此框编码的60个氨基酸的序列适合结合到DNA，是影响特定基因转录的合适蛋白质（转录因子）。同源异型基因相当古老。它们已经在整个动物界，甚至在植物与真菌中被确认。[1]

身体分节代表了进化多样化的主要机制，在生命历史中这可能是最为重要的一种。它引发了一个超常搭积木游戏，涉及完善的原先能生存的积木，这些积木可突变、融合、复制、删除，以及重组，皆由神奇的单一或很少的遗传修饰过程造成。以上的积木为自然选择提供了大量的可检验的形体构型。果蝇（*Drosophila*）是经典遗传研究的中心目标，这方面的研究人员已经发现这一游戏令人惊奇的富有创造力的灵活性。果蝇能够通过单一的同源异型基因突变产生无头双尾个体，多一对腿或翅膀的个体，或在头前伸出腿替代触角的怪物。利用现代分子生物学方法，这些研究人员已经着手研究同源异型基因如何控制发育的惊人分子机制。

大量的无脊椎动物

这种新游戏的最初产物与现今的环节动物(annelid)最为相似，如此命名是因为它们的身体看起来像一系列的环(annelid，源自拉丁语 *anulus*，意为"环")。适应陆地生活的常见的蚯蚓是这一动物门中我们熟悉的一员，此动物门也包括了各种各样的海洋蠕虫，其中许多种类(扇蠕虫、孔雀蠕虫)生活在它们自己制造的固体管状物中，通过美丽的色彩斑斓的附器从它们的住所门口捕获猎物。水蛭构成了环节动物的另一个纲。

进化并没有停止在仍然相当重复的环节动物形体构型阶段。在相当可观的进一步变异后，当然包括部分中间类型，它最终产生了今天地球生活的最为广泛的类群：节肢动物(arthropod，源自希腊语 *arthron*，意为"关节"；*pod*，意为"足")，或者说是具有特殊肢的动物，在水体中的代表种类有甲壳动物(虾、蟹及其他类似动物)和螯肢动物(海蜘蛛、鲎)，在陆地上的代表种类则有蜘蛛、蝎子、蜱、蜈蚣、千足虫以及大量的昆虫这一广泛类群。

让我们来观察一下龙虾或褐虾吧。你会毫不费力地看出从祖先生物遗传而来的分节的形体构型。在每一节有一对鳃和一对肢，但是每一节的特化存在显著的差异。几个前端的节合并形成头，而它们的肢则相应转变为触角、爪、咀嚼器，以及其他作为感觉器或摄食辅助等的附肢。肢由几节组成，身体主干和尾部主要由肌肉组成，同时内脏器官集中在身体前部。循环为开放式，氧载体为血蓝蛋白。这与更为古老的纽形动物和环节动物形成了鲜明的对照，后者的现存代表种类为封闭式循环系统,以血红蛋白作为氧载体。节肢动物的身体完全由一个坚硬的几丁质头胸甲所包被,几丁质是抗性强、类纤维素的糖类多聚体。这个外壳定期蜕掉以允许身体生长。蜕壳的动物短时间内比较脆弱,直到它再形成一个新的甲。软壳蟹的爱好者特别欣赏这个柔弱阶段。

在环节动物节肢动物进化路线上的某一点,一个大的旁支分离出来,引导了一个大的软体动物门,从许多海螺、蛤蛎、牡蛎、河蚌和许多其他多种多样我们能确认的具硬壳的动物,到大为异样的枪乌贼与章鱼。

引起分节的蠕虫向软体动物进化这一事件的可能是一个突变,即动物背部鳞状结构的蛋白质组分具有了形成碳酸钙晶体的能力。角质鳞片变成坚硬的矿物质化的板,为动物提供了额外的保护,从而对其本身和它的后代造成了选择优势。这种原始结构的残余在石鳖中依然可见。石鳖是一类原始的软体动物,具两侧对称的长形身体,开放的消化道,前端具口,后端具肛门,两侧各具一排鳃,在背部具一系列的由于碳酸钙沉积而变硬的保护性背板。

在祖先软体动物的进一步进化中,背板合为一个单一的壳,分节大多已消失,身体折叠、卷曲而使得口、肛门、鳃、排泄孔和生殖孔都集中在动物的前部,头部包含了脑的原基、原始的感觉器(对光敏感的眼、感受触觉用的触角和感觉重力的平衡器)和一个用以运动的肌肉腹足。以后的进化一般表现在壳的形状上,这满足了贝壳收集者与化石探索者的爱好,两者皆因矿物质沉积物的长久性而受益。

在软体动物所具备的众多形状中,一些可能具有选择优势,但是壳的大多数变异可能是并没有对动物的繁殖潜力造成多大影响的突发进化事件的产物。这个事实表明进化的一个重要方面:变异并非必定有利并被自然选择所保持;特别是较弱的竞争条件下,变异只要不足以导致灭绝即可。软体动物进化史上被假定是积极选择结果的主要发展是壳的复制，导致了双壳的出现，壳在枪乌贼中萎缩为只是一个内板，在章鱼中则完全消失。

软体动物是动物界的第二大门，有5万多个现存物种和几乎一样多的灭绝物种。对这一大类群动物的总体观察将完成我们对动物生命之树的描述。或者，如果这并不是一个偶然在一些祖先环节动物上，或者更为准确地讲在其发育的胚胎上所发生的令人吃惊的彻头彻尾的转换的话，进一步的描述将因缺少描述者而无法进行。

重大的突然反转：从原口到后口

为了理解这一新的特别广泛的生命之树的分叉，我们必须简要了解一下胚胎的发育。同海克尔第一次指出的相似性一样，我们注意到动物的胚胎发育确实重演了它们的进化史。[2]受精卵早期分裂产生的细胞首先形成一个球，即囊胚，它转化为一个双层囊即原肠胚，具单一开口，即胚孔。原肠胚腔以后变成消化道，简言之，大部分最原始的动物获得了第二个开口，可转变为一个管道。这是发育被突变修饰而开始新的进化路线的地方。到目前为止所涉及的动物类群中胚孔发育为口，新的开口发育为肛门。因此这一类群的动物被称为原口动物。开创新的进化路线、意义重大的反转使胚孔形成肛门，新的开口形成口，于是后口动物出现，所有的脊椎动物皆于某个时候从中产生。可能的是，如果没有这次重要的反转，就不会有鱼类、两栖类、爬行类、鸟类、哺乳类，也不会有人。

过去许多生物学家在思考，推想令人惊奇的、导致后口动物的肢从原口动物主干分支的形体构型急剧改变的可能机制。我们的思考在今天并没有减少，但是我们在同源异型基因方面的知识提供了一个可能的解释。如果一个单一的同源异型基因突变能以一个次级尾部代替头部的话,那么可能是一个或几个这样的突变在一些祖先环节动物中将口和肛门交换。这是纯粹的推想,但是很难想象在发育程序中这样的一个剧烈改变不是由一些主要的同源异型基因突变所造成而是在其他地方发生。

在现存生物(玉钩虫)中可觉察的剧变的第一个结果是解剖学上的修饰,将负责摄取食物和氧气的结构集中在一起。消化道的前端,或说咽,转变为一种两侧的过滤结构,由两套相对的鳃组成的狭窄齿裂组成。这些鳃裂(branchial slit,源自拉丁语*branchia*,意为"鳃")与形体构型的连续分节相对应。具有这种新结构的动物可以通过它们的口摄入大量的水,并通过其鳃裂将水排出。氧气在水通过时由鳃吸收,而食物被鳃裂阻住,鳃裂成了过滤器,因其梳子状的表面结构而进一步加强了过滤功能。鳃裂收集的食物随后向下被送至消化道。这种通过过滤收集食物和氧气的组合方式在一定程度上使我们想起了海绵、珊瑚和水母所利用的维持水流的原始机制。

脊椎动物的诞生

后口动物进化的更进一步的关键事件,是一个分节的、沿动物背部分布且包含神经系统主要部分的中空结构的发育。如果海克尔定律被认为正确的话,这次发育中的一个早期事件是背部神经管中的神经索的中心化,神经管在发育上来自被称为神经嵴的外胚层的折叠。然后,在神经管下形成一坚硬的有弹性的杆,即脊索。如果脊索在成体中并不一直存在,至少在一定的胚胎期存在,它是整个脊索动物门的特征,其早期的代表动物为文昌鱼。最后,在大约5亿年前,神经管和脊索被分节的软骨结构(即最初的椎骨)包围在一起。

与这种发育相联系的最重要的优点，是将脆弱的神经管保护在一个固体鞘中。我们可以想象，如果我们极为脆弱的脊髓没有保护在脊柱中的话，将受到何种危险的困扰。分节在形成此保护性的鞘时变得极为有用，这样椎骨可以由坚硬的、不可弯曲的物质构成而不必担心会造成身体的过度僵硬。分节的脊柱保持了足够的柔韧性，从而保证了身体运动所需要的脊柱本身的活动。连续的脊索为脊髓形成了一个有用的骨架后，变得障碍大于优点；它最终只是在胚胎发育的早期暂时性地起作用，随后被分解。分节脊柱的优点也有其代价，许多椎间盘突出患者对此深有体会，有时更为严重的是因脊柱受伤而造成瘫痪。然而此代价并没有对进化造成负担，准确地说只是在5亿年后，在一些灵长类采用了直立姿势后才如此。

最初的脊椎动物具软骨，与其说像鱼类，不如说更像蠕虫，它们没有颌，只有初级的鳍。根据化石记录，其中一些是被有甲板的奇形怪状的凶猛动物。与它们亲缘关系最近的现存后代是七鳃鳗和盲鳗，而后者已经与它们的遥远祖先相差甚远，但共同存在一些原始特征。

下一个主要发育是铰合颌的形成，可能是从支持前鳃裂的软骨鳃弓起源的。同时，身体获得各种由软骨支持及由肌肉驱动的鳍。这些动物变成了强有力的泅游者和危险的捕食者。包括鲨、鳐等在内的软骨鱼是现存的与它们亲缘关系最近的种类。

与在软体动物中的发育一样，最后一大变化是可诱导形成矿物质晶体的结构蛋白的获得。如今，由混合的磷酸钙和碳酸钙组成的晶体可在羟基磷灰石中发现。有弹性的软骨变成了硬骨。大多数现存的鱼类是这些最初的硬骨鱼的后代。

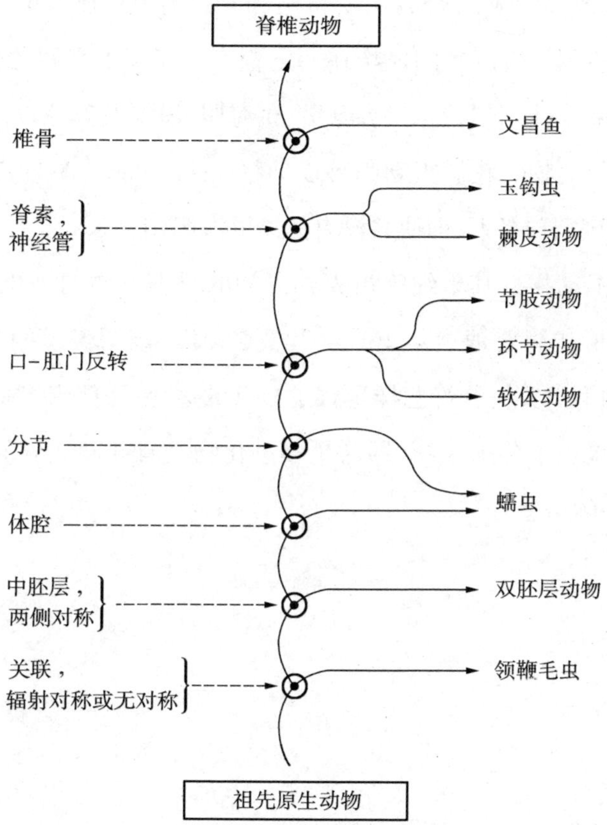

图4　无脊椎动物进化鸟瞰图

同图2类似，此图描述了在更大的复杂性方向上动物起源的主要步骤，从祖先领鞭毛虫到最初的脊椎动物。在每一个分叉处，形体构型中的遗传性变异所导致的突变体进化路线显示于左侧，未突变的进化路线（导致了现存的各个动物门）由右侧的曲线箭头表示，前者由后者中分离产生。

棘皮动物：一个进化的急转弯

在导致最初的脊椎动物的发展之前，一次古怪的分叉事件发生在刚由原口动物主干分离出的后口动物侧枝上。可能由于一些同源异型基因的剧变，原始后口动物两侧对称的长形形体构型依然保持在幼体阶段，到了成体变成5次对称，受挤压和卷曲的消化道被5个实际上相同的部分包围。所产生的怪物在一定程度上找到了有利的生态位，并且繁荣起来，这样产生了海胆、海星、饼海胆、海参及其他以5次辐射对称为特征的动物。它们被划归棘皮动物（echinoderm，源自希腊语 *echinos*，意为"刺猬"）名下，即使并没有典型的海胆刺突。

无脊椎动物从其单细胞祖先到最初的脊椎动物的进化，在图4中以示意图形式简要地表示出来。和图2相似，该图表示的是"分叉生物"形体构型的关键修饰怎样导致了显著的进化，一些未突变生物的后代为我们提供了分叉生物（即与更多进化物种有共同之处的最后一个祖先）特性的信息。

第二十二章

动物离开海洋

一旦植物和真菌在大约4亿年前开始入侵陆地,动物就可获得一种新的态势。这些新机会被忽视的时间并不长。早些时候对水生动物无任何用处的修饰,现在因环境的改变而变为有利。为了利用陆地植物所提供的丰富的新食物资源,适应于水的动物主要的需求是能抵御水分的散失,利用大气中的氧气(呼吸),在陆地上运动(针对那些缺少运动方法的种类而言),以及离开水的繁殖。这些适应是渐进的,并且首先发生在依然不断有水泛滥的水体边缘和沼泽地。除了低级的无脊椎动物,大多数的水生动物发展了这样或那样的解决陆地生活问题的方法。我将只讨论两种类型的动物,即节肢动物和脊椎动物,这两个类群的动物占据了陆生动物的绝大部分比例。

昆虫及其亲戚:陆地大征服者

节肢动物的问题最为简单,它们的外部已被有防水层加以保护,并附有功能性腿。然而,它们脆弱的鳃难以长时间地抵御脱水。帮助节肢动物利用氧气的是薄的头胸甲的管状内陷。这些细的空气导管,即气管,逐渐发育为一个高度发达的贯穿身体各部分的分支通道网络,使得动物与外界空气保持密切联系。通道的薄壁保证了氧气扩散到组织中去,而二氧化碳从组织扩散出来。身体的运动有利于空气进出气管,由此储存氧气,并将积累的二氧化碳排放出去。

所有种类的节肢动物都发育了相同的气管呼吸形式,这些动物包括:蠕虫状多个分节的蜈蚣和千足虫,我们所知的属于稀少的陆栖甲壳动物的鼠妇或球潮虫的小型动物,蜘蛛和蝎子以及其他与鲎相联系的螯肢动物,几乎全为陆栖的数不清的昆虫类。这些动物皆非全部从一个共同祖先获得气管。它们所获得的是形体构型,它只是解决呼吸问题的一种方案,或者使此方案优于其他方法,这是因为所有的节肢动物共同具有一些几丁质外皮特征。这是一个典型的趋同例子。

许多海洋节肢动物通过交配而繁殖。由此,陆栖节肢动物的祖先对精子寻找卵细胞受精而言不需要水。为了在陆地上繁殖,其主要需求是受精卵和胚胎的保护与营养。首先,它们简单地利用水作为其幼体发育的介质,正如其海洋祖先和至今依然如此的蚊子及其他许多昆虫那样。然后,随着时间的推移,极大数量的这样或那样保持水分的不同外套,为了远离水的幼体的成功发育而被采用或构建。

多亏像英国的阿滕伯勒(David Attenborough)那样的电视工作者,他们使得电视将金龟子、白蚁、蜜蜂、胡蜂和其他许多昆虫为了自己的后代而进行的超乎寻常的举动生动地显示出来,引人注意。这些仪式具有显著的协调性与明显的目的性,被忠诚地一代接一代由这些其脑并不比针眼大的小小生灵完成,它们近乎奇迹的组织技艺使许多观察者被打动,但这与唯物论的达尔文生命和进化观点不易达成一致。然而,与控制相同动物从受精卵发育这一令人惊叹的分子和细胞事件相比,这些复杂行为就变得微不足道。假如我们能够观察到蜂巢小室中幼体内发生的事件的话,我们就不会对蜂巢本身再有丁点儿注意。

许多昆虫甚至经历两个完全不同的连续发育过程。从毛虫到蝴蝶,从蚕到蛾,从蛆到蝇,动物名副其实地死掉了,并且对自建的坟墓(茧或其他蛹壳)进行分解,只剩下一些胚胎残余(器官芽或者说成虫盘)。由此(坟墓变为子宫)出发,一个全新的生物根据一个完全不同的模板诞生了。在这种由DNA控制的建筑魔法之后,建造一些原始栖居点还需一些什么样的附加常规表示?这好似去崇拜泰姬陵的建造者用草与泥土建造一间茅舍。

两栖动物:首次离开水的鱼

鱼类也可以离开水,但是它们面临更大的障碍需要克服。它们花费时间经过了一个中间的半水生、半陆地阶段,这个阶段足够稳定,以至于产生了一类重要的脊椎动物的现存类群,即两栖动物。我们不知道这一转变是怎样进行的,但是我们可以斗胆提出一些猜想。

在一些鱼中,一个关键的进化事件是一个与咽相联系的气囊的发育。气囊中的空气来自鳃,通过血液运输至此,而血液循环经过围绕气囊的极为丰富的毛细血管网。鱼类由这样的一个气囊所获得的好处是可调节的浮力,这是现在鳔的主要功能。另一个益处是鱼类像戴水肺的潜水员那样,可储存在紧急情况下利用的氧气,紧急情况一般指血液中的氧气降至危险水平。在这种情况下,氧气将沿着相反方向,即从气囊扩散至血液。这种适应为呼吸打开了一条路,气囊起到了原始肺的作用。当玻璃缸中的金鱼在水面呼吸新鲜空气时,我们就可以见到这种情况了。更为显著的是,在非洲、南美和澳大利亚的旱季,许多热带湖的肺鱼在干泥中存活几个月,等待下个雨季的到来。最为可能的是,两栖动物在保持利用溶解氧的同时"学会"了怎样去呼吸。

能够呼吸的搁浅鱼类毫无疑问会扭动它们的身体,尽力移动它们的鳍去寻找荫凉处,寻找有水的地方和食物。在这种情况下,最敏捷的是那些具有两对肉质分叶的腹鳍，从而帮助它们像游泳那样爬行的动物。根据化石记录，这类动物在1亿年前非常丰富。它们一度被认为已经灭绝，直到1938年12月的一天，它们中的一员落进了南非东海岸附近的一艘拖网渔船的网中。[1]这次非同一般的捕获引起了新伦敦博物馆馆长考特尼-拉蒂默（Marjorie Courtenay-Latimer）的注意，他将之描述给当地的鱼类学家史密斯（James Leonard Briefly Smith），史密斯认出了它的本来面目：一个活的化石，被古生物学家划分在空棘鱼类名下。在这种稀有鱼类的第二例标本在科摩罗群岛捕获可进行彻底研究之前，共花费了14年的时间对其进行搜索，经过了探险式的一连串事件，包括沿印度洋的许多边远渔村中的悬赏海报和南非总统马兰（Daniel F. Malan）提供的专机等。空棘鱼类是深海鱼类，并不利用它们的鳍来“行走”。但它们与古老的总鳍鱼类——淡水肺鱼有着共同的祖先，淡水肺鱼大约4亿年前在植物侵入陆地后不久也登上了沼泽陆地，这得益于一连串的偶然突变，使鳍变成了分节的肢。这样的变异在水生栖息地中很可能不会被自然选择保留。在陆地上，它们变成了有价值的获得。

这些征服者在它们新的环境中完全定居之前，必须解决陆地上的繁殖问题。大多数种类没有这样做，而是保留了它们水生祖先的习惯。它们在水中产卵，这些卵首先发育成会游泳的幼体。这种情况的出现是因为水体随处可找，并且真正的陆地生殖缺乏选择压力。在没有一些选择诱导的情况下进化很难进行。导致动物完善其呼吸与行走器官的动力不是缺水，而是丰富的食物。此时石炭纪大森林开始繁荣，并形成过量的、现在为我们的火炉和壁炉提供燃料的有机物质。除了植物，许多昆虫、蜗牛和蠕虫在陆地上也变得丰富起来，可满足更具食肉口味的动物。

两栖动物在那段时间繁荣起来，但许多种类后来被二叠纪大灾难所灭绝。在存活的种类中，诸如水螈与蝾螈的一些物种保留了它们海洋祖先的尾巴。其他物种，如蛙和蟾蜍只是在自由游泳的似鱼的幼体阶段才保留尾部。随后出现的从蝌蚪向成体蛙的转变则是另一个著名的变态事例，其剧烈程度较一些昆虫所表现的完全再生稍有逊色，但无论如何也给人以深刻印象。尾巴的萎缩与四肢的萌发是伴随这一转变的比较显著的改变。

这些事件皆由甲状腺素分泌所启动。甲状腺素是所有高等脊椎动物生长所必需的含碘激素，在人类中，发育早期甲状腺素的缺乏会导致侏儒症和智力迟钝。当这种激素进入细胞后，便与一种细胞内蛋白质受体相结合，受体于是变成许多基因的活化因子。这是调节超基因上的一个有趣变化，像同源异型基因那样，由它们的产物控制其他许多基因的转录。对这种情况有一个曲解。只有当基因产物即甲状腺素受体与激素结合时才活化成为转录因子。激素按这种方式起作用的其他例子是蜕皮激素和类固醇性激素，前者影响昆虫蜕皮、蛹化和变态，后者控制哺乳动物的许多性活动，包括青春期的开始、月经周期和妊娠。

各种各样的现象表明了另一个具有普遍意义的事实：在发育过程中细胞程序性死亡的作用。毛虫身体的分解与蝌蚪尾巴的消失是引人注目的例子，但是还有其他许多例子。发生在鱼—两栖动物转变过程中的叶鳍向分节肢的转化中，肢的顶端分裂为五趾，并不是通过出芽形成，而是通过介于中间的组织的选择性死亡形成。这种“雕刻”在胚胎发育中仍然被“重演”。胎儿的肢首先发育为圆形顶端，后来通过选择性的细胞程序性死亡而形成趾。

爬行动物“发明”羊膜卵

持续千年的干旱与寒冷，预示着二叠纪大灾难的到来。茂盛的蕨类和石松所形成的石炭纪森林消失了，沼泽干枯了，习惯于热带湖泊与海洋温和环境的海洋动物以灾难性的数量灭绝了。两栖动物也遭到严重伤亡。如果没有地质变动而造成的化石，没有观察者的偶然发现，没有古生物学家勤恳的研究，我们就无法获得这个过去的辉煌或使受害者衰落的全球性大灾难的任何线索。

正如已发生过多次的情形一样，生命恢复了；进化通过恰当的适应对生态挑战做出了回应。它甚至将灾难转化为成功，在二叠纪大灾难的推动下完成了最有决定性的进步中的一个。当种子植物占据了寒冷、干旱且因孢子植物大量毁灭而荒芜的沼泽时，一些不显眼的两栖动物突然剧增，所形成的辉煌通过发育出与种子相对应的产物——充满液体的卵——而实现。

正常的两栖动物繁殖方式是将受精卵置于一定的水体中发育，而这个关键性的转变物种并不如此，它将受精卵包被在一个充满液体的囊中，即羊膜中，这样在羊膜中胚胎可以获得其正常的水体发育。在所有细胞和组织都浸入贝尔纳的内环境后，在此重新产生了**外环境**(milieu extérieur)来保护发育的胚胎。一个坚硬的有孔外壳保护这个海洋孵化器的替代物，同时一个高度维管化的膜即尿囊来保证气体交换和废物排出。尿囊由胚胎产生，衬在外壳的内侧。另一个囊充满了富含营养的卵黄，为胚胎提供所需要的营养。因此，生物直到在陆地生存前的全部发育都受到保护，这一发育过程是在营养物质丰富并恰当更新的羊膜液中完成的。真正的陆地繁殖开始了。最初的爬行动物诞生了。

这种生物在二叠纪大灾难之前极为成功。灾难之后，爬行动物大量地发育并辐射出去，甚至产生了无足的种类，有的种类继续在陆地上生活，有的则又返回水中。但矛盾的是，像今天的海龟那样离开水在陆地上产卵，使其后代冒了极大的危险。蜥蜴、蛇和龟是现存的主要爬行动物，但这个类群中最为引人注目的代表是恐龙，也是最著名的化石动物。我不打算详细阐述这些非凡动物的传奇，其中有些种类达到了极大的个体，被推想为最为异乎寻常、至少对我们来说是惊人的形状。如果想看一下恐龙时代的生动展示的话，就去参观耶鲁大学的皮博迪博物馆。一个由察林格（Rudolph Zallinger）在1943—1947年所作的长33米、宽5米的壁画，以引人注目的色彩描绘了在当今植被下的恐龙的整个历史，从大约4亿年前两栖动物的起源到距此3亿多年后的恐龙大灭绝。[2]多亏斯皮尔伯格（Steven Spielberg）耗费巨资拍摄的电影《侏罗纪公园》，我们从中见到了恐龙的全部细节。

6500万年前的恐龙灭绝，已成为最吸引人的科学推理小说之一。恐龙并不是这次大灭绝的唯一受害者，它们只不过最为显著地引发了我们的想象力。同时其他许多动物也遭到毁灭，例如美丽的具螺旋形贝壳的软体动物菊石。有花植物也遭大量毁坏，在一段时间内被蕨类植物所代替。已提出了很多对这次神秘大灭绝的解释，直到1978年美国物理学家、诺贝尔奖获得者路易斯·阿尔瓦雷斯（Luis Alvarez）与他的儿子沃尔特（Walter）及其他合作者进行的著名的观测。他们发现与大灭绝同时代形成的薄薄一层沉积岩中稀有元素铱的含量是其相邻岩石层的20倍。[3]铱在宇宙中远比地球丰富，它可证明大灭绝的存在。为了确定宇宙物质在远古海洋底部的沉积速度及时间，研究人员已对其进行了测定。如果沉积较快，那么沉积岩中的宇宙颗粒较少，也就是说有较少的铱；如果沉积速度较慢，则出现相反情形。研究人员在寻找适度的变化，他们还没有对所发现的铱的巨大增加达成一致的意见。这是又一个意外发现的事例。意外发现是许多科学发现的神奇之母，一个不能刻意追求但有时不经意地使那些追求真理（即使有时具错误观点）的人们有所得的精灵。但人们必须能意识到这样的赐福。正如伟大的巴斯德（Louis Pasteur）曾经说的那样，机遇只偏爱有准备的头脑。[4]

在目前这个事例中，机遇所赐的礼物几乎不会被错过。科学家们对铱的反常只有一种解释：一颗较大的小行星，直径为10千米以上，在6500万年前撞击到地球上。这个假说一开始受到了广泛的质疑，但现在已被公认。在全世界的许多地方已发现了确凿的证据，并且可能的撞击区域几乎有350千米宽，已被定位在墨西哥尤卡坦半岛北海岸的奇科撒拉布。

这样一个事件，仅仅在地球表面的一击，怎么会导致世界范围的大灾难呢？是通过纯粹的剧烈作用力。据估计这次碰撞释放出1亿个百万吨级的能量当量，相当于全世界所有原子弹同时爆炸所释放能量的10 000倍！空中的尘土、烟与碳灰使太阳好几年都失去了光辉。肆虐的大火摧毁了大陆上绝大部分的植物和动物。因其所释放的烟而造成的温室效应使天气骤热，随之而来的是一段刺骨的寒冷期。酸雨使水变得有毒。与这个世界末日景象相对照，《圣经》上描绘的景象相形见绌，并且生态学家的警告也变得荒谬可笑。然而，又一次不可抵抗的进化作用来拯救生灵，并将灾难变为赐福。这是一个重要赐福，至少从我们自私的以人类为中心的观点看，如果没有一个小行星在6500万年前碰撞地球并毁灭恐龙的话，我们也许不会在这儿。

哺乳动物的子宫：终极发生机

恐龙像现存爬行动物那样是冷血动物，还是温血动物？这个问题是一个有争议的话题。即使我们不知道答案，我们仍然可以认为至少一个恐龙分支已具有或获得了调节体温的能力，大约在37.8℃。与此相反的是另外一类行动缓慢的爬行动物，它们要达到以上类群的体温只有在阳光下取暖才能完成。可调节体温的类群在寒冷的环境中保持活跃，但它们为此优点所付出的代价是需要更多的食物。它们利用其敏捷性来满足这种需求,因而变成了食肉动物。一层厚厚的毛皮覆盖在它们身上,这有利于它们防止散热,使得它们可在普通的爬行动物不能生存的寒冷地区生活。最后,雌性采用了对其物种的存活与繁殖有利的习惯,即包被它们的卵直到孵出,并随后把它们的幼体置于温暖的怀抱中加以保护。饥饿的幼体还可以舔食母亲胸部的皮腺体分泌的脂肪性物质。一件事情的发生会导致另一事件的出现,在将偶然突变与自然选择结合在一起的进化的正常进程中,分泌物变成了乳汁,皮肤腺体特化成由激素控制的喂养器官,即乳腺。

哺乳动物的存在适中且不显眼,这持续了将近2亿年。它们很少超过一只家兔的大小,并且被越来越贪婪的凶猛的恐龙所排挤。但是,当大灭绝来临之时,巨大的动物被杀死,而小型的有毛动物存活下来。剩下的正如俗话所说的那样就是历史。但是另一个重要的发育必须在此一提。在某一时期,雌性哺乳动物停止产卵,并将卵保留在自己身体内孵化。开始的时候,幼体出生时还处于发育上的极端未成熟阶段,它是那样脆弱以至于需要立即转到一个保护性的腹部皮肤折叠结构中,即育囊,里面有乳腺供母体喂食。后来,胚胎变得能够延长其在母亲子宫中的时间,并且其发育达到了相当高的水平。胚胎的成功发育通过从母亲血液中获取营养物质和氧气而进行,而这又是通过树根状的扩展结构,即绒毛膜绒毛插入到子宫壁中完成的,这经历了相应的适应阶段。这种亲密的胎儿子宫联系变成了胎盘。

今天,胎盘动物控制着世界,它们广泛的物种适应了各种可能的环境,包括海洋。现存的产卵哺乳动物(单孔目)非常稀少,如鸭嘴兽。有袋类动物大都局限在澳洲大陆,在那儿它们受到了地理隔离,从没有受到胎盘动物的竞争压力,这种状况持续到最近,一些胎盘动物被欧洲定居者带进澳洲。如果我们允许自然选择自由选择的话,那么澳洲有袋类动物将不久被胎盘动物所战胜,就像在世界其他地方已经发生的那样。

在从哺乳动物发出的许多分支中,树栖的灵长类特别值得关注。此分支是几千万年前从主干上分离出来的,那时恐龙还在地球上游荡。灵长类经历了漫长的连续进化分支与适应后,只是在600万年前,在东非某地,一个开始与其他分支无多大差别的分支出现了,从此生命进入了心智时代。这将是本书下一篇的主题。

动物进化的后面几步,从最初的脊椎动物到人类,如图5所示,该图是为了说明"分叉生物"形体构型的关键遗传修饰。

对天空的征服

与人类不同,没有任何一个动物因为想飞就会飞起来。对天空的征服完全是一个偶然的机会主义事件。这样一个最为简单的偶发事件,是利于扩大动物因滑行而跳跃的距离的任何解剖学上的修饰。飞鱼和美洲飞鼠是通过它们的鳍或肢的膜扩展而有利于动物滑行的例子。如果滑行有用,自然选择就会专门保持这种扩展。一个更为高级的形式为扇动这些扩展,作为维持和推进身体穿过空气的方法。被命名为翼手龙的可飞翔恐龙被认为已经做到了这一步,其翼展有时超过9米。另一类飞翔的哺乳动物,或者说蝙蝠,在当今也是如此,利用惊人的声呐装置在黑暗中为它们指引方向,并确定它们所摄食的昆虫的位置。最不平凡和最神奇的天空征服者是昆虫和鸟类。

没有人知道蜻蜓、蝴蝶、蜜蜂、蚊子及其他会飞的昆虫是怎样获得翅的。甚至不知道它们是从一个共同祖先遗传而来,还是通过趋同进化分别获得。与其他能飞行的动物的翅不同,昆虫的翅不是改变的肢。它们由动物外皮几丁质的覆盖物通过平铺展开而形成,由极度高效的肌肉控制。这种惊人的排列是怎样出现的,是人们在猜想的问题。

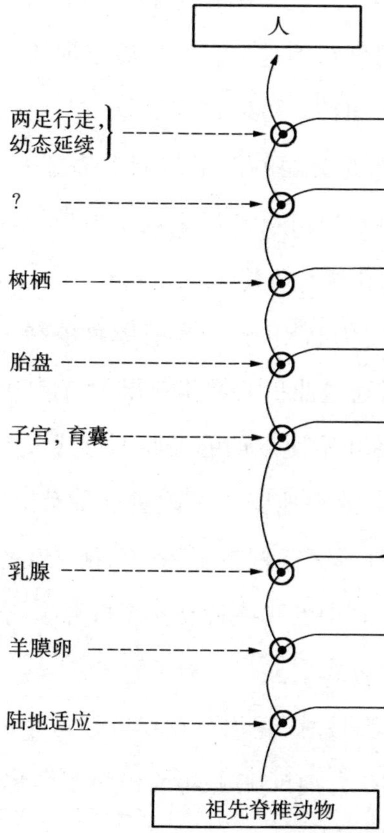

图5　脊椎动物进化鸟瞰图

本图与图2和图4类似，描述了在从祖先脊椎动物到人类这个更高复杂性方向上动物起源的主要步骤。在每一个分叉处，形体构型中的遗传性变异所导致的突变体进化路线显示于左侧，未突变的进化路线(导致了现存的各个动物门)由右侧的曲线箭头表示，前者由后者中分离产生。

恐龙灭绝前的最后一个主要遗产是鸟类。它们在大约1500万年前出现在地球上，著名的始祖鸟(*Archaeopteryx*)揭示了这个事实。始祖鸟化石是1864年在德国巴伐利亚的片岩采石场发现的。如果不是羽的痕迹奇迹般地保存在岩石中的话，这种神秘的动物会被误认为是一种小型恐龙。羽确实将爬行动物转变为鸟类。这些显著的附肢与毛发、角、指(趾)甲和鳞片有关,并且好似由一种特殊的坚硬的结构蛋白——角蛋白——构成。羽显然不是一次突变后出现的,突然地将其幸运的拥有者变为能飞翔的动物。可以肯定的是,在进行了许多连续的步骤后才将毛皮转变为如此美丽的羽根与羽支的排列。在那段时间,飞翔肯定没有问题。可以这样说,它后来成了附带的好处,尽管飞翔极具价值。一些其他的进化优势肯定推动了自然选择。许多研究人员已经仔细思考过这种优势的可能本性。不管哪种解释正确,这一现象本身明显地说明进化有时通过曲折的道路获得了与最初推动力毫不相干的结果。一旦发育的羽开始使飞翔的最原始形式成为可能,这种极有优势的运动形式便较大效率地变成了改进这种动物进化的推动力。鸟类同哺乳动物一样,在今天已侵占了每一可能的生态位,并且随之适应了它们的摄食习性。其中的一些种类甚至放弃了它们重要的进化优势而又回到步行的生活方式中去。

孢粉学家这类科学侦探通过探究化石花粉重建这个世界的历史。按照他们的说法,有花植物在大约5000万年前极为多样化。这种成功归功于携带花粉的昆虫和鸟类侵入天空。

进化的推动力

植物与动物在地球上的历史,强调了进化在其越来越复杂的进程中的探索性和其不可预测的方式。在每一步总有早已灭绝的分叉生物作为过渡物种,而分叉生物为进一步的进化提供了机会。两条进化路线也表明了形体构型进一步发展的制约。在这方面,动物比植物更具创造性,具有了身体复制和原口—后口反转的特定变化。植物的进化比较保守,只是伴随单一的通过分叉而生长的方式发展。

植物需要阳光,动物需要食物,每个类群受不同选择性判据的制约，两条进化路线各有许多问题存在，并且各自进化出了相对的解决方法。体形大小与复杂性的增加是一个共同的问题，在这两者中通过维管化而得以解决。侵入陆地也给两者带来了一定的问题，将严格的节水标准施加于两条进化路线。所有共同问题中最为重要的，是对成功繁殖的需要——出类拔萃的选择性判据。

非常显著的是，两条进化路线从一开始皆采用了有性生殖的方式。单细胞原生生物的这种紧急需要量度，变成多细胞生物在进化中获得遗传多样性的非常重要的手段。进一步的进化在两条路线中与更为有效的受精机制的发育、更好的受精卵保护措施和生长中胚胎培养的改进相联系。从水中受精和发育，到植物路线中的孢子、种子和最终的花与果实（见图2），到动物路线中的羊膜卵和哺乳动物子宫（见图5），整体趋势非常明显。生殖功能在两性之间的分工也很显著。在植物和动物中，为发育的胚胎提供营养和保护是雌性的独特优势。雄性的作用基本上局限在受精作用，作为对缺乏细致的花粉和精子的过量生产的特化的补偿。

在植物和动物的进化中，天灾所起的作用值得注意。进化不时被大规模的灭绝所打断，有时其程度是灾难性的。几乎恒定不变的是，生命的反应皆为异常的创造性。显然，当进化变得缓慢时，缺乏恰当的偶然突变，反不如缺乏有价值的环境挑战更有影响力。

第二十三章

生命之网

追溯地球生命史(见图6)中,我们通常会注意到生命之树的核心结构是按照这样一条轨迹发展的:曾经成功生存过的生命形式在进化史上趋向于越来越复杂。但是,每一个重大的进步都会产生很多旁支,这些旁支又会产生新的分支,有的一直延续到今天。生命的历程并不仅仅是在垂直方向上增加复杂性的过程,也是一个在水平方向上增加多样性的过程。随着时间的推移,生命之树上的每一个分叉点都显得更加多变,似乎重现了进化树以前的历史,只是由于时间不同,最终的分支也不相同。30亿年前的一个分叉点上,我们可以看到两个强大的、中等多样性的类群——古细菌和真细菌在当时非常繁盛,"树"上还有一个弱小的几乎不可见的"芽",没有一个观察者能够预料到有一天它会成长为真核生物粗壮的主干。4亿年前的一个分叉点,显示了多种生物:两种类型的细菌,很多种原生生物和丰富的藻类,一些原始藓类和真菌,多种多孔动物、腔肠动物、蠕虫和软体动物、节肢动物以及棘皮动物,许多种类在灭绝之前曾生存很长时间,发源于我们现在认为的主干—— 一些原始鱼类。尽管那时候无树,无花,无昆虫,无两栖动物,无爬行动物,无鸟类,无哺乳动物,但是生物种类要比以前丰富得多。在重建进化史的过程中,我们用回溯法确定主干,因为这一支导向未来极为重要的创新。这种确定方法在同时代常常不可能得到证据证明，随着时间的发展，也易于改变。今天，我们将人类放在进化树的顶端，至少也得到了我们中绝大多数人的赞同。然而距今1000万年前，我们还仅仅是一个旁支，或者根本就不存在。新的主干将从今天所看作的旁支中延伸出来，它将产生出比人类更复杂的新的生命形式，将超出我们的想象力。

生命之树上的分叉点并不像真实的树那样是一个个分离的点，而是以复杂的关系网络互相联系，形成一张大网。随着点的模式趋于复杂，网也更加复杂。在本章中，我们将一起来看一下这张大网发展过程

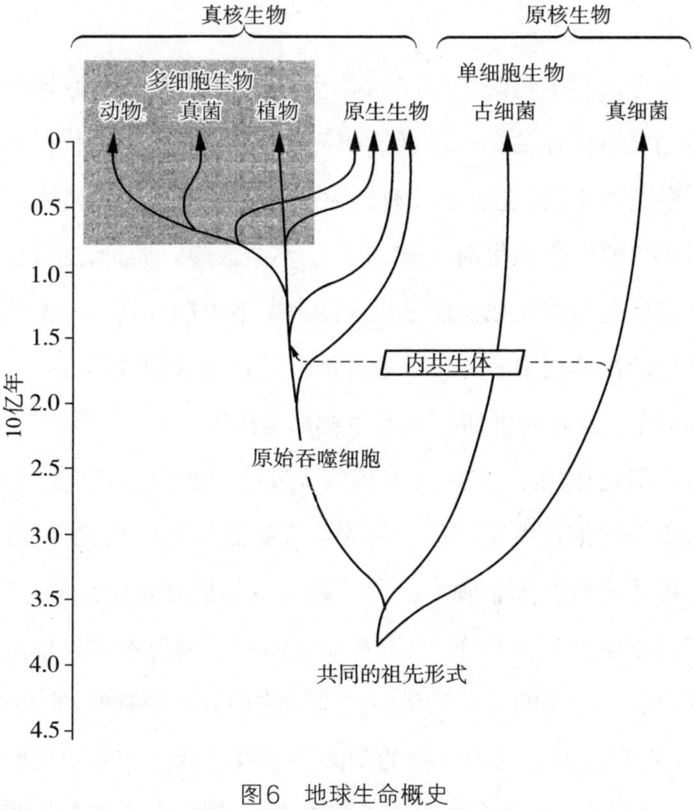

图6　地球生命概史

这幅图高度概括了地球生命的历史。值得注意的是，多细胞生物的出现要比单细胞生物晚30亿年。这株"树"上的水平部分表示所显示的时间条件下地球上存在的生命形式。

中一些极为重要的方面。

原始联系

我们大多数人皆把生命视为通过蛋白质、核酸和其他特殊分子的合成发生的一个创造性过程。塑料时代把我们的注意力引向生物降解的重要性。蛋白质并不比许多人工合成的多聚体更脆弱,使蛋白质脆弱的原因是它可以被生物降解。假如生命没有发展出一些方法来分解自己"工厂"生产出来的产品,那就不会有生物圈,只会有一个生物聚合体形成的惰性外壳,一个"塑料圈",就像人类以杰出的聪明才智开始创造的那样。

生物合成与生物降解之间的联系,是生命之网中的原始联系。极有可能当所有生命的第一个共同祖先诞生时,这种联系就存在了。即使是一种自养生物,它也必须有能力分解生物聚合体,必须有消化酶,这是最简单的生物催化剂,出现得恐怕不会太晚。而且,这些生物催化剂必须能使生物体在缺少能量供应的情况下也能存活——例如一种光养生物生活在黑暗中——可以通过消耗死亡细胞的残体或自己的部分物质维持生活。现存的所有自养生物都是这样。

为使消化作用正常进行,细胞需要安全保护以免遭受自杀性自消化。为现今的细菌所采用的一种安全保护是细胞外消化,将合成相关酶的核糖体附着在细胞膜上。另一种安全保护是化学控制,使消化酶在细胞中处于非活性状态,只有在需要的时间和地点才释放出来。我们胃和小肠中分泌的主要消化酶就是用这种方式控制的,非活性的"酶原"仅在胃液或者小肠内环境的刺激下才被激活。如果消化酶在未成熟之前就具有活性,就会对组织造成极大的破坏,如在患胰腺炎时。第三种保护方法依赖于附着在细胞膜上的消化小泡(即溶酶体),其内层可抵抗酶的破坏。对该内层的破坏也会导致扩散性的组织损伤，就像在许多病理条件下的情况一样。

最初，生物合成超过了生物降解，较进化的细菌类生物形成了繁盛的自维持群落，覆盖了地球表面。这很快就成为那些失去了自养能力的突变体的取食对象，这些突变体于是变成专性异养生物。对叠层石的研究揭示，早在35亿年前或者更早的时候，自养和异养细菌之间就形成了多层的联系。这些联系逐渐按照反映各组成生物需求和耐受力的方式结合起来。

光养细菌占据地球表面，要求最大的光照。它们下层的细菌则利用上层透射的光线。再下面就是一些适应各自环境的异养细菌。这一菌落中的每一层都与上下层互相联系，倾向于将菌落结构固定在稳定的状态。光养生物必须根据下层异养生物的消费能力调节它们的繁殖，而异养生物将自己的食欲限制到一定的水平，使作为食物供应者的自养生物能够维持在一定的水平上。

因此，产生叠层石的菌落应被视为由几种不同类型的细胞组成，通过几种自调节回路实现动态平衡的"假生物"。这种组织自发产生，通过自动机制维持，仅仅由自然选择的盲目筛选机制而引导。自然选择根除了不利于菌落生存的生物形式，支持了有利于菌落生存的生物形式。对不同时代具有相似菌落结构的叠层石的比较揭示，这种结构的基本组织形式在35亿年来没有什么实质性变化。

随着生命之树的"生长"，自养生物、异养生物之间的纽带也在向前发展。这些纽带仍然控制着生物圈主体的平衡。后来这一过程变得更复杂，因为出现了以异养生物为食的种类，它们不直接以自养生物为食，有时要经过一个很长的食物链。虾以浮游植物为食，鱼吃虾，蟹吃鱼，枪乌贼又捕食蟹，因此枪乌贼的最终食物来源是海洋微生物即浮游植物群落的生物合成活动。我们吃肉，也可以说自己是从太阳吸收能量,不过要感谢牛胃中的微生物将草分解成可以吸收的营养。

像活的叠层石中那样的动态平衡,也使地球上其他地方稳定下来。狐狸的种群不能超过兔子的种群。相应的,兔子的种群也受到以它们为食的狐狸的繁殖情况的限制。因此,狐狸和兔子的数量通过循环振荡而变化,在这种振荡中,一个物种数量的增长与另一物种数量的衰减相一致。这就是著名的洛特卡-沃尔泰拉循环的典型例子,该循环的名称源于20世纪20年代对其进行理论研究的两位科学家之名。[1]然而,这种简单的捕食者-被捕食者相互作用很难描绘真实生态系统各成分之间的复杂联系。即使最简单的土地或池塘,也是通过植物、动物、真菌和微生物之间的动态相互作用而连接于错综复杂的网络的多因子系统。反过来,这些系统又相互叠加,从而产生更大更复杂的结构,最终闭合于一个单一的巨大网络。这个巨大网络具有惊人的复杂性,它如今包被着整个地球,并被称为生物圈。

对这张生命之网的认识是生态学研究的一个主要目标。尽管有大量的野外研究和日益强大的计算机模拟,面对如此复杂,从某种程度上是难以预料的生物间相互关系,只能说这一研究领域还处在幼年阶段。一种稀有的昆虫可能控制了整个热带雨林的平衡,只因它作用于某种基本植物的传粉。具有普遍意义的一些关键调节原则仍然适用。

生物圈代谢

生物圈以及组成它的亚系统基本上还是由自养生物和异养生物之间这种原始联系所控制,它们在这里作为物质和能量循环的转化者。绿色的被膜从太阳吸收能量,从二氧化碳中分解出碳,从大气或硝酸盐中吸收氮,从溶解的无机盐中吸收钠、磷、硫、钾、钙、镁、铁等必需元素,从各种可以得到的资源中吸收水。这些物质皆被转化为生物组分,同时产生副产品氧气。

由光养生物留下的部分生物有机产物进入食物链,直接或间接地为动物和其他异养生物提供营养。这些生物利用它们的食物储备来合成自己的组成分子,满足各种能量需求。在这一过程中,它们用氧气将食物分解为二氧化碳和其他废物。这些任务由蠕虫、真菌和细菌完成,将死去的植物和动物分解,同时也利用一些没有代谢完全的废物如尿酸、尿素和氨气。由此,由自养生物产生的氧气被消耗了,而二氧化碳、氮、硝酸盐等被利用的无机成分也得以再生。这些循环有的在厌氧条件下进行,依靠发酵过程或者需要其他的电子受体取代氧气。一部分自养活动在无光照的条件下进行,通过一些无机电子供体的氧化提供能量。

这些现象大体上皆由自调节机制所控制,这种机制同样维持原始菌落的动态平衡。合成与分解趋向于互相平衡,以使生物圈处于稳定状态,而主要的生物发生成分也可以再循环。但进化史上不仅有局部变化,有时也有大范围变动。埋藏的泥炭、煤和石油告诉我们,曾经有一段时期生物合成大大超过了生物降解。生物圈的组成曾经发生过大规模的剧变,这在化石记录中已经被证明过多次。它带给我们的不仅仅是震惊,更有深深的担忧:正是我们人类的介入,使自然平衡受到越来越严峻的威胁,我们难辞其咎。要理解这些问题,我们不仅要注意生态系统现有成员的相互关系,更要注意现存的生物及其环境的相互关系。

环　境

生命之网与环境紧密地联系在一起,两者之间的相互作用错综复杂。显而易见,生命必须依赖一定的环境。温度、光照、降雨、必需营养物是否易得，以及其他一些环境因素都限制了某些植物在特定地区生长的能力，从而决定了当地各种动物、真菌和微生物发展的可能性。大概很少有证据能显示活的生物对其环境所施加的影响。但这类影响仍然非常重要。没有生命，我们这个星球的面貌将与今天大不相同。

生命完全改变了地球上的氧化-还原平衡。太古代海洋中大量的铁被紧密地结合起来，部分以三价铁形式，存在于磁铁矿、黄铁矿这样的矿石中。绝大多数硫化氢都被氧化，或者被牢牢地结合在矿物中，今天硫化氢只有在某些火山活动的地区才会出现，而且马上就被大气中的氧气所氧化了。这里最重要的变化正是大气中氧气的产生，这主要归因于光养生物的活动。氧化性大气的产生随后导致了许多岩石组分的变化，产生了一个臭氧层（臭氧分子O_3，由3个氧原子组成），保护着地球，遮挡着大量来自太阳的紫外线。

生命对地球的另一个巨大影响，是我们这个星球上水的大量存在。如果没有活的生物，今天的地球就会像火星一样几乎完全干涸。水会逐渐被紫外线分解，生成的氢气逸散到太空，而氧气则被矿物沉积作用牢牢抓住。生物也分解水，但生成的氢能被保存起来，从而使水得以恢复。活的生物在维持土壤湿度、产生大气环流方面也承担着重要的作用，正是大气环流为大陆带来了降雨。没有生命，大陆仍将是干燥和贫瘠的。实际上，直到生物走出海洋，大陆才开始变得不那么干燥和贫瘠。

生命还造成一大影响，是二氧化碳及其碳酸盐类在地球上的分布。二氧化碳在今天大气中的浓度是0.0315%（按体积计），也以较低的浓度溶解在海洋中。在前生命时期，二氧化碳的水平大概是今天的100倍以上。可以预料，大气中这样高的二氧化碳含量所导致的温室效应（见第三十章）会产生明显的热滞留。而当时的太阳还处于年轻时期，还比较冷，地球获得的热量比今天要少25%。二氧化碳的高含量可以提供一个补偿性的屏障，据专家估计，地球表面的温度维持在20—25℃。[2]随着生物发展并消耗二氧化碳，越来越多的热量从地球散失，但从正在变暖的太阳那里得到的热量也在增多，这两种效应大致相互抵消。

在泥炭纪的繁盛时期，生物将前生命时期的二氧化碳吸收，编织进生物圈的有机结构中，部分储存在大量的地下储藏物中。今天人类将这些储藏物作为燃料，把碳又放回大气二氧化碳库中。还有大量前生命时期的二氧化碳被固定，绝大多数以碳酸钙的形式存在于海洋生物的外壳及其他结构中。地质构造运动引起的沉积作用、变态作用和重新回到地球表面，产生了今天出现在世界各地的镶嵌着化石的磷灰石、大理石和其他石灰质的岩石。英国多佛的白崖，在我们脚下流过的暗河所雕刻的宏伟的自然大教堂，闪着微光的卡拉拉石头，没有生物，我们这个星球上就不会有那么多传世杰作的诞生和长存。

因此，生物圈不只是覆盖在地球表面的一层有生命的被膜。它与地球之间有着无数密切联系，它是一个巨大的、以太阳能为动力的表面处理器，来自地壳、海洋和大气，同时又对它们有反作用，持续不断地重塑着环境，同时也被环境所重塑。生命与地球的相互作用如此密切，以至于有人将它们结合起来，视为一种行星超生物，即由相互联系的生物和非生物部分组成了一个符合控制论关系的网络。这种观点以盖亚(Gaia)的名义广为流传。

盖　亚

盖亚是古希腊神话中的大地女神，长久以来一直被人们遗忘，只是在地理学、地质学、几何学中有这样的词汇。最近，一位著名的英国科学家、皇家学会会员洛夫洛克(James Lovelock)再次复活了盖亚。[3]洛夫洛克学物理出身，是一位成功的科学仪器发明家，如今享用着他在年轻时所获的一些专利带来的丰厚收入。现在他像谚语中“衣食无忧”那样生活，住在德文郡与英国最南部的康沃尔郡交界附近一个改建过的18世纪的水磨房中。“山峡磨房”既是洛夫洛克的家，也是一个堆满计算机的实验室，他就是在这里模拟关于盖亚的奇思异想。

盖亚理论与其他地球理论的区别，是稳定与自调节。在盖亚理论中，生物与地球并不仅仅是随意地相互作用，它们的相互作用方式倾向于纠正地球与生物的互相冲突所造成的失衡。洛夫洛克在理论上研究了一个“雏菊世界”的例子：一个行星上生活着两种雏菊，一种为深色，一种为浅色，它们所有的生长需求相同，只是对光线吸收和反射的比例不同。深色雏菊比浅色雏菊吸收更多的光线，而反射更少的光线。在一个冷行星上，深色雏菊因为能够保有更多的热量，就逐渐从赤道地区散布到寒冷的地区，并使寒冷的地方逐渐变得温暖起来。如果行星上的光照逐渐增加，就像年轻的地球曾经历的那样，这个行星就会热得让雏菊无法生长。能够反射更多光线、使环境变得更冷的浅色雏菊逐渐占据优势。这两种雏菊的行为就像一个巨大的恒温器，它们对抗温度的变化，倾向于使环境的温度恒定。这个简单的模型使人们想起了洛特卡-沃尔泰拉的“捕食者-被捕食者”模型，不同之处在于雏菊世界模型涉及生命与环境因子，而不是两种生命形式。

洛夫洛克逐渐引入了20多种不同深浅色调的雏菊，甚至还引入了兔子和狐狸，从而使雏菊世界模型更加精细。模拟的结果总是相同的：即使在人为干扰的情况下，系统也能自行纠正。洛夫洛克承认，盖亚理论最初仅仅是一个直觉的假设，通过这些模拟实验的帮助，洛夫洛克认为他找到了一个日益坚实的证据。根据盖亚理论，地球就是一个活的生物，自行调控其环境，使其适合生命的生长。

盖亚理论在科学界毁誉交加。马古利斯对这种观点极为推崇，[4]她已成为一位最热烈的追随者。已故的托马斯(Lewis Thomas)认为,洛夫洛克的观点“可能有朝一日会被认为是人类思想上重大变化之一”。[5]宇宙学家戴森(Freeman Dyson)接受了盖亚理论并且写道:“对盖亚的尊敬是智慧的开端。”[6]

然而,另有一些人对盖亚理论中一些貌似目的论的特点和他开始所用的几近神秘主义的语言颇为不满。洛夫洛克承认,他早期的写作风格可能会误导读者,但他坚持认为,盖亚理论是一个真正的科学理论,能经受任何观测和实验的检验。

倾向于不信任盖亚理论的生态学家,则出于不同的原因:该理论将地球描绘为一个顽强的、可抵抗多种损害的生物,而不是他们所看到的一个各方面正在受到人类活动严重威胁的脆弱结构。然而,洛夫洛克决不应受到忽视环境因素的指责,他谴责了那种对某些威胁(如弱致癌物或核能)作误导性强调的做法。但同时他又令人信服地明确表示,他反对破坏了英国乡村的3个致命性C——汽车(car)、牛(cattle)和链锯(chain saw)。[7]

地球生命的历史,为洛夫洛克的基本观点提供了某种支持。历史上出现过多次由地质构造运动、火山爆发、气候变化和小行星撞击所引起的大灾难,地球上大量的动植物灭绝了,但每次生物不仅恢复了,而且又产生了巨大的进步。然而,完成这一过程要经过几百万年。我们要想为我们的子孙后代拯救地球,决不能指望盖亚的自行恢复。

第二十四章

无用DNA的用处

真核生物与原核生物的主要区别，尤其是对于高等动植物而言，在于它们这些远缘的原核生物亲戚具有DNA节俭性的特点。原核生物以最大的限度节约自己的DNA，它们的基因组几乎都是一条单链核酸，其中既有编码区，又有控制区。用哈佛大学化学家、诺贝尔奖获得者吉尔伯特的话来说，细菌的基因组是“精简高效的”，可能是在强大进化压力下适于快速繁殖的结果。[1]

与之大相径庭，真核生物的基因组大部分由非编码DNA组成，这些DNA没有明显的功能，有时称它们为“无用”DNA或“压舱”DNA。人类只有不到5%的DNA具编码功能，蝾螈做得更好——或更差，依各人的观点而定。[2]一些蝾螈的DNA比人类多20倍左右，而美国西部蝾螈DNA的量比东部蝾螈多好几倍。对我们的自尊心而言，幸运的是，DNA的数量并不是整个DNA质量衡量的标准。西部蝾螈并不比东部蝾螈更聪明，具有更多DNA的蝾螈也并不比人类更高级。

自私的DNA

为什么在高等动植物中有相当数量的无用DNA呢？英国行为学

家道金斯(Richard Dawkins)认为,答案就在于DNA的“自私性”。[3]选择单元是DNA,而不是身体。身体仅仅是复制DNA的一种手段,就像鸡是蛋产生另一个蛋的手段一样。用道金斯的话就是:“DNA的真正‘目的’是为了存活,不为别的。对多余的DNA,最简单的解释就是假设DNA是一个寄生虫,或至多是无益也无害的搭车者,搭上由其他DNA制造的生存列车。”[4]这个富有想象力的观点,并没有解释真核生物与原核生物在DNA节俭性方面的显著不同,没有解释为什么尽管存在着巨大的个体差异(请想一下蝾螈),但真核生物中“无用”DNA的比例都有随着进化复杂性增加而增加的倾向。

真核生物的部分DNA,看上去并没有起什么明显的作用。真核生物细胞内有“死”基因,这是由于畸变使一些功能性基因的复本变得无用而形成的。此外还有基因间的长链状延续及一些无明显功能的、相同基因序列多次重复的大基因堆集体。相反,细菌基因组内没有死基因,没有不必要的长连接体,没有序列明显无用的重复堆积。如果可能的话,进化“精简高效化”是不断追求基因精练的结果,而真核生物似乎没有受到这种进化压力。

的确,真核生物细胞并没有连续地、尽可能快地进行繁殖,它们的DNA复制是一件轻松之事,只占细胞分裂的一部分时间,并且任何长度DNA的复制都可通过同时复制更长的片段而轻易实现。这种能力在细菌中丢失,因为它只有一个复制起点。因此,真核生物一代又一代携带“自私的”DNA是由于这些DNA的存在优势,如果去掉它就不足以驱动自然选择。另一方面,这些DNA也可能有作用,比如说在染色体结构中或以其他一些未知方式,这种可能性不能完全排除。

割裂基因

目前为止,这还不是真核生物"无用"DNA的全部内容,也不是最引人入胜的一章。非编码DNA不只存在于基因之间,也存在于基因内部。许多真核生物的基因包含有离散的基因片段,数目从2至100以上。被称为外显子(它们可表达)的基因被一些插入序列(即内含子,在大多数情况下不表达为有用的东西)所分隔开。外显子是短而且相对一致的片段,大约2/3以上的外显子有50—200个核苷酸长。相反,内含子的长度变化较大,范围从少于10个到超过50 000个核苷酸不等。割裂基因依据外显子和内含子那样的方式被转录成相应的RNA片段。接着要进行一系列复杂的过程,如内含子被切除,通常被分解,而外显子连接成为成熟的RNA。

设想一篇夹杂有大量冗长废话的文章,整个是一个令人发狂的大杂烩,然后仔细地删去所有没用的东西,再把有意义的部分连接起来。任何一个神志健全的人,都不愿意在信息加工中添加如此之多不必要的出错机会。以这种方式打乱基因文本好像十分荒谬,因为无用信息大大增加了转录和复制的负担。而且,在剪接过程中不能丢失或错配一个碱基,否则整个信息变为无用,最后能量被白白消耗,这是不能被忽视的。出于所有这些原因,在1977年以前,没有科学家能想象什么是割裂基因,"线性对应"是一个普遍法则。因此割裂基因的出现完全是一个惊奇,而不像是一个科学发现。1977年,两位分子生物学家,波士顿麻省理工学院的夏普(Philip Sharp)和长岛冷泉港实验室的英国人罗伯茨(Richard Roberts),各自独立发现了割裂基因的明显证据——一个基因被分成几个片段,这些片段在RNA转录中被剪接。[5]这一发现使他们获得了1993年的诺贝尔奖。

进化选择基因剪接并达到相当准确的程度，这意味着剪接基因面临的巨大优越性与所冒的风险是等价的。根据吉尔伯特的观点，细胞从割裂基因得到的好处可能是“外显子重组”，[6]即能使各种相同DNA积木产生各种各样的组合，并在自然选择中检测与筛选，这种组合方式首先在RNA基因中被装配（见第七章）。为代替更早、更短的RNA模型，基因组中的外显子被重组成各种各样的“镶嵌”基因。因此多样化的机会大大增加。细胞由于这种灵活性就不会在一个基因组僵直的外套下被不断地抑制。它们保持了开放的选择性并保留了革新的能力。

同样的外显子，的确被用作构建不同基因的构件，因此，允许特定的重要肽段在不同地方重复使用，[7]就像相同的开关、微芯片及其他备用零件以不同方式装配成不同的机器。在每个个体的免疫系统成熟过程中，外显子重组又会以独特的奇异方式重新表现出来（见第十四章）。

内含子的起源

内含子是在生命历程的什么时候出现的呢？这是一个极有争议的问题。根据进化记录，内含子出现较晚并且仅通过真核生物缓慢地传播。内含子几乎不存在于原核生物中，低等真核生物中也很少，并且有随着进化等级的增加而增加的趋势。这一事实表明内含子在原核生物向真核生物转变期间或之后开始进入基因组，并随后像某些病毒一样开始传播，占据基因中越来越多的位点（也占据基因之间的位点，这也是为什么会出现无用DNA的原因）。与之相关的是，尽管内含子不是一个必需的组分，但是这么多DNA漫无目的地侵入基因组，在真核生物进化中起到显著的作用，通过扩增基因的数量及产生各种遗传上的重排为自然选择提供筛选。

令人惊奇的是,另一种情形也可用于表达"内含子的古迹",如吉尔伯特雄辩的论证那样。[8]关于基因积木构造的认识认为,一些与外显子重组相类似的东西在原细胞的早期已经起到重要的作用,尽管有一些小的RNA积木。RNA剪接也如此,它在用RNA小基因的早期搭积木游戏中起过重要作用,在另一个使从割裂基因转录而来的RNA变为成熟RNA的转变中再次起到关键作用。如果最初的DNA基因被外显子割裂,一个不间断的遗传线路可能存在于RNA剪接的早期形式与现在用于真核生物的形式之间。另一方面,如果外显子是一个近期进化上的革新,那么我们必须解释为什么RNA剪接在经过20多亿年的衰落后又复兴了。

最初的基因是被内含子割裂的理论,意味着内含子在进化的过程中像一道闸一样失效了。细菌事实上失去了它们所有的祖先内含子,并一直到今天还保持为原核生物。低等的真核生物,如酵母,保存了一些内含子并向前发展,如此等等,直到最高级的植物和动物,保留了最多的内含子。创新的思想依赖于延长一种易变的、未定形的状态,这样就不可否认地具有更多的可塑性。这与下面的观点相符,即在形体构型的更进一步进化模式中,重要步骤是通过延迟一些确定的发展时刻而完成的。

通过得到或失去内含子而进化的观点,将不以理论争论为基础。事实将决定一切。支持获得性理论的是,已发现大量的内含子来自DNA的游离片段,或转座因子。[9]这种因子是在20世纪40年代中期被一个默默无闻的美国植物遗传学家麦克林托克(Barbara McClintock)发现的,她从玉米穗轴彩色斑点的分布中总结出,这些斑点一定来自减数分裂过程中特定DNA片段从一个子细胞向另一个子细胞转移的过程。这个进化概念曾长期被忽视,但最终被认为是最基本、最重要的概念,使这位谦逊的、已退休的发现者闻名遐迩并获得1983年的诺贝尔奖。[10]现在已知道原核生物及真核生物DNA的特定片段都有末端重复序列，它允许这个片段从它们的位点上被切除并插入到另一个位点。这种过程不仅可以在同种基因组中进行，也可以在细胞间、在同种或不同种的生物间进行，甚至可以跨越原核生物与真核生物的界限。几个这种在基因中落脚并能通过使基因失活而引起一种基因缺陷的入侵者已经被俘获。一些内含子已被确定为显然是近期出现的转座因子。这些发现并没有平息争论，但现在得到的证据更倾向于支持割裂基因是一个近期的获得性产物。[11]

外显子宇宙

在不同基因中存在的外显子已被越来越多地发现，并且被视为共同祖先DNA的后代，因此发现于自然界的所有蛋白质可能都从一些数量有限的基因积木组合中产生。据吉尔伯特学派的估计，在所有已知的真核生物基因中可能约有7000个外显子（范围为950—56 000）在起作用。[12]尽管这个对于"外显子宇宙"的估计还远远未被一致接受，但这个问题被证明是可接近的并具有可接受的解决方法，该事实表明基因构成中的不同外显子的数量一定只占以简单的统计方法所得的巨大数字的极小部分——这个数字是4^{50}，即一个仅有50个核苷酸的DNA链可能有100万亿亿亿个不同的序列。这意味着，对大量的组合外显子"空间"的广泛探索甚至可能发生于植物和动物进化的晚期。这一点的重要性已在第七章中强调过。

第六篇

心智时代

第二十五章

通向人类之路

火山灰中的70个脚印——两个体型不同的直立人并排走在前面，而第三个人走在足印较大的直立人的后面——石化后，在现在坦桑尼亚北部干旱的莱托利地区已经存留了350万年，直到1977年才被著名的研究肯尼亚族的考古学家利基(Mary Leakey)所发现。[1]这些古老的足迹是一个很好的证明，即在遥远的年代，世界的那个地方就已经存在与我们类似的、直立行走的人，这种直立人在那个时代一定已经在东非的大部分地区活动了。这些直立人中最著名的是少女露西(Lucy)(名字取自披头士的歌曲《镶钻天空中的露西》)。1974年当露西的化石令人惊奇地完整发掘出来(几乎为一半的骨骼)时，这首歌正流行，这些化石由约翰逊(Donald Johanson)发现于埃塞俄比亚的阿法地区，约翰逊是加州大学伯克利分校人类起源研究所的奠基者。[2]露西与莱托利直立人几乎是相同时代的，其盆骨结构表明她也用双腿行走。390万年前的一个直立人膝关节与约翰逊在阿法地区发现的也相类似。这些早期的原始人类(前人类)现在统称为南方古猿阿法种(*Australopithecus afarensis*)。

Australopithecus 意思就是来自南方的(源自拉丁语 *australis*，意为"南方")猿(源自希腊语 *pithêkos*，意为"猿")，由澳大利亚裔的达特

(Raymond Dart)最初造出,后附加上 *africanus*。这是以他1924年在南非塔昂发现的一个未成熟的类猿灵长类(即现在广为人知的"塔昂男孩儿")化石头骨命名的。基于头骨中脊髓与大脑相连的孔的位置,达特认为塔昂男孩儿直立行走并且是猿和现代人类的中间过渡物种。这一声称当时得到古人类学界的极大支持。现在对众所周知的塔昂男孩儿已不需要争论了,其生活时间"仅"有200万年,而直立猿则几乎先于他200万年。

根据分子序列比较,现存的与我们亲缘最近的物种是中非的黑猩猩,它们也是生活于600万年前的我们最近的祖先。因此,从黑猩猩到人的进化踪迹的第一个线索发现于非洲也就不使人感到惊奇了。早期直立人的事实也支持了在人类进化初期二足动物(以两足行走)扮演了重要角色这一假说。

我所描述的这种线索,主要在非洲和世界的其他地方收集到,这可以使专家们在由化石记录和分子序列比较所揭示的灵长类进化的大背景下,[3]收集线索对人类的出现进行拼接性说明。我在此将只讨论此方面的大体线索,而不是许多分类专家持有分歧的细节性问题,如牙齿、腭骨、头骨片或其他骨头的古老残片的拥有者的年龄、身份、系谱和亲属关系。但我将密切关注那些使我们特化为人类的特征及其进化突现的可能机制。

上树与下地

数百万年前,恐龙还生活于地球上时,一种小的、与啮齿类相似的哺乳动物爬到树上生活,并在树上觅食、栖息和防卫。新的栖息地也要求新的适应。这种奇特的新来者到了一个以前被鸟类和昆虫占据的世界,通过自然选择,它们进化出长的臂膀,且四肢都有强壮的握指,适于抓握的尾，以及面向前方的眼，这可以使它们有先进的具立体感的视觉。现在地球上这种重大转变的可能中间代表物种为马达加斯加的狐猴和马来西亚的眼镜猴，随后是大群的猴，它们的尖叫声、空中的奇异动作以及无节制的性展示打乱了全世界热带雨林的平静。

大灵长类的冒险可能就此结束，它们并没有使一群猴发现自己被孤立了。约3000万年前，在条件不很适宜的非洲丛林中，要生存就必须具有更强壮的体格、新的技巧及更多的机敏。更强壮和更聪明的普罗猿（*Proconsul*），类人猿的祖先，就是对这种挑战而进行的进化上的应答。几米高的普罗猿的强壮后代入侵了"旧世界"的许多地区，并最终发展为东南亚的长臂猿和猩猩，以及后来中非的大猩猩和黑猩猩。

最后，约600万年前，一个更具决定性的事件发生了。一些与今天的黑猩猩直接相关的树栖种类在热带稀树草原栖息地中离开了栖树的家园，而由它们开创的进化路线导致了人类的出现。这个开创新纪元的事件发生于东非的某个地方，在那儿此事件可能被地质及气候的剧变所加速，这种剧变曾产生了大裂谷。森林在消退，变得更加拥挤，而食物在减少，潜伏在黑暗处的危险增加了。另一方面，开阔的热带稀树草原代替了森林，对有适当适应性的生物来讲是丰富的资源。与黑猩猩祖先相似的二足动物适应了这一变化。这种变化允许动物保持直立，对高草中的猎物及敌人有更好的观察视野，更需特别提到的是该变化解放了手。

观察今天的黑猩猩，你会想到我们和它们的共同祖先可能都能用手成功地做如下事情：抱婴儿，装扮自己，在灌木丛中清理道路，拾起食物，采集浆果和其他美味食物，剥香蕉，把食物送到嘴边，搂抱性伙伴，与敌人和竞争对手战斗，捕食猎物，打手势及发信号，甚至可以利用石头或杆状物做武器或获取食物的工具。观察其专注的眼睛，皱着眉头的表情，皱缩的嘴唇，进行着一些精巧的、有明显目的的操作的手，这样你通过一点想象就可勾勒出心智之轮沿着前额向前滚动的画面。600万年前发生在非洲某个地方的什么事情，对人类心智的出现起到了极重要的作用？从大脑到手又从手回到大脑，一个自我加强的往返神经冲动被激发并将改变整个世界。

出于一些原因，黑猩猩没能更多地利用它们祖先的优势。也许森林中它们赖以生存和繁殖的栖息条件还没有损耗到足以使其发生改变的程度。进化的倾向不是抑制就是加速进化的步伐。东非的危机迫使一群猿从树上回到地面的热带稀树草原环境中，这种环境促进了进化的速度。它给予二足动物的奖赏是使它们变得灵巧并取得了很大的成就。这些动物形成小的群体，它们一起迁移、一起狩猎并协同作战，分享食物和住所，在群体内哺育幼儿，通过声音信号保持联系，甚至还学会了为了公共利益而冒个人危险。这些新品质的获得并不是有意设计的产物，而是因为它们面临着一个艰难选择：没有这种品质的后代将被自然选择所淘汰。同时，脑与身体其他部分的新的自我加强型神经传导也建立起来，从而出现了基本的语言交流和社会行为。较成功集体的个体数量不断增长，并且与野蛮的族系也更分离，最后发展至南方古猿，随后又发展至人（*Homo*，拉丁语意为“人”）。

南方古猿阿法种，非洲人，粗壮猿人，鲍氏人；能人，匠人，直立人，卢多尔夫人，尼安德特人，智人——这些名字都留给专家，让他们推敲这些命名中哪一个出现得最早，在何处出现，谁与它们有关等问题。我们这些远古的亲戚以狩猎和采集为生，根据以往的经验，它们知道什么季节何种水果最丰富以及其猎物的幼体何时最脆弱，并相应地从一个地方迁移到另一个地方。一些种类在山洞中寻找栖息处并暂时定居，直到食物短缺迫使它们离开。它们用一些锋利的石片切割猎物，这得益于手结构上的变化（最显著的就是与其他手指相对的大拇指的出现）增加了手的灵活性。一些人利用了天火，还学会了在火熄灭或被雨浇灭后用火石使其重燃。雄性为争夺雌性而彼此激烈地争斗,尽管有一些仪式性的方式。竞争的群体间大多数都保持一定的距离并占据不同的区域,仅仅当不同群体选择相同区域或雌性数量太少时才发生冲突。它们共同哺育、保护及照顾幼体。它们发出不同的声音,每一种有特定的意义,并能在一定的距离内或黑夜中进行通信。除了繁殖足够后代的需要,它们很少能在一起生活更长时间。一些过了繁殖年龄的个体可能在群体内被继续照顾。自然选择倾向于群体照料过了繁殖年龄的个体,而不是抛弃或杀掉群体中的老年个体,因为利他群体的整个繁殖成功率提高了。例如,老年个体可以照料幼体,而更年轻一点的成体可以把它们的精力和技巧投入到更有用的活动中。在灾变的环境中,老年个体的经验也有助于群体的生存。

这些生物是猿还是人?界限很模糊,难以划清。只能说在过去大约600万年(既很长又很短的一段时间,取决于你如何看待了:少于地球生命年龄的2/1000,又是耶稣诞辰时间的3000倍)中,它们变得少一些猿性而多一些人性。以我们现在的时间尺度,人类的出现是一个缓慢的、不易觉察的过程,从一代到另一代几乎无法注意到,尽管今天看来这个飞跃好像非常巨大。我们和黑猩猩从最近的共同祖先到现在,已经过了30万代了。

线粒体夏娃

历史上划时代的事件很稀少,过几百万年才零星地出现,而且分布的地域范围也很广,不仅在非洲,也出现在欧洲和亚洲。然而,大约20万年前,进化的踪迹明显地集中于非洲的一个地点,那儿住着的一个女人据信是现在我们所有人的母亲。这是加州大学伯克利分校已故的阿伦·威尔逊(Alan Wilson)及其合作者肯(Rebecca Cann)和斯托内金

(Mark Stoneking)于1987年得出的惊人结论。这些研究人员从非洲、亚洲、欧洲、澳大利亚和新几内亚收集了157个人的样品,并提纯分析了一小部分线粒体中的DNA。线粒体是源自细菌内共生体的负责细胞呼吸的细胞器,它们保留了一些基因。基于两点原因选择线粒体DNA作为研究对象。第一,精细胞在受精过程中对线粒体的遗传没有贡献,因此线粒体是专门通过雌性卵细胞遗传的。这简化了基因分析。第二,线粒体DNA比核DNA突变要快得多,因此线粒体中几十万年就可能出现许多重要的变化。

确实,记录到的"指纹"是多样化的,但它们清楚地显示出是源自一个单独的祖先分子,而重建的树表明,这个分子属于约20万年前非洲的一个女人。过了不长时间,媒体就以必然的标题"非洲夏娃"公布了这一结果,并以多数是错误的各种各样的评论和结论来渲染它。科学家也扑向了这方面的研究,很快就发现这一说法漏洞百出。随后的研究人员以新的结果支持了原来的结论,而随后又被反对者所挑剔。[4]争论现在还没有停止,但在非洲夏娃假说主要捍卫者威尔逊不幸去世后已大大地减弱了。我们该怎样认为呢?

有一点是清楚的,建立进化树所用的方法是有缺陷的。用相同的数据在不同时间和不同的地质区域可以建立其他的树。然而,"夏娃"的出现好像不可能早于50万年前(不排除原来的20万年),由于另外一些原因,她可能生活在非洲。我们都来自一个女性,这一主要事实不可否认。但它并不意味着更多,当然不是指整个人类都源自一对夫妇或者说关于夏娃可能有什么特殊的事情。

设想一个祖先群体有一定数量的女性,她们每一人都能开始一条进化路线,使一特定的线粒体基因组从女儿到女儿传递。随着时间的流逝,一代传一代,这些进化路线必然会由于缺乏传递基因的女性而一个接一个地消失。最后,仅有一条路线保留了下来。理论上认为,在一个稳定的种群中发生这一事件的时间等于一个世代乘上种群数量的2倍。这样，以一个世代20年计，对一个夏娃而言需要“合并”的时间是其种群数量的40倍。换言之，如果夏娃生活于20万年前，她可能具有4999个女性同类，这种情况下她的这支进化路线就取决于机遇了，而没有什么特殊意义。

然而，这种可能性也存在，就是夏娃具有一种特性，可能通过线粒体DNA经母性线路的传递而使其后代成功地排挤掉其他人种。一个线粒体基因能够具有如此深远的影响，不是大多数遗传学家愿意看到的。也许一个更可能的选择，是现有人类起源于一个高度近亲繁殖的种群。顺便提一下，在这种情况下，决定性的突变也可能发生于亚当的核DNA中。

线粒体夏娃另一个让人迷惑的地方，是她排除了对我们祖先来说是“外来”女性（如尼安德特人）的任何新混合物，这很难与作为征服者的男性的通常行为相符。除非有一个特殊的品质使被征服的女性与她们的新主人在遗传上相斥（她们说话的潜能作为一个可能的威慑因素被唤醒了，但是作为征服者的男性不善于寻求交谈的乐趣），才可能使混血的后代具有较低的生存率，或者可能不育，这意味着夏娃的后代可能从其他人种中分离出来以形成一个特殊的人种。这一点也与人种多种族起源论的支持者抗衡单一种族起源论者的持续争论有关。很显然，线粒体夏娃还有许多我们需要探索的东西。

亚当的苹果

无论是线粒体夏娃还是其他一些祖先，我们的一个远古祖先一定获得了一种品质，使他的后代具有一种决定性的进化优势。这种品质是什么呢？这个令人十分困惑的问题的答案，可能从研究语言起源和进化的语言学家那儿得到。可能这个“祖先”出生时有一个基因“缺陷”，他的喉部比其他人更往下。正如美国语言学家利伯曼(Philip Lieberman)[5]所指出的：这种解剖学上的特征为现代人所独有，并且出现于人类发展的近期。在新生儿以及黑猩猩和其他所有动物中，喉部皆离嘴更近。据利伯曼的观点，甚至是35 000年前已灭绝的尼安德特人，也显示出这种倾向，尽管关于这点还存在一些不同的意见。[6]正是我们位置稍往下的喉部，才使我们能发出比其他任何动物更多种多样的声音。现代人类的进化路线可能始于具有说话的能力，并且有了这种可以交流的能力，他们就以一种逐渐改善的方式不断增长，并因此而征服了世界。

新的种群没能很快地取得优势，可能因为许多进化步骤需要真正语言的出现。然而，在进化的每一步，个体间的通信变得更丰富，社会联系也更多，而且技巧和成果的汇集也更有效。在某一时期，另一个重要的变化也发生了。它影响了女性性生理学，因此可以使女人与其他动物的雌性不同而变得易于接受。雌雄间的联系和亲缘融合通过这种独特的变化而大大加强，这被美国的生理学家戴蒙德(Jared Diamond)认为是人性进化中的一个关键事件。[7]

大约5万年前，我们祖先的进化开始进入了一个快速期，在相对较短的时间内产生大量的成果，形成了一批新的创造。那个时代的人们制造出更多的精巧工具和武器，在他们祖先的洞穴附近建设居所，在房内安装壁炉和燃油石灯，把毛皮缝在一起作为衣物，制造船只以使他们能有效地到达远方的岛屿，并在捕猎和捕鱼方面具备了出色的技巧。他们开创了旅行和交易，遍布欧洲和亚洲，穿过海洋到达澳大利亚，迁徙到西伯利亚和蒙古，并长途跋涉越过荒凉的北极雪地来到美洲。他们建立了一系列殖民地，每个殖民地与其居住地域、气候和生活环境相适应都产生了自己的亚文化。他们开始用敬畏和惊奇的眼光看待自然，并崇拜自然界的神秘力量。他们在绘画和雕刻中表达感情，照顾病者，埋藏死者，而且女人在脖子及手腕上戴上珍珠、贝壳以及经工艺处理的骨质装饰物。文化产生了，而且可能一种新的遗传方式因此而完全改变了进化的规律。

陶瓷、农业、动物饲养、食品加工、金属冶炼以及有轮的车子随后都出现了，最后到达这句书面语。人类仅用了1000多年时间，就实现了在月球上行走，设计生命，以及一举消灭千百万个同类。

第二十六章

脑

在诸多标志着由猿到人的转化中,最明显、意义最大的是脑体积的增大。在几百万年中,从猿到人,脑增大了2倍,这种增大导致了人类智力的提高。[1]我们来看一看神经元,这种所有真核细胞中最引人注目的细胞,支配它们装配的规律是怎样的。

神经元的魔术

一个神经元,实质上是一个微型收发装置。神经元有细胞体,其中有细胞核、细胞质膜网络、细胞骨架和细胞运动成分、细胞器以及一些所有动物细胞所具有的特征性结构。细胞行使着对细胞生活必不可少的"持家"功能。它既是功能单位,又是维护和修理的基本单位。细胞体上细丝状的延伸物构成了细胞的接收信号部分和发送信号部分,这些延伸物很长,在人类可达1米。而在鲸,可长达10米。发送器仅含一根纤维,即轴突,轴突通常只在其靶细胞周围才形成分支结构。接收器部分一般由树状突起构成,叫树突(dendrite,源自希腊语*dendron*,意为"树")。一个神经元就其活动方式而言是一个单向发射器,即从树突到轴突。如果一个树突感受到了物理或化学的刺激,轴突即发放神经冲动，绝大多数情况下是通过释放一些特定的化学物质，称为神经递质。反之，这种化学物质又引起了接收器的相应反应。接收器与发放中的轴突呈突触状联系，按效应细胞的特性不同，其反应可能是收缩（肌细胞）、分泌（腺体细胞）、刺激或抑制发放（另一个神经元）。

真核细胞的特性之一是发出延伸物，这些延伸物[即伪足（pseudopodia），希腊语指“假足”]一般司感觉、捕食、行进等功能。通常都是被发出后，不久又收回，存在时间短暂。在这些状态的转换中，微管的装配和解体所起作用极大。我们可以假设：当这些细胞延伸物稳定下来时，神经元开始出现，这时暂时性的微管束变成稳定的神经性微管。然后通过极化，产生了单向传递的接收器和发送器。植物细胞因其细胞壁的包被，不可能产生神经细胞。相反，动物中很早就产生了神经细胞。除了多孔动物，所有动物都有神经元。在许多方面，动物进化的主要篇章由神经细胞这种神奇的细胞所谱写。由于其独特的“可连接”特性，才可能产生愈来愈复杂的调节性网络来适应进化得越来越复杂的动物。

最初的神经元可能直接连接于皮肤细胞和肌肉细胞之间。如果皮肤细胞受到刺激，肌肉细胞就立即收缩。如果这种神经联系建立在恰当定位的细胞间，这种联系就十分有用了。例如，可以引发逃避或是趋向刺激物的行为。自然选择保留了那些具备最优秀神经元联系的可遗传形体构型。

神经元间开始建立联系，在进化上意味着很大的进步。这样，两个或多个神经元可以组成链状结构连接于皮肤细胞和肌肉细胞之间。最重要的是，这种神经链之间可以通过其他神经元的横向交叉连接，这些神经元根据其他神经元的活动而加强或抑制神经冲动的发放。这是一个重大进步，必定会为自然选择所保留，因为它使神经元间可以互通信息，并且相应地调节各自的活动。在一些水母动物中发现的神经环即代表了最简单的（可能也是最早的）神经元组织结构，这使水母动物可以协调地收缩身体，并推动自身运动。

神经元之间的联系一旦成为可能，皮肤与肌肉间的直接神经联系就被神经元调节的间接联系所取代。这些细胞可以分为：感觉神经元，从皮肤向神经元传递兴奋；运动神经元，把冲动从神经元向肌肉传递；中间神经元，就在神经元间传递兴奋。此外，轴突和树突分支也越来越多，单个神经元可以同时给千万个神经细胞发送信息，也可以同时接收千万个神经元的神经冲动。神经元通过神经发送器和与之同源的接收器的大量增加而更加多样化，形成各种化学上不同的突触。因此，可能性几乎无穷的一场搭积木游戏开始了，其进化的最复杂成果就是人脑。人脑的神经元细胞多达1000亿，其中每个神经元平均有10 000个接头，并涉及至少50种不同种类的突触。全世界所有计算机加起来，也不可能形成功能如此丰富的信息处理器。

头部的出现

在神经系统的进化过程中，神经元细胞体聚集成团，称为神经节；而感觉和运动纤维集合成束，称为神经。在体节动物中，这种格局已臻完善，蚯蚓每个体节各有一对典型的神经节与皮肤和肌肉通过感觉神经和运动神经相连接，神经索连接各个神经节，以协调各体节的活动。随着动物口和肛门的分化，位于身体前部的体节逐渐发展出丰富的神经系统，这部分的器官中出现更多种类、更多数量的感觉神经元细胞，使动物能趋向有利刺激，而避开有害刺激。头部形成后，随之脑也形成。此后另一个重要的发展即是在脊索动物中由中央神经管取代了侧神经索（除控制脏器活动的自主神经系统外），而神经管可以通过加大表面积和形成褶皱增大其体积，人脑就是最鲜明的例证之一。

原始脑的主要功能，在于从体外和体内环境中收集信息、综合信息，然后发出相应的指令。人们很容易明白，神经系统“布线”中的任何变化会导致动物更适当的反应，比如更快地逃避捕食者或更快地攻击被捕食者，赋予物种一种显著的进化优势。从神经元开始出现起，无情的选择压力便迫使神经系统提高其结构的复杂性。

这个进展取决于提高了的信息收集功能。因此，出现了许多感受多种物理化学刺激的特化细胞，分别感受触觉和声、热、冷、光、电流、伤害及一系列化学物质。这些细胞中的一部分渐变成复杂性和敏感度惊人的器官，其中最突出的要数眼睛。但我们不应忘记蝙蝠的耳（它通过接受自身发出的超声波的反射，而获得时刻变化的环境信息），还有猎狗的敏锐嗅觉，特别是一些雄昆虫在几百米外就可以嗅到雌昆虫释放的性激素。而在如此远的距离之外，这些化学物质几乎是以单个分子状态到达动物的嗅细胞。

感官的完善是动物最显著的特征之一，常被达尔文主义的反对者用作证据，证明进化不可能毫无方向地发生，这场争论的缩影即为英国神学家佩利（William Paley）在1802年出版的《自然神学》中的著名的“钟表制造者”讽喻。[2]它指出，如果你“发现地上有一只钟表”，就必然会得出结论“这只钟表肯定有一个制造者”，他以此比喻作为一个证据，表明生物像钟表一样，通过它们的组织结构体现了造物主的手艺。

佩利的书比达尔文的《物种起源》早半个世纪出版，因此他有理由犯错。我们却没有这种借口。英国行为学家道金斯在其著作《盲目钟表匠》[3]中解释道：自然选择也能解释像眼睛那样复杂的事物的出现。从生命早期岁月开始，生物体即具有许多简单的感光细胞，所需的就是进化中产生一系列模板上的变化，而每个变化都有其选择优势。认为眼睛的5%无用，这是一种错误的观念。一只眼的5%（当然不是指角膜或视网膜，而是指一种原始结构，当有光照时，可以发放神经冲动），当然优于完全没有眼睛。给这一结构的效能添加额外的百分数，都将使进化优势更明显。经过数亿年的进化——许多这样的微小进化是可能的——最后终止于一只完整的眼睛,或是通过趋同进化而得到几类不同的眼睛。[4]道金斯的结论无可挑剔:钟表匠是盲目的。但这就意味着不存在钟表匠吗?并非所有正统的进化论者(包括达尔文本人[5])都把这看成是一个逻辑上令人信服的推论。

起先,脑依据感觉输入调整简单的运动反应。我是在相对的意义上使用**简单**一词。当章鱼扑向它看见的螃蟹时,它脑子里的内容相对于它的复杂度来说是复杂得"难以置信"的,但相对于你读到这句话时脑子里的感觉,那几乎是简单得滑稽可笑的。在低等脊椎动物中,感觉信息加工仍占脑功能的大部分。如在鱼类,脑的绝大部分被嗅觉、视觉中心以及它们与运动系统相关的连接部分所占据,随着我们趋向高等动物,关联性结构的重要性越来越大,特别是在皮层中。皮层是大约0.2厘米厚的一层神经组织,包含6层不同的细胞,里面包被着更古老的脑部分。从最低等的哺乳动物到黑猩猩,修正了体重因素的影响,脑皮层的尺寸增加了60倍,从黑猩猩到人类,又增加了3倍。在人类,皮层形成了高度折叠的沟回结构,其展开面积可达0.2平方米,这是脑这一质量约0.5千克的神经组织中的最高调控中枢。

脑的布线

动物的基因组怎样指定脑结构,以及在进化中这一模板怎样改变呢?首先,神经元布线的细节都蕴含于动物的遗传形体构型中。如,在线虫中,其302个神经元(几乎占其所有细胞的1/3)中的每一个皆占有一个特定位点。[6]然而,不久以后,大量的神经元以及它们之间的各种联系变得如此丰富,整个网络信息再也不可能定位在基因组内了,只有制造多种不同神经元的基因组合仍严格地被编码。另外还有少量指导细胞的装配时间和空间的化学引导物，主要是以细胞黏附分子、底物黏附分子，以及特殊的分泌性生长因子的方式。其余模板皆是后成的，也就是在发育过程中逐渐形成的。在此方面，脑无异于胃或肝等器官，在此类器官中，每个细胞也不占有遗传决定的位置。脑的独特之处，在于细胞间建立的复杂的网络联系。正是由于数以亿计的轴突和树突的互相寻找、发现以及通过功能性突触形成直接联系，才使脑的发育比其他器官的发育所涉及的问题更多，也更复杂。

理论分析和实验验证表明，脑发育问题的答案是：仅仅脑神经元网络的主要连线定位在遗传模板上，而细节各异。没有任何人，包括双生子，能拥有完全相同的神经元联系，这些联系在胚胎发育过程中发生改变，在出生后的发育中更是如此。在出生前5个月，人脑已具有所有的神经元。相对于其他类型的细胞，在胎儿5个月后，神经元就不再产生。因此，由在子宫中开始，每天只死亡数十万个神经元。如我，从出生到现在，我已失去了几十亿个神经元。在写这个句子的过程中，我又丧失了100多个神经元。这种想法令人不安，但我的一个神经生物学家朋友令我获得了安慰，他告诉我：脑中神经元的联系繁多而冗杂，即使我不能置换神经元，但我如果每天保持忙碌，我仍然可以再增加一些新的神经联系。

然而，相对于新生儿来说，我的脑的剩余可塑性已很小了。婴儿有其一生中能具有的最多数目的神经元，但其间只有相对较少的联系，仅能维持其基本的身体功能和一些基本活动，如吮奶、啼哭、协调四肢爬行和微笑等人类新生儿所独具的活动。此时，皮层还只具很少的树突和轴突联系，但它是各种活动的中心。许多年后，经历了婴儿期、童年期、青春期以及成年早期后，虽然神经元在渐渐减少，但更多的神经元联系建立起来了。

当看到神经元活动的目的性和不连贯性，任何一个观察者均不免惊讶。大量轴突和树突向四周伸展,似乎在看不见的道路上嗅探方向,直到一些分枝发现了似乎正确的信号,然后便加快伸展以建立广延的联系。许多神经联系均是在这种"游弋"过程中建立的。其中一些是短暂的,而另一些形成突触联系,慢慢地形成网络。西班牙大神经解剖学家卡扎尔(1852—1934)曾绘过这种复杂的神经联系,这对加泰罗尼亚画家米罗(Joan Miró)而言是一种灵感。

神经元分枝的发育既有决定性又有偶然性。决定性的一面是:身体的不同部分均以"地图"的形式投射在皮层不同的感觉和运动区域,这些"地图"在所有人中皆相同,明显由遗传决定。如视觉区域,即被分成两块交叠的片状皮层组织,可以分别接受来自两只眼的信息。想象一个斑马图案,其所有黑色条纹与右眼相关,而白色条纹与左眼相关,这在我们每个人都一样,但精确的条纹定位却可变——正如没有两只条纹完全相同的斑马一样——它受与基因完全没有关系的环境的影响。例如,假如出生时一只眼的眼睑黏合,那与这只眼相关的皮层区即保持萎缩状态,而与另一只有功能的眼相关的皮层区却大为拓宽。这个情形于20世纪70年代由美国诺贝尔奖获得者哈贝尔(David Hubel,生于加拿大)和维泽尔(Tarseen Wiesel,生于瑞典)通过猫的实验显示出来。[7]

这是脑发育中的未定部分。神经元必须有规则地发放神经冲动以建立和维持与其他神经元的突触联系。神经元发育的显著特征为开始时神经元建立了大量的松散的联系,然后逐渐加强那些有用的联系和断开无用的联系。法国生物学家尚热(Jean-Pierre Changeux)称这种现象为"选择稳定性",[8]美国生物化学家兼神经科学家埃德尔曼称其为"神经达尔文主义",[9]由于其别具一格的讽刺脾性,近年来对神经科学感兴趣的克里克[10]又称其为"神经埃德尔曼主义"。尚热还宣称"突触达尔文主义取代了基因达尔文主义"。[11]

为了理解上述名称的含义,必须明白达尔文自然选择的机制。它分为三步:变异、筛选、扩增。首先,大量变异体由随机突变产生。然后,变异体按其在给定环境下的适合度被筛选。最后,被选中的变异体以极大的速率扩增。埃德尔曼(他最早因揭示抗体分子的最终结构而成名并获得诺贝尔奖)引用了这种克隆选择机制的另外一个例子,即由微生物或病毒入侵而引起的抗体生成细胞的发育(见第十四章)。在免疫系统中,变异由可产生大量常备细胞的遗传重排产生,这些细胞可程序化地产生不同的抗体。抗原通过附着于表面产生相应抗体的细胞而完成对细胞的筛选,这种附着可引发细胞增殖,从而为扩增创造条件。根据埃德尔曼的理论,脑中神经联系也遵循类似的机制。在多种形式的或多或少随机的神经元联系中,变异被诱导发生,并由"有用性"来进行筛选,通过加强常用的联系而使其成为永久性突触联系的方式来达到扩增目的。两者在第三步(即扩增)中并不相似,后者不涉及选择性增殖,但信息及所有三个机制都相同,它们通常都具有一个没有设计、指导和动机的适应性反应结果。

最近获得的关于脑发育的知识具有极大的重要性,应引起每个有远见的父母的重视。父母对待孩子的方式影响着孩子的脑。如果你希望你的子女发育出丰富的神经元联系,具有健全的个性,你必须从他们出生起即与他们说话,对他们唱歌,拥抱他们,吸引他们的视线,给他们色彩丰富的东西玩耍。简言之,你必须提供给他们丰富的感觉输入,以便帮助他们建立大量的神经元回路去支持他们隐蔽的思维活动。一个被剥夺了这种刺激输入的小孩,其心理发育将永久地处于滞后状态,许多事例都证明了此点。另一方面,凯勒(Helen Keller)不平凡的生活历史也证实了脑发育的极大可塑性。[12]凯勒2岁时便又瞎又聋,那时她已经有不寻常的人格特性了。一个具有献身精神和坚韧毅力的教师仅仅通过触觉方式启迪着这个孩子的脑,教她学习语言。然而,不管尽职的实验者如何努力，任何幼小的类人猿都不可能学会"说话"，除了一些最基本的手势语言。

我们所**能**做的，都存在于我们的基因之中，而我们所**做**的决定于我们的环境，特别是在童年时代早期的关键几年中。这就是现代神经生物学由著名的自然/教化争论所得的教益。

关于滞后的重要性

在日常用语中，"滞后"意为"落后"。然而这也许就是我们成功的奥秘。大众书籍都记载了人同黑猩猩98%以上的基因相同，估计值的确是这样，精确的数字近乎99.9%。在比较了人与黑猩猩所有DNA分子的不同之后得到了98%这一数据。绝大部分差异，位于DNA的非编码区，或不会严重影响基因产物性质的编码区内。就实际表达的DNA而言，我们实际上与黑猩猩相同。当然不是一模一样，但遗传差异非常小。这并不意味着仅经历了很短的时间，我们的类人猿祖先就变成了人。基因型中什么样的微小变化会对其表达产物，即表型，产生深刻影响呢？最可能的答案是滞后。[13]

人与高级灵长类之间的一个显著区别，是发育事件的定时问题。在人从出生到衰老直至死亡这一过程中，每一个发育阶段都比类人猿出现得迟。仅稍稍滞后的事件，是人类的出生。人类怀孕期是40周，黑猩猩是34周，大猩猩是37周，猩猩是39周。这个例外出现的原因，据推断在于出生较迟在解剖学上不可行。人类新生儿是真正的未发育完全的婴儿，由于其头部很大，被迫在其发育早期即被产出。滞后生产则要求对母体骨盆结构作较大改变，而在如此短的时间内这是不可能的。这种未成熟的出生固然是一种风险，但换来的是可以生成更大的脑，因此自然选择将其保留。没有其他动物的新生儿比人类新生儿更无助的了。如一只小雄马驹,一出生即可笨拙而成功地站立起来。而人类婴儿八九个月后方可手脚并用地爬行,独立行走则要花费约两倍于此的时间。

从类人猿进化到人,经历了约600万年时间。在此过程中,动物的发育时钟渐渐滞后,以使脑更加充分地发育以渐臻完善。这是最基本的一个因素。这个过程使脑以每100万年平均增加160克的速率增重。这已从各地发现的多种类人猿头骨化石中得到证明。然而仅简单地拥有更大一些的脑还不够,重要的是怎样使用脑,或者说这个脑能被如何使用。

尼安德特人脑容量与我们相似,甚至更大一些。然而,它们仅达到一种非常低级的文化状态。甚至我们的直接祖先也大约在4万年前才开始发展一种稍发达的文化,这一时期被戴蒙德命名为"大跃进"。在这一短时期内,人类脑容量并未发生较大改变,按照大多数学者的说法,营造差异的是言谈。如果利伯曼的理论(见前一章)正确,尼安德特人由于缺乏讲话的身体解剖结构,仅靠咕哝和手势互相交流。另一方面,我们可以看出,对于言谈所必需的解剖学变化,即喉的下降,约20万年前在我们祖先中出现。但这并不意味着夏娃的后代一夜之间就变成了卡鲁索(Caruso)或卡拉斯(Callas)。发音装置发育至现今的构型,特别是脑中承担合适组织功能的语言中枢的出现经历了约16万年的时间。只有这样,才可能产生真正的语言并以此为基础创造了灿烂的文化和文明。戴蒙德总结如下:"到'大跃进'时期为止,人类文明已经历了几百万年的如蜗牛爬行般的缓慢发展。这种步伐由遗传性变异的缓慢速率决定。在'大跃进'后,文化的发展不再依赖于遗传性变异。尽管我们有微小的解剖学变化,在过去的4万年间,文化上的进展也远大于以前几百万年取得的进展。"[14]语言成为可能,从而使人类最神秘的品性——意识——的产生成为必然。

第二十七章

心智的运作

除了宇宙本身,人的心智是整个宇宙中最大的谜。它产生于人脑的活动,时刻都严格地有赖于人脑。无论脑的哪部分受伤,相应的意识都会立即发生异常。心智毫无疑问是多种神经性功能的产物。

同时,人的心智又是所有技术、科学、艺术、文学、哲学、宗教和神话的缔造者。心智产生了我们的思维、推理、本能、困惑、发明、设计、信仰、怀疑、想象、幻想、愿望、意图、渴望、失意、梦想和噩梦。它引起我们对过去的回忆和对未来的憧憬;它权衡、决定和发令。心智是意识、自觉与个性之所在,是自由和道德责任感的承载者,是裁断好与坏的法官,是美德与邪恶的发明者和媒介。心智是我们所有感觉、感情、感知,以及快乐与痛苦、爱与恨、欣喜与失望的焦点。心智是我们习惯上所称呼的物质世界与精神世界之间的界面。心智是我们洞悉真理、美丽、仁慈和爱情,以及存在的奥秘、死亡的意义和人类处境之辛酸的窗口。

脑与心

没有脑不可能产生心智,但脑的大部分无需心智参与仍可活动。意识是冰山的尖顶,它通过脑皮层而产生于巨大而复杂的神经网络之上，这一网络拥有具高度活性却无意识的中枢和联系。很大程度上我们自己也并不知道我们的神经系统正在进行什么，即它在自司其职。我们不知道，也就无法控制，而大量的神经冲动却在持续地调整我们心脏的跳动、血管的直径、肠的周期性蠕动、腺体的分泌，以及其他许多身体功能。我们的许多有意运动甚至主要有赖于无意识的神经运作。当我们抓东西或漫步时，我们全然不知道脑在连续发出复杂的指令，指挥许多肌肉的紧张或松弛。同样我们也不知眼睛、肌肉和身体其他部分到底发送什么信息给脑，也不知道感觉和运动神经冲动之间的复杂相互作用使得身体协调成为可能。另外，我们需要有意识的注意力才能学习某种活动，比如说骑自行车或驾车，随着我们越来越熟练，这些活动会越来越多地具有自主性与无意识性。

后面这个事实，让我们想起脑的另一个已经在上一章中提及的关键特征：在学习过程中，脑本身会增加许多神经联系。有趣的是，在这个过程中，有意识先于无意识发生。当我第一次学弹钢琴时，我不得不尽最大努力去做那些哪怕是最简单的动作。后来，我完全可以下意识地控制音阶或者说弹奏了，仅仅将储存于脑中的协调指令打开即可。当我学弹新曲目时，这些自主的潜意识的经验同有意识的努力一起，在储存的和即时的信息的相互作用下，指引我的手指将并不熟悉的乐曲弹奏出来。在一个技艺精湛的音乐家身上，这种相互作用达到极为迅速与有效的状态。此种意识引导的神经网络的结构化，在"硬连线的"神经通路以任何一类学习为典型时都会最终转化成无意识。

正是在神经元整合作用这一特殊领域里，现代脑科学取得了一些最为深刻的进展。视觉系统已经得到了最为广泛的研究。[1]当我们看一个物体时，我们同时摄取了大量的关于物体的形状、颜色、运动状态的信息，而这些信息以某种方式被整合为一个完整的物体形象。已经发现，上述信息中每一项均被一类特定的视网膜细胞感知，而每一个这种细胞群皆将信息投射到视觉皮层的一组独立的神经元(或“地图”)上。在猕猴的视觉皮层已确认了32个不同的区域。一个重要的被称为“绑扎”的问题是,如此多的信息如何被协调和整合成为单个形象。答案在于埃德尔曼[2]所称的“再入”,即神经冲动在视觉中枢的不同区域之间进行“横向”交换从而形成交叉。我们所“看到”的图象即通过这些类似于“共振”这一振动频率的物理匹配过程(共振可以使水晶玻璃在一个单一音符的作用下粉碎,也可使桥梁在齐步过桥的士兵脚下坍塌)的相互作用过程,这个过程使所有这些区域内的细胞活动同步。这个同步过程使其自身与同样复杂的具有自整合功能的运动神经网络相联系,当我们的眼睛聚焦于一个物体的给定部分或一个运动物体的轨迹时,运动神经冲动即可指挥我们的眼部肌肉。

心智的突现

人的心智是进化的产物。这一进化过程并非随着从猿到人的转变而开始,它只是在这个转变过程中完成。这个显而易见的真理受到美国的约翰·沃森(John Watson)和斯金纳(B. F. Skinner)[3]这一行为主义学派的长久压制,他们固执地排斥任何源于心理学考察的内省或类比研究方法。甚至将人的心智,更不用说其他动物的类似特征,视为一个黑箱,对观察者而言只存在入口和出口。这种观点已受到现代行为学家越来越强烈的挑战。其中的杰出者是美国的格里芬(Donald Griffin),[4]原在纽约洛克菲勒大学工作,现今是哈佛大学比较动物学博物馆的助理,他成名于发现蝙蝠的回声定位。在以后几年里,格里芬成了动物的“知觉”、“思维”和“心智”的坚决倡导者,以上3个词语即是他分别于1976、1984和1992年出版的3本书标题中的关键词。经常扮演主流行为学家反对者的他主张,不仅高等哺乳动物,而且鸟、鱼,甚至蚂蚁和蜜蜂皆有意识和意图。并非所有研究人员都愿意追随格里芬,但绝大多数人现在已接受了他的观点。当你的狗用充满"乞怜"的眼神看着你时,你肯定知道狗有感情;当一头黑猩猩拾起一根树枝,除去小枝和树叶,插进白蚁穴,再抽出来,然后明显欢快地舔食粘在上边的昆虫时,它"知道"它正在干什么和为什么这样干,且怀着享用美餐的心情计划着整个事件。[5]

当然,这种信念并非建立在科学确立的事实之上。严格地说,我们仅知道我们自己的意识,而通过类比去推测别人的意识。通过与你交谈,我确信,尽管你的经历我达不到,但你脑中有些意识却与我的相同。把这种类比推广到足够接近我们的狗或黑猩猩身上皆不太难。然而,当动物与人类的区别愈来愈大时,揣测动物的心思越来越难。无论章鱼或蜜蜂正在想什么,与我们内在的经验都相距十分遥远。

我们无法知道详情,并且也许永远不会知道。但我们可以认为,当脑的结构复杂性增加时,动物的知觉也在逐步地连续发展。从猿到人这一最后阶段是以惊人的速度完成的,因为受到逐渐加强的社会纽带、改善了的通信和语言掌握达到顶点这些优点的推动。这是一个非常曲折的进化过程。没有专司语言的基因。基因所做的,是编码某些在发育过程中指导和制约脑自我连线过程的特定规则。一个有利的突变可以改变这些规则,以使额外的信息被编码进入。更高的存活能力和繁殖成功是这种改变的益处,并推动了改变后的基因的传播。

已故德裔物理学家德尔布吕克(Max Delbrück),一度同丹麦大物理学家玻尔一起工作过,后来移民到美国,成为公认的现代分子生物学之父,他从人的心智是进化的产物这一事实出发推导出有趣的结论。[6]他指出,我们看待这个世界的方式,包括对空间、时间和物质的感觉,被影响我们生存和繁衍的功利因素所严格限定,它可以与现实无甚关联。常识和本能在这方面极具误导性。只有科学对自然的探索给我们真知,附带着奇怪和容易混淆的概念,如能量量子化、波粒二象性与互补性、概然力学、不确定性、相对论,也许还应算上逻辑的不一致性。意识在这种探索中处于终极前沿。

心智不仅是进化史的产物,也是后成历史的产物,在人的一生中,它都在持续地铸造自身。上面所说的关于脑的网络连线即与这个历史非常相关。记忆也是这样,我们脑的这种独特能力可以储存信息,而让心智或多或少随意利用信息。的确,时间上的持续性是脑产生心智这一过程的关键特性,它对于使我们在时间的流逝中,感觉自己仍是同一个人极为重要。[7]

因此,我们把心智看成是与皮层拓展相关的后来出现的特性,起源于脑,此时的脑在遗传上被进化、在后天上被发育塑造成为复杂性不断提高的解剖结构,同时其运作的复杂性也随之提高。但什么**是**心智?什么是意识(即内部自我)的本质?

意识已被解释?

在这一节的标题中,只有问号是属于我的。标题本身特别自信,是美国哲学家丹尼特(Daniel Dennett)于1991年出版的一本书的书名。[8]并非该书的所有读者都同意作者的论断,相反,一些人感到作者并没有真正地解释意识,而是将其肢解成皆无需解释的许多小部分。意识不存在。丹尼特没有如此明确地表示,但他的结论可推出这一结果。

丹尼特只是许多开始怀疑我们精神经历真实性的当代哲学家中的一个。哲学家丘奇兰德(Patricia Smith Churchland)[9]向她的"民间心理学"的有效性提出了挑战,将民间心理学定义为"常识心理学——借助于它我们能将行为解释为信念、欲望、知觉、期望、目标、情感等造成的结果的心理学学说"。在将民间心理学与"民间物理学"或"本能物理学”[是在伽利略(Galileo)、牛顿(Newton)、爱因斯坦(Einstein)等之前的物理学]对比后,她得出了这样的结论:“民间心理学也许……完全错了。”

我不懂哲学,故不敢妄言这些博学的探讨之明显成果是什么。但我敢引用另一个美国哲学家瑟尔(John Searle)的提问,他参阅了丹尼特、丘奇兰德和其他许多人的作品后,发问道:“许许多多哲学家和认知科学家都在说着许许多多至少对我来说显然是错误的东西,这是怎么回事?”[10]

不熟悉主流哲学的读者,肯定会奇怪于瑟尔的说法:“在心智哲学里,有关精神的明显事实在常规上会被许多,也可能是绝大多数此领域的高级思想家所否认,这些事实包括我们都有主观意识的精神状态,并且不会因为偏爱其他东西而消失。”[11]瑟尔于是开始描述、解构并最终摧毁了许多当代系统,诸如功能主义、物理主义、认知主义、副现象论等,“于是令人沮丧地”将埃德尔曼哲学的简洁特性评判为“学说的墓地”。[12]或者引用克里克的评论:“哲学家对过去2000年所知甚少,他们如果表现出谦逊而不是过去通常显示的玄虚的优越感,将会做得好一些。”[13]

上述引文表明心智研究仍处于初级阶段,这并不是说缺乏研究。近年来,由神经科学家、心理学家、行为学家、人类学家、社会学家、认知科学家、语言学家、计算机专家、哲学家(不算神学家)的著作皆大量出版。遗憾的是,几乎每个作者都在捍卫一些不同的理论,这是因为相对于其他科研领域,意识形态在人类心理学研究上扮演了更为重要的角色。我几乎不可能评判这么多的信息与争端,况且它们中的许多具有高度专业性,但我可以抽出其中的一些主要论点。

二元论的兴衰

法国物理学家、数学家和哲学家笛卡儿(René Descartes)在17世纪上半叶提出了心脑问题的一种简洁的解决方法。[14]笛卡儿不想得到伽利略那样的命运,在小心地提出一个纯粹的假说,即人体是完全按物理定律运作的机器后,他通过猜测独立的灵魂以松果腺的方式与肉体相互作用而解决了心身问题。松果腺位于脑的中部,对笛卡儿来说是一个最为发人深省的解剖特征。生理学曾长期把松果腺定位为精神之居所,但笛卡儿的二元论通过调和人性的精神和物质两方面的关系,作为一种智力和情感的满足方式已存在良久。然而,在当今科学家中占多数的理论是:二元论通过假设非物质体能够影响物质系统的行为而违背了能量守恒定律。一个著名的例外是澳大利亚神经生物学家、诺贝尔奖得主埃科尔斯(John Eccles),他坚决而有力地捍卫心身关系的二元论,并与波普尔(Karl Popper)有一些合作,而后者也许可以被视为我们这个时代最有影响的科学哲学家。[15]

这两位德高望重的老人的观点普遍被年轻一代神经生物学家和哲学家以一种愉快的容忍态度所摒弃,如果不是嘲讽的话。许多学者都在鼓吹心脑相互作用的"一元论"或"唯物论"观点,这种观点在笛卡儿首次提出后的一个世纪由另一位法国哲学家拉·梅特里(Julien Offroy de La Mettrie,1709—1751)在《人是机器》这本书中提出。另一位启蒙者是生理学家卡巴尼斯(Pierre Jean Georges Cabanis,1757—1808),[16]表达其思想时用了这么一句著名的箴言"Le cerveau sécrète la pensée comme le foie sécrète la bile",意为"大脑产生思想如同肝脏产生胆汁"。荷兰生理学家莫勒索特(Jakob Moleschott,1822—1893)[17]有与此相似的格言:"大脑产生思想如同肾脏产生尿液。"

现代一元论有许多不同的形式。前面我已提过其最为激进的形式,它否认主观经验的实在性。一元论稍折衷一些的形式接受了意识,但把它视为一些毫不相关的副现象,即起源于脑皮层的神经元活动之中,但对这些活动又无控制力的现象。按这种观点,我们的神经元完成整个工作,诸如选择、愿望、决定等活动,却总是本能地将其归于我们的内部自我,赋予自由意志和责任感特质。人可以控制感情是一种幻觉。我们仅是旁观者,通过一扇小窗我们可以看到脑正为我们工作的一些细微部分,我们的观察对最终的结果未造成任何影响。当我们起脚时,我们并未决定奔跑,正像奔跑时我们不能决定心跳加速一样。区别很简单,在于我们可以瞥见启动奔跑的神经元相互作用,却一点也不能察觉奔跑时引起心跳加快的机制。

"区别很简单"这短语几乎未把区别变简单。什么是有意识和无意识多神经事件的显著区别呢?除纯粹的现象学的表述外,我们根本无法回答这个问题,根本就没有答案。当神经元活动超过某一复杂性的阈值或按皮层形成模式被组织起来时,就变成了有意识的行为。此外,我们尚留下了确定观察者这个问题,即所谓的小人问题,指的是在我们内心中的小人,就像丹尼特[18]称其为在"笛卡儿剧院"看荧幕的一个小人。"机器里的精灵"是唯物主义哲学家赖尔(Gilbert Ryle)[19]于1949年嘲弄地创造出的一种表达,并且被有争议的作家凯斯特勒(Arthur Koestler)[20]大胆地引用为其1967年出版的一本书的标题。正是为避免这个难题,一元论的中坚分子优先选择没有意识参与的情况。例如,丹尼特,把主观经验比作"观察者中的观察者"的俄罗斯套娃系统,最终减至根本没有观察者。此小人在无穷退化魔法中消亡了。

使主观性超越副现象论一步的理论是"中心状态"或"同一性"理论,它与正统的一元唯物论保持一致,是目前许多专家所偏爱的理论。按此理论,神经元活动与精神事件是同一事件的两个方面。自我不是观察者,而是参与者。思想和感觉是脑皮层中发生的某些多神经元活动不可分割的方面。例如,如果我在内心中"争论"该与我的敌人握手还是击向他的下巴时,我脑中不同的神经元回路正在制作不同的方案,每一个方案伴随着它们具有合理诱导作用的有意识代表和感情上的伴随物。如果我最终做出了和解姿态,这是因为握手方案是原动力行为的最强诱导者,并且伴随着放松、温和、宽大,可能还有体面和"假仁假义"的满足等快乐的感受。

为了解释这一过程,达尔文再次被提及,虽然有他并未意识到的借口。不同的神经网络被视为在互相竞争,根据它对局部(神经元-精神)环境的适应性,获胜组合将被选择。脑过去的历史在此选择过程中起着关键作用。通过加强与"连左脸也转过来由他打"这一教义相关的神经网络,基督教培养会导致其信徒选择倾向"原谅别人"。另一方面,早期暴露在街头的地痞流氓,都深深地烙下暴力、自卫、复仇等情感的痕迹,这样会选择倾向于报复这一方案。

类似达尔文主义的解释据说解决了这个问题。不同的神经元网络表明了不同的概念性方案,这些方案在网络的生态背景下彼此竞争,其网络包括获得的数据、思想模式、倾向性、偏见及其他先前的经验。如果有胜者,那么这场竞争中的胜者即是被采用的解决方案,这种选择源自许多神经回路的混合,通过一种类似于无意识机制的联合共振方式进行,这一机制使得许多不同的视觉输入整合为一个连贯的图象。一种加强的欣快感(恍然大悟,茅塞顿开),在许多回路中表现为这种"同步降落"的主观伴随物,会使人豁然开朗。然而进行中的竞争阶段常常是长期的连续错配,会引起人"绞尽脑汁"的感觉,并往往伴随着令人痛苦的折磨。因此,愉悦常伴随松弛感。然而,满足并不意味着解决方案是正确的。孕育在费力的忍耐中的无数错误,在肆意的宣泄中涌现出来。

这种推论也可推而广之，用于其他人类愉悦的感觉之中，将每次的欢乐与神经元网络的共振相联系，共振的强度和丰度相当于兴奋的强度。不仅仅智力活动，其他如艺术情感、音乐喜好、宗教狂热、迷信所产生的喜悦皆源于类似的神经元回路的共振。热烈的爱情、性高潮、致幻剂也可诱导这种强烈的感觉。“共鸣”不仅仅是一个生动的隐喻。

同一性理论的突出特点，是其把主观经验直接引入了脑原初的神经联系中。当感觉输入，包括听到的话或看到的文字，首次进入脑后，它们负载着情感和概念性的影响，并且储存在我们的记忆中，于是激活相关的神经元模式即自动唤醒了此种感情和概念性。因此，通过脑从出生时或更早时即建立的信息输入的堰堤，自我在其不可分割的肉体和精神过程之中逐渐铸造自己。从训令到“洗脑”，各种形式的教育、训练、计划或印象都有赖于这种同时性的加工过程和物理输入的记录及其精神相关事物。脑与心不可分割。

一元论的主要支持者是埃德尔曼，按照丹尼特[21]的话说：“一个企图把什么都合在一起的理论家，从神经解剖的细节到认知心理学，从计算机模型到最深奥的哲学争端的理论家。”我不同意丹尼特的如下结论：“结果是有启迪的失败。”但尽管存在长期的友好讨论，我也不敢完全盲从埃德尔曼。

埃德尔曼的中心论点是，任何关于心智的可被人接受的理论必须来源于而且与意识产生的脑过程相匹配。[22]从这个无可争议的前提出发（而这恰恰被许多哲学家和生理学家所忽略，他们大多依赖于内省），埃德尔曼思索了诸如知觉、记忆、语言等重要脑功能的神经元机制来作为他论述的开端。在几本书里，他都详细阐述了许多非专家的不同的观点，他认为意识产生于由达尔文进化和基因编码在历史上形成的形态学组织的表达功能本身。这很具建设性，但论及的主要是产生意识的神经元机制，并非意识本身的特点。埃德尔曼并未专门讨论，除了坚决反对笛卡儿二元论和支持一元论唯物论,他只表明了他的看法:“经典争端和分类与心脑问题及其外缘的哲学假说有关。”[23]他告诉我们,“以选择性观点考虑脑的功能可使我们避免陷入‘小人’的危险境地”,[24]并且像丹尼特那样经过无尽退化才清除了这种危险。他还说:“在脑所处的状态不变时,精神活动的特征亦不变,从而是伴随产生的特征。”[25]这似乎有点像副现象论,虽然它也可视为与同一性理论兼容。

克里克是另一位后来将兴趣转向神经生物学的分子生物学家。他已在主要关于现代视觉研究的一本书《惊人的假说》中归纳了自己的观点。克里克所说的“惊人的假说”就是指对一元论的坚决支持:神经元做了一切事情,或者像克里克借卡罗尔(Lewis Carroll)的爱丽丝(Alice)之口说的那样:“你只是一大团神经元。”[26]意识不过是一些相关的多神经元活动而已。

然而,就像埃德尔曼一样,克里克采用严格的实证方法研究问题,而拒绝考虑科学证据限度以外的证据。在其书末尾他告诉人们他的书“与人的灵魂无关”。[27]一个某种程度上对该书的副标题“对灵魂的科学探索”出乎意料的结论。

心　力

各种一元论的共同点在于:都把意识看成仅源于或联系于神经元活动,但并未赋予其反过去影响这种活动的能力。甚至我们前面提到的现代唯物论的一位主要批评者瑟尔也有如此观点。他还警告我们及时防止“小人的谬误”,[28]并把意识定义为“特定神经元系统的突现特征”,认为其本身为并不能影响神经元的行为。正如他写的那样:“一个较新的观点是,意识由脑中神经元的行为喷射而出,但一旦被喷出,它就有了自己的生命。”[29]

斯佩里(Roger Sperry)是已故美国神经生物学家,自称是个一元论者,后因其关于人左右脑半球功能的研究而获诺贝尔奖,他也赞成上述新观点。斯佩里解释了他于1964年得出结论“精神活动之突现能力肯定逻辑地向下对脑活动中电生理学事件施加因果影响”时,[30]他“长期信奉的唯物主义逻辑如何第一次受到动摇”。斯佩里强烈地坚持了一元论,他写道:“我把这种状态及其作为基础的心脑理论定义为一元论,并将它视为二元论的重大障碍。”[31]然而,在这一表述前已声称:“在称自己为心灵主义者时,我坚持主观精神现象是基本的,由某种原因引起的潜在现实,因为它们的主观经验不同,而且,对其物理化学因素不具有诱导性。”这似乎又危险地接近于二元论,据说埃科尔斯正是这样告诉过斯佩里。

对副现象论最坚决的打击来自牛津大学数学家彭罗斯(Roger Penrose),他在广泛涉猎当代数学和理论物理学,包括算法计算、数学真理的本质、量子力学和相对论后,分析了心身问题。他区分出此问题的消极面,即“一个物质结构(脑)怎样**引发**了意识?”[32]及其积极面“意识怎样自主实质性地**影响**(貌似物理学决定的)物质(脑)运动?”[33]

对彭罗斯来说,毫无疑问是意识在起作用。要是它不起作用,它就没有什么选择价值了。那么,为什么“当像小脑那样的非知觉的‘自动机’脑似乎也能完成一些功能的时候,大自然还设法进化出了**有意识的**大脑呢?”[34]彭罗斯在量子力学中为该问题找到了一个可能的解决方法,在于“不同的选择在量子水平上将被允许以线性叠加的形式共存”。[35]他推测“有意识思维的活动与先以线性叠加的形式存在的一些选择的解决有密切联系”。[36]

自我与自由意志

主动意识问题最终与自由意志问题联系密切。如果按所有一元论理论所宣称的那样：脑的神经元活动决定行为，那么不管它们是有意识还是无意识的，都将难以为自由意志找到栖身之所。但如果自由意志不存在，那将毫无责任感可言，人类社会的结构必将随之改观。连最坚定的唯物论者中都几乎无人愿意得出此逻辑结论，他们展现了卓越的创新能力来避免踏入此陷阱。

他们中的一些人向各处寻找避难所，借助于量子力学、不确定规则、混沌理论、概然涨落、微观异质性或其他形式的物理非决定性，来拓宽神经元决定论的枷锁。另一些人提倡非预测性。然而，非决定性与非预测性皆未解释清楚选择、设计或意志的活动。

一些思想家宣称没有自由意志，建议我们忽略这一恼人的事实。我们来看一看脑功能的同一性理论的捍卫者德国哲学家伦施(Bernhard Rensch)[37]的主张。在《生物哲学》一书中，伦施写道："**反对**自由意志的砝码比**支持**自由意志的砝码重得多。"[38]他承认，"否认自由意志的存在会影响我们的伦理、宗教和法律观念"，[39]并且在最后他表明最重要的并不是我们应该自由，而是我们应依照我们似乎真实的样子来表现，"自由概念本身在我们思想里就是一个重要的决定因素"。[40]对我来说，这听起来像是说真理是重要的，只要我们不知道或不相信它。

最终，一些人勇敢地面对了这一真理，随后通过智力障眼法提出，认识到我们不自由实际上增加了我们的自由——《圣经》箴言"你们必晓得真理，真理必叫你们得以自由"[41]饶有意味的应用。

我们被告知，同我们关于空间、时间和物质的概念一样，我们关于个人自由的概念将由于进化和适应价值的结果而在我们头脑中根深蒂固,并同样具有欺骗性。为了正常行使其功能,人类社会必须制定一些其成员都必须遵守的规则。因此,同为社会一员的我们都拥有能使社会正常运作而应有的责任心与自由感。我们相信我们是自由的,同理我们相信物质是坚实存在的并受制于因果律,仅仅因为这样的信念会使我们进化成功,但它们并非一定必须真实。

我们中的那些难以将自己视为自动机的人,受进化的迷惑而相信一种自由意志幻觉,他们已受到严厉警告。我们被提醒,不能因为我们不理解一个理论就说它是错的。我们绝大多数人并不理解相对论,但这并不意味着它是错误的。一些理论家将他们对于人的心智的客观重建与他们的主观经验相调和,我们中的许多人也受到这种论述的影响。这也许是我们的问题,而不是他们的。第二个忠告显然是正确的,即一个与我们内心信念相悖的理论并没有错。人类的历史伴随许多错误的观念,我们必须学会摒弃那些错误的定论,即面临不解之谜时我们的心智会让我们迂回行进。正如丘奇兰德所指出的,“民间心理学”可能会重蹈“民间物理学”的覆辙。[42]

这些论点无可辩驳,但仍未回答一些问题,如**什么**或**谁**经历了自由的虚幻感觉。那些否认意识,或将其视为不相关的副现象或无能的参与者的人,当他们似乎可自由地谈论或决断时,都表明他们陷入了矛盾之中。他们也许会回答说,他们正走捷径以回避一些困境,如用“我的脑神经元,由一系列复杂的进化和发育因素共同铸造,对它们所接触的诸多外部内部信息输入做出反应,并引导我的手写字”取代“我相信”,他们必将发现在日常生活中难以保持此种态度。

这是否就意味着我们必须回到笛卡儿二元论呢?这是埃科尔斯的观点,他基于不确定性原理解释了非物质的思想怎样通过影响概率性区域以不耗费能量的方式修正“微位点”突触性事件,这一事件达到一定程度就会影响神经元发放神经冲动。[43]他确认了这种事件是单个含神经递质的突触小泡的释放，然而对大多数细胞生物学家来说，却认为根据小泡释放机制，这种解释完全不真实。从最后的立场上讲，这种微位点假说也只能预示着笛卡儿二元论的失败。

另一个二元论者(或“相互作用论者”)、哲学家波普尔，绕开精确的机制问题，指出“脑是一个开放系统的开放系统”。[44]实际上，他与埃科尔斯同一些一元论者皆主张某种形式的物质的不确定性，以允许意识的产生不耗费能量；他们区别于一元论者的地方，在于把意识看成是单独的实体。

二元论者与大多数一元论者的共同点在于，他们皆持一种可预见的物质定义。正如瑟尔所指出的，那些拒绝面对意识、以一元唯物论为基础的人，被主张将思想活动与物质完全对立的残余二元论引入歧途。他们将物质先验地定义为不包含主观思想经验的东西，这无异于自掘陷阱。他写道：“唯物论因而在某种意义上是二元论的最灿烂之花。”[45]

然而，瑟尔回避了自由意志问题。他只是用“如果存在此等事物的话”[46]这一句插入语顺带提到自由意志。他认为，如果现在我们能解释生物学中的目的论，那么我们就能以相同的方法解释意向性。过去一般认为，心脏是我们动脉中行使泵血功能的泵。现在我们认为血液循环流经动脉是因为心脏被建构成那样，我们把心脏的貌似目标导向结构解释为自然选择的结果，那些恰巧心脏有毛病的人是不适应的人。同理，我们的视神经元将以一定的方式使我们清楚地视物。我们能清楚视物，是因为我们的神经元被选择得如此这般。这种“解释逆转”[47]同正统的达尔文理论相吻合，无可厚非。但我认为，我把眼睛转向某一个方向或另一个方向，并不是我自由决定的结果。

在对当我们所感所思时我们脑袋里在干什么做一个粗略的总结前，我们得考察一下这种活动产生了什么。如果我们希望把心智理解为一部机器，我们应想到这部机器也是人类文化的产物。

第二十八章

心智的作品

人类文化是人的心智的集体结晶。文化的雏形已存在于某些动物的行为中，并由这些动物通过模仿性学习，或多或少地将其传播。起初该行为学派遭到咒骂，而现在这种可能性已被大多数现代行为学家所接受。例如，纽约洛克菲勒大学的美国人马勒(Peter Marler)[1]发现鸟的鸣唱中，只有一部分是先天的，而另一部分是模仿的。20世纪30年代，在英格兰也记载了鸟类的有趣事例，[2]当一些山雀发现了揭开(习惯上放在门口台阶上)牛奶瓶的锡纸帽的技巧并喝到牛奶时，主要通过模仿性学习而将此习惯迅速传遍大半个国家。在哺乳动物中(灵长类尤为突出)，示范在传播中起着重要的作用，一代一代地相传着以下行为活动，如捕猎、建巢、将物体作为工具、社交、通信等，这就补充了直接由遗传传递的一个物种的"全部学问"。随着原始人类的进化，这种文化遗传作为通信的一种方式而变得越来越重要，并随着语言(尤其是文字)的出现而飞速发展和传播。今天，任何文化成果都可被立即储存而用于全世界的传播。

文化进化

文化进化与达尔文进化显著不同。它速度快，并与19世纪初法国博物学家拉马克(Jean-Baptiste de Monet, Chevalier de Lamarck，1744—1829)提出的进化理论相似。拉马克是最早的进化论者之一，因其提出了获得性状遗传理论而闻名。我们已不再相信拉马克提出的数代长颈鹿因伸长脖子去吃树上较高位置的树叶而“获得”较长脖子的理论。相反，我们接受达尔文的观点，即遗传上具较长脖子的长颈鹿能够生存得更好，能够生产出更多的后代，因为它们能吃到长得较高的树叶而获得较大的优势。另一方面，以取火能力为例，它代表拥有它的人类的一个重大选择优势，不是由基因传播而是由通信来传播。

虽然文化进化与生物进化大不相同，但两者间并不是毫不相关。一些人有许多发明创造，可能是由于他们具有特殊的基因组合。另一方面，一旦有一个发明(例如取火或磨制石具)，它就会给予那些基因上具备较好地使用这些技巧的人以选择优势。这两种进化间的微妙的互惠作用，已被许多人类学家和进化论者所强调。甚至抽象的概念也遵从达尔文的进化模式，例如信仰在其能力的强度上相互竞争，给予那些它的持有者以生殖优势。

在近来的人类历史中，拉马克的文化进化过程已比达尔文的生物进化过程重要得多，主要因为文化成果的传播比基因变化要迅速得多。因此，我们的基因和我们的内在潜能与生活在15 000年前的克罗马努人几乎没有区别。如果幸运，只要出现了一次成功的交配，并具备良好的家庭和社会环境，一个克罗马努新生儿移入到我们现在的世纪，他也可能会成为爱因斯坦或毕加索(Picasso)。即使在其所处的时代，他亦可能会成为新工具的发明者或洞穴壁画的创作者。15 000年的时间间隔所造成的差异，几乎完全是文化遗传的结果，它存在于积累的知识、技术、艺术、信仰、习俗和传统之中，并在这段时间内成功地被600多代人获得和传播。

文化与心智

文化由人类心智产生并被其同化吸收。它或者通过直接通信，或者通过书籍、艺术和其他媒体在心智间传播。因此，文化将许多有关人类心智的东西告诉我们。为了说明这一问题，波普尔[3]以一种启迪性的方法将实在分为3个部分（即所谓"世界"）。世界1是"物质实体的世界"，它包括物质世界。生物体（包括脑），属于世界1。世界3是文化世界，包括所有的抽象概念、科学理论、技术原理、审美原则、伦理价值、宗教神话及其他人类心智的创造物。在大多数人造物中，世界1和世界3相结合，诸如工具、机器、房子、衣服、书籍、磁盘、磁带、油画、雕塑及其他人造物品，这些都由物质构成，但打下了世界3的烙印。世界2是世界1与世界3之间的分界面，它属心智的范畴，充当神经元活动（属于世界1）与世界3之间的双向转换器。

在这一情境下，一些当今的关于人类心智的观点似乎荒唐可笑。相对论、《物种起源》、西斯廷教堂圆顶、《平均律钢琴曲集》、《方法谈》、《神曲》，难道所有这些皆是爱因斯坦、达尔文、米开朗琪罗（Michelangelo）、巴赫（Bach）、笛卡儿和但丁（Dante）脑中不相干的副现象，或神经元回路盲目的相互作用的产物？这听起来不可思议。但事实无可否认，脑皮层神经元回路的活动是文化创造的必要条件和充分条件。

依我之见，在波普尔的世界2中可找到揭开秘密的钥匙。尽管不在于波普尔和埃科尔斯关于世界是物质-精神相交的二元论构想之中。我宁愿听从瑟尔关于我们必须清除我们的物质中二元论色彩的警告。[4]如果我们想从二元论-一元论困惑中摆脱出来,我们必须扩大物质概念,将人类心智及其全部潜力和通往世界3的通路都包括进来,而不要缩小我们的心智范围,以使其与我们预想的物质的"唯物论"定义相符合。我们必须把心智视为物质的一种特殊表现形式。

如果这意味着唤起尚未包括在物理学家的描述中的一种特性,这已经不是第一次了。在物理学史中,物理学不断地(有时是不情愿地)被迫扩大其物质定义。万有引力、电磁、相对性、量子、原子内的强力和弱力,所有这些不得不被添加到亚里士多德的物质概念中去。最近被纳入物质定义的一种表现形式是生命。生机论(曾被物理学家和生物学家纳入物质-生命二分法中)是另一种形式的二元论,但不得不顺从于现代的观点。活的生物不再被认为是由一种(非物质的)生机精灵所"赋予活力"的物质组成的。然而,生命是以一种特殊方式组织起来的一种特殊物质表现形式,无人否认这一事实。为什么我们不以同样方式来看待心智呢?

埃德尔曼不准备这么做。他提出了这样的问题:"既然有这样奇怪的现象,为什么不提出建议在仍未被发现的物理学领域或维度来揭示意识的真正特性呢?"他着重批驳了将物理学作为"替身幽灵"。[5]克里克的立场较模糊,赞成"需建立全新的概念——想想量子力学给我们带来的变革"。[6]彭罗斯尽管呼吁量子力学,但固执地采用柏拉图(Plato)观点,"不符合每个人口味的观点"[7]是克里克对其简洁的评论。彭罗斯认为意识是直接建立的,且立即"与柏拉图的概念和思想世界相联系"。[8]对彭罗斯来说,这就是数学发现的精髓,它无异于"洞察"一向在那里的真理。数学真理究竟是人类心智的发现还是发明,是一个非常有争议的问题。这就是两位法国科学家——神经生物学家尚热(一位唯物主义的忠实捍卫者)与数学家科纳(Alain Connes)——之间精彩辩论的话题。[9]尚热支持数学真理是相对主义偶然性观点,而科纳就像彭罗斯一样认为广博的数学理论独立于数学家而存在。

人工智能

在我们结束有关极其复杂的脑科学领域的概述之前,我们还必须再问一个问题。人脑能像计算机一样运行吗?此问题源于AI(人工智能)的巨大功绩,即日益复杂化的计算机不仅运算能力完全超过人类,而且开始在其他“精神”活动,诸如学习、翻译、对环境改变的适应、解决问题和下棋等方面击败其自身的制造者等,这些成绩是令人惊叹的。然而,此问题的答案似乎是否定的,人脑不像计算机一样工作,尽管计算机模拟在人脑研究中非常有用。

这一结论由哈佛大学心理学家加德纳(Howard Gardner)在1985年出版的一本书中提出,这本书对此新领域给予了精彩的褒贬不一的历史性描述。[10]埃德尔曼得出同样的结论,指出人脑的形态和功能与计算机完全不同,并且不可征服。瑟尔从哲学观点上,以及彭罗斯从数学观点上(其主要论点是脑,至少是有意识的脑,以非运算过程来运行)皆认为脑和计算机也不协调。总体来说,人脑比现有的或可想象的计算机的可塑性大得多,并具备开放性思维。据我们目前所知,脑的构造中没有任何东西表明它具有内置程序员。即使最固执的二元论者也不会拒绝接受这一结论。“认知革命”已在信息理论、符号逻辑、语言学和相关领域取得许多重要进展,但它不能保证“人工智能”会变魔术般带来一些希望。

难道这意味着像部分人脑一样运作的机器不能被制造出来吗?不一定,据埃德尔曼(他已在其达尔文机器人家族中取得相当成功)所说,[11]他的这些机器人可依据一个选择机制自相联系。克里克也认为:“如果我们可建造具备人脑惊人特性的机器,……则意识的神秘面纱就会消失。”[12]难道这些机器会拥有意识吗？克里克相信：“从长远来看，这没准是可能的。”[13]埃德尔曼和其他一些持同一观点的人也这样认为。如果我们以后会实现这一理想，则问题将变成如何确定这些机器究竟是能够体验还是不能够体验意识。

第二十九章

价 值

人类就像其祖先一样,是社会性的动物。人类社会由基于传统习俗、实用标准和共同价值所组成的法律来统治。究竟这种组织形式有多少是生物进化的产物,又有多少是文化进化的产物呢?科学对此问题尚无明确的回答,但科学能够为任何试图回答这一问题的人贡献某些必须考虑的事实。

人类社会的塑造

1975年,作为社会性昆虫研究专家的哈佛大学动物学家爱德华·威尔逊(Edward O. Wilson)用丰富的解释性措词加耸人听闻的书名写了《社会生物学:新的综合》[1]一书。在这本雄心勃勃的学术著作中,威尔逊阐述了动物联系的所有形式,从最低等的集落无脊椎动物,如珊瑚和水螅,到最高等的灵长类动物,在每种情况下都专门提到可能有助于选择特定的遗传上决定的社会行为的进化因素。

威尔逊的研究过程中尽管以非常详尽和繁复的方式进行,但追随的是现代行为学的一般趋势,在达尔文理论框架中解释动物的社会性,其主导原理就是进化选择任何能导致相关基因或相关物种基因库中基因的最大频率的遗传性状。英国的道金斯在其《自私的基因》一书中透彻地阐述了这种进化途径。[2]这本书在威尔逊的《社会生物学》之后不久出版，所涉及的内容大致相同，但以更简洁有趣的语言而赢得大众接受。其书中的要点就是，动物社会常由具许多共同基因的有亲缘关系的个体组成。社会成员以两种方式传播其基因。首先它们可以通过产生后代来传播基因，这种能力可用来解释对"自私"的性状诸如攻击性、领域性、雄性支配、一夫多妻、雌性选择、亲本哺幼和其他可提高个体繁殖成功率的行为的选择。但社会成员也可通过其行为来帮助传播其基因，尽管它们自己的繁殖成功率受到损害，乃至丧失，但它们给其他社会成员带来了足够的好处。已提出了许多解释这种自我牺牲行为的很好的模型。其中简单的一个，是亲缘选择模型。以兄弟姐妹为例，它们的基因各占一半，如果死亡一个兄弟可挽救两个以上能够繁殖的其他兄弟，则遗传平衡仍是正平衡，且自然选择也有利于这种"利他"基因。具此基因的种群，会与那些缺乏这种基因的种群进行杂交繁殖。

在此理论框架内进行考察，威尔逊的著作被认为是对一个开阔领域作出的重要贡献，其中对所观察事物的理论解释扮演了重要角色，但它依然难以逃脱平常对这类作品的各种褒贬。事情往往如此。如果没有第一章和最后一章的话还未必如此。第一章为"基因的死亡"，第二十七章为"人类：从社会生物学到社会学"，威尔逊将自然科学与人类学的神圣边缘交叉在了一起。这种用"硬"科学（生物学）渗入传统的"软"科学（社会学）的做法激起了强烈的抗议，争论的焦点就是威尔逊主张人类的大多数行为皆为遗传决定。于是郁积已久的自然/教化的争论之火被重新点燃了，伴随着可预测的信念上的分裂。随着一些特别直言不讳的公开的马克思主义政治活动家的介入（其中有些人还是威尔逊在哈佛大学的同事），其火焰一下子就变成熊熊大火。随着大批正反两方面的书籍和文章的发表，这场冲突狂烈地持续了好几年。[3]目前这一争论在一定程度上有所缓和,我们将会从这场大论战中发现什么呢?

以其激进形式,这场争论走向两个极端:遗传决定论(行为完全是天生的)和环境决定论(环境可无限地塑造行为)。前者与社会达尔文主义学说一致,最杰出的捍卫者代表是19世纪英国哲学家斯宾塞(Herbert Spencer),[4]认为社会不平等是自然选择的产物,从而被认为是由我们的天性所决定的,并且是必然的。后者支持马克思主义的观点,认为人类行为几乎可无限延展,且仅需要适当的政治、社会、教育和经济措施来建立一个公正、平等的社会。即使最激进的反对者,也承认真理位于这两个极端之间的某处。问题是程度如何,究竟自然占多少比重,教化又占多少比重?

答案在于,生物进化和文化进化对同时代人类行为的影响的相对程度。从遗传方面讲,我们人这个物种是几十亿年进化的产物,而到了最后600万年才证明我们是由黑猩猩似的祖先转变成现代人类的。灵长类、哺乳动物、动物,以此类推,使我们变为真正的人的东西被写入我们的基因之中。在所有的可能性中,这一祖先遗物包括某些行为模式。[5]威尔逊认为我们仍载有我们祖先的许多遗传性状,这个观点应该是正确的。这些遗传性状对我们的狩猎-采集型祖先和他们的类人猿祖先是有用的。他在坚持认为我们忽视一些我们的社会性本能的遗传将会置我们于险境这一点上是正确的。然而,那些本能是什么?这个问题并不能从简单化的重建和幼稚的外推来回答。穴居人形象是判断恶霸的简易却不充分的理由。

我们必须考虑文化进化的极端重要性及其改变生物进化历程的能力。过去的历史和目前社会结构的多样性,皆支持人类基因对社会行为的影响较小的结论。具有我们这一基因的人类极为特化地将思想向创新、通信、意向性和选择而敞开,从而有助于将人类种群从由自然选择强加的社会束缚中解放出来。这种解放是否会被明智地利用尚需拭目以待。我们利用自己通过进化获得的自由是我们的特权,也是我们的负担,这对我们人和生命世界的其他成员的未来已变得极为重要。

众生平等?

最能为社会生物学的对手火上浇油的是其内涵本身,即承认智力、天赋和其他心理能力存在内禀的个体差异,在优化教育、职业定位和社会整合中需将之考虑在内。承认这种差异的可能性并试图对其加以测定,被认为是向法西斯主义、种族主义、性别歧视、对大众的资本剥削以及其他形式的社会歧视打开了方便之门。科学要说什么呢?

下面的轶事可给出回答。据说美国大舞蹈家邓肯(Isadora Duncan)有一次建议萧伯纳(George Bernard Shaw)与她共同生一个孩子:"如果一个孩子有我的美丽和你的智慧,你想想那该多好!"这位因其貌不扬和妙语连珠而家喻户晓的著名剧作家,是这样很有礼貌地回答的:"如果这孩子融合了我的美丽和你的智慧,那又如何呢?"

每一个孩子从其父母那儿各得一半基因,但这些基因是哪些则很难预料。当二倍体前体细胞转变为单倍体生殖细胞时,染色体在此减数分裂过程中错综复杂地随机排列,一个妇女一生中可产生600多个卵细胞,同时每个男人可产生几十亿个精子,一个卵细胞与一个精子的结合实际上是亲体基因的独特组合。因此除了可能的从单一受精卵发育而成的同卵双生的孪生兄弟或姐妹外,每个孩子都具有父母基因的独特融合。这就是人类个体性的基础。

在一些简单情况下大多涉及"持家基因"的遗传只有在统计学上可以预测,符合孟德尔(Mendel)定律。一些由于缺乏一种酶或其他蛋白质而导致的先天性疾病皆属此类,如今易受产前检查和适当咨询的影响。例如肌肉营养不良、镰状细胞贫血、GM_2神经节苷脂贮积症变异型

B(Tay-Sachs' disease)、戈谢病(Gaucher's disease)及其他许多遗传病。身体结构、面部特征和其他许多物理特性以及心理特性诸如智力、数学才能、音乐能力、艺术天赋和语言才能,皆不会因为某个基因而减弱,即使它们可能是由遗传决定的。它们依赖于多个基因的精细组合并受减数分裂和受精之异常的影响。假如1755年5月1日的某个时刻,莫扎特(Leopold Mozart)的另一个精子在竞争中获胜,与佩特尔(Anna Maria Pertl)的卵细胞结合,则世界上一些最美的音乐作品就永远不会被谱写出来。几年前策划的通过储存诺贝尔获奖者的精子而传播"诺贝尔才能"的愚昧计划,不但错误地派人到达了瑞典的斯德哥尔摩,而且也说明了人们对遗传定律的无知。科学上唯一有效的复制个体的方法,就是克隆。在此方法的发展过程中,首先由英国生物学家格登(John Gardon)在两栖动物中进行了实验,[6]未受精的卵细胞的细胞核被二倍体体细胞的细胞核所取代。这种"被嫁接的"卵细胞正常发育,所形成个体的遗传特性与提供核的个体相同(线粒体基因除外)。除了一个充满想象力的作家未经证实的断言外,[7]还没有一个百万富翁以此方法获得永生。将来这种方法也许可行。然而,这将引起有趣的伦理道德方面的问题。目前,已发生了一些争论,源于近年来宣传在试管内"克隆"体内受精的人卵细胞,即使只局限于非常有限的发育阶段。[8]

这些事实很明显。我们所有人皆生来不同,且这些差异包括天生禀赋的不平等。在一个由理性组织起来的社会中,我们希望每一个体都有机会完全实现其基因潜力。这目标如何达到,这是一个只有社会才能回答的问题。承认差异的存在,关键的问题,也即大多数争论的主题就是究竟完全忽视它还是对其认真地评估和考虑。连科学家都对此问题存在分歧,尽管他们献身于真理,这是因为他们对某一事件的可能性与所涉及特性的准确评估的看法全然不同。

道德价值的生物学

“科学家和人文学者应该一起思考伦理短暂地脱离哲学家之手并加强其生物学意义的时机已经到来的可能性。”[9]这个从威尔逊的《社会生物学》一书中摘录的句子,在科学家和人文学者中间引发的混乱,比此书的其他部分都严重。这种提议并不新鲜。我们先是从亚里士多德和一大群“自然主义”学院派哲学家处得来,而亚里士多德处的知识又是通过卢梭(Jean-Jacques Rousseau)的“人本来是好的,社会使其变坏”来传播的。自然主义的道德观念从进化理论上赢得科学的支持,尤其是哲学家斯宾塞[10](社会达尔文主义之父)和生物学家赫胥黎(Thomas H. Huxley)[11][他主要是以捍卫达尔文主义,反对牛津的主教威尔伯福斯(Samuel Wilberforce)而著称。——“一个人没有任何理由因为他的祖先是一个猿猴而感到羞耻。使我感到羞耻的是这种人,他自以为天赋高、拥有巨大财富和影响力,……而要插手于他一窍不通的科学问题,结果只能以自己的夸夸其谈而把科学辩论弄得模糊不清。”]这两位著名的维多利亚时代的学者竭尽全力传播其观点,即认为道义的源泉及其原则和规范皆可在生物学中找到。斯宾塞于1892年就已提倡“在学习道德科学前需先学习生物科学来拉开序幕”,[12]这先于威尔逊几乎一个世纪。

自然主义道德强烈地要求道德规范不仅要与生物学和进化知识相容,而且要从中衍生出来。源于自然的东西就是好的。因此,维多利亚社会的不平等作为自然选择产物的代表,在道德上就变成公正的。不仅如此,在一定程度上目前的道德原则就与人性相矛盾,它们必须各就规范。正如威尔逊和哈佛大学物理学家拉姆斯登(Charles J. Lumsden)所说:“充分认识基因和精神发育可导致一种社会工程形式的发展,不仅能改变结局的可能性,而且能改变最深的是非感,换句话说,道德律令本身。"[13]这种哲学及其对脑控制潜在的威胁已被许多社会学体制打上烙印。在其概念建立过程中它也受到哲学体制的打击。

按许多伦理理论家的说法,社会生物学家犯了"自然主义谬误",[14]这是由当代的卢梭、苏格兰哲学家休谟(David Hume)和他的朋友直到失和后才宣布的。在休谟看来,错误在于从描述中推断规定,即从"是"推出"宜"。批评家们指出,伦理确定的是其本身基于一般原理的行为规则。伦理不应该混淆于对人如何举动或喜欢如何举动的经验的观察。被大众所欺骗,不会因此将这种欺骗变为优点和值得称赞。

根据唯心主义道德规范所基于的原理,可将其分成几种不同的形式。最强有力的形式根源于柏拉图哲学。现代最有阐述性和说服力的学派(尽管绝对不是柏拉图派)是提倡唯心主义价值观的18世纪德国哲学家康德(Immanuel Kant),他在先验论自由的基础上建立了道德规范,并希望道德行为最终依赖于单个"绝对命令"。较弱形式的唯心主义道德规范是相对主义的,认为道德原则附属于选择和变化。例如,一个道德规范可以是自由主义的、功利主义的或者平等主义的,这依赖于在人类交往中首要实现的目标是个人自由、大多数人的幸福,还是社会平等。

乍一看,比较人类学和历史学为相对主义的道德主张提供坚实的后盾。不同的文化遵循不同的道德规范。爱斯基摩人眼中起码的礼貌,拿到沙特阿拉伯人中则可能会使人身首异处。即使在同一文化中,道德规范也会进化,有时还非常迅速。在我的一生中,我耳闻目睹了对避孕、流产以及近来的安乐死等态度的极大改变。这些变化与道德规范本身的相关程度并不比将这些规则阐释为律令的方式深。在我的一生中,我所看到的不是有关"人的生命神圣"的社会观点的改动,而是人生命定义的改变(人生命的开端和终结)。这种变化受科学知识进步的影响,被医药的发展所推进,而且仍处于激烈的争论之中。

道德的相对主义和进化观念不一定能防止康德的"绝对"。道德与人类心智一起向前发展。它甚至可能植根于动物行为之中,正如社会生物学家所主张的那样。道德规范可能是在生物进化尤其是文化进化历程中所形成和出现的反映,通过试错法,其对个体的适合度和社会团结的影响起到了选择因子的作用。但并不排除这种进化也反映了逐步认识绝对价值观的可能性,从令人感觉模糊的和并不充分利用的概念到令人清晰理解的和合理讨论过的规则,这两种发展并非不可协调。

除道德规范的内容外,道德感的起源也需被定位。我们可能会对所谓的好与坏持不同意见,但我们皆同意好东西(故需称赞)与坏东西(故需避免)判然有别。一个关键的问题是我们**发明**还是**发现**了好与坏之间的区别？同一讨论也发生于其他抽象的概念上,例如,数学真理、逻辑规则和美的概念。我们已看到,数学真理的柏拉图观点被数学家彭罗斯[15]和科纳[16]所支持,而被神经生物学家尚热[17]所反对。情人眼里出西施,但美的抽象概念和我们对美的渴望又是什么呢?

在许多社会中,道德律令通常由有组织的宗教团体在一个信仰系统的概念框架下形成和推动。因为宗教的部分无理性,因此是社会生物学家和唯物主义神经生理学家攻击的目标。然而宗教在这个越来越唯物和享乐的世界里存在下来并保持繁荣。正如威尔逊所写的:"宗教的持久悖论,在内容上如此之多,而且显然是错误的,然而它依然是所有社会的推动力。人宁可相信而不愿知晓。"[18]尚热回应了这个理想破灭的挽歌:"尽管它们内容的特征不可证明,并存在物理和历史的似乎不合理性,但是教义被坚持下来,并且在扩散。"[19]面对这一悖论,这些生物学家和其他许多科学家将此"宗教现象"合理化,及其所产生的许多神话,认为它们是偶然促进了信仰者总体存活潜力的社会发展的进化伴随物,与其成员未被信仰统一在一起或被微弱信仰统一的社会形成了对照。获胜的意识形态未必就是真理,它只是比其他的更为强大罢了。对基要主义渐增的呼吁,正说明了这一点。

但是,我们要问,在我们的天性中除了对合理解释的智力渴望外,是否具有对宗教信仰的深层情感需要。即使是有强烈的解释动机的科学家,在缺乏一个价值系统的情况下也无法达到目的。大多数科学家皆赞成法国生物学家莫诺所称的"知识伦理学",它建立在"客观性公设"的基础之上,是将智力健全和尊重事实拼合在一起的道德规范。科学欺骗引起的喊打声与对商界中金钱欺诈或诈骗行为更为宽大的接受相对比,表明社会对科学家有极高的期望。然而科学家自身很难合理地去正确对待他们自加的道德规范。正如莫诺所清晰阐述的,"将客观原理假定为获得真正知识的条件,**构筑了一个伦理选择而不是源于知识的判断**"。[20]这个选择是无根据的,还是一个崇拜真理的康德律令的反映?这个问题至少还值得探讨。

道德规范给科学家提出了一个更为基本的问题。从定义上讲,道德规范意味着从不同道德价值观的品行中所选择的可能性。此种情况与脑的严格的一元论-唯物论几乎不相容,这意味着缺乏自由意志和由此导致的道德责任感。我已在第二十七章中提到一些神经科学家和哲学家面对此问题表现出的不安,社会生物学家也同样困惑。在《普罗米修斯之火》一书中,拉姆斯登和威尔逊表明其信仰"精神事件与脑中的生理事件是相同的"[21]和"我们所有的行为实际上是注定的"[22]。这不能阻止他们将自由意志说成是人类心智的实质。我还没有发现将这两种说法统一起来的解释。庆幸的是,这么做的需求尚不迫切。我们仍对人的心智知之甚少,这使得我们不能从范畴上断定人的心智仅是一种缺乏影响其活动能力的神经元活动的流溢。

第七篇

未知时代

第三十章

生命的未来

我们已经到达生命历史中的关键阶段。过去的几千年,仅仅是进化史中的一个瞬间,地球的面貌已发生了剧烈的变化,它正在比以前更快地变化着。过去需要几千代才发生的变化,现在一代即可发生。生物进化正朝着失控的剧烈的不稳定状态发展。

从某种程度上说,我们的时代呼唤以大规模灭绝为特征的进化中的大中断,但其中仍有一些差异。不稳定的原因不是大行星的冲撞或其他不可控制的事件。这种不稳定来自生命自身的创造,是用不断壮大的种群充斥行星的每一个角落,形成庞大的连续繁衍的物种,不断征服自然和利用自然。同样,在生命历史中自然选择第一次被对生物圈部分成员的有意干预所部分取代了。事实摆在我们面前,清晰而千真万确。人人都可获知这一寓意,并得出明显的结论。

自然选择出轨

人类是自然选择的产物,自然选择促进了以下突变:解放了人类的双手,并使它们利于持物、发出信号、使用武器、制造工具,以及进行其他手工活动。自然选择还助长了以下突变:将人脑集成为可以指导双手、计划未来,以及与他人交流的网络。结局是,人成为唯一能改变创造它的自然进程的物种。这种能力的证据遍布于我们周围。

早在40 000年以前,这一改变即已开始。直到那时,早期人类还可以与生物圈的其他物种和谐共处。人们小规模地群居,纺纱织布,以野果、浆果及其他动物为生。他们可以捕捉啮齿类动物、青蛙、蜥蜴、蜗牛、昆虫的幼虫,以及无自卫能力的幼鸟和较大的哺乳动物。他们的生活是一种日复一日、劳动得食的方式,完全依赖于自然界的供给。但他们已经学会开发利用周围的环境,依据季节和气候的改变,不断迁移,很少将自然界的平衡破坏至危及他们食物供给的程度。这种生活被描述为粗野的或田园牧歌式的。依据个人观点,这种狩猎-采集型生活方式可能是破坏性的,但它对环境尚属友好。

大约40 000年前,当狩猎变得更加成功,人类技术全面提高,社会组织更加完善时,情况改变了。这些人类文明的进步,包括更加精良的武器的制造,效率的提高,可以使人类获得捕捉最大型哺乳动物的合作狩猎技术。大型狩猎代替了令人厌倦的对小型动物的捕捉,为人类提供了新鲜、特别丰富的食物来源。食物的充分供给有利于多育,使人类甚至可以浪费食物,仅有一小部分被留下来供人类食用,剩余的留给了食腐动物。狩猎甚至变成了一种运动,只是因为它所带来的乐趣才进行。无论是什么打破了捕食者与被捕食者间的周期性平衡,总之,人类对生物圈的第一次袭击确实发生了。大约几千年前,人类消灭了欧洲和美洲的欧洲野牛、长毛象、巨大的树懒和其他史前动物。正是狩猎,而不是气候或其他环境因素的失衡,引起这些大规模灭绝。其证据是灭绝发生在不同的时间和世界的不同地区,并且每一例都与人类的入侵同时发生。[1]

接下来的袭击更加隐蔽,甚至难以觉察。约10 000年前,在中东的某个地方,人类学会了种植谷物和饲养家畜,并体会到定居于一处,让食物自动供给，而不是去努力获取的好处。这些定居者建立起永久性居所，保护他们和他们的后代规避恶劣的天气、凶猛的捕食动物，及不友善的邻居。他们建立起更加坚固的社会纽带，更加亲密的社会组织，以及劳动分配和合作关系。正是由于这些进步，他们可以养育更多的后代，较以前那种散漫的狩猎-采集型方式扩张得更快。无论何时，当定居者的数量超过周边环境的供给能力时，就会如同蜜蜂的分房一样，发生部族的分裂，一部分人会寻找新的居所，替代或消灭这片土地上的游牧部落。按照最新的基因和古生物学证据，这就是那个时期群居生活的发展方式，而不是友善融合和技术转移。[2]

这种迁移慢得像蜗牛的脚步，大约每年1千米。但它在无情地进行着。一公顷一公顷地，原始森林被草原和耕地所代替。依次地，由于过度放牧，群落环境的衰退，土壤被侵蚀，和其他开垦带来的副作用，土地又一公顷一公顷地被不毛的沙漠所替代。[3]丰富的相互联系的微生物、植物、真菌、动物的群体曾经被聚集在产生生命的巨大森林的华盖之下，但是，它们一点一点地让位于同一块地里生长的小麦和大麦，同样的牧场，同样的牛群、山羊群、绵羊群、猪群，同样的鸡群鹅群，同样的猫狗，同样的啮齿类，同样的苍蝇蟑螂、寄生虫、共生动物、食腐动物分解者及其他新的人工创建生物小区的获利者。人类的聪明才智将自然选择可能不保留的动植物变为具适应性的不同的物种，它们逐渐替代了它们的野生型祖先。

事实上，在几千年间全体人类都适应了群居的生活方式，大面积的森林被耕地所替代。同时，技术的发展，现代科学的诞生，工业的萌芽，皆使得人类对生物圈做出进一步冲击。冲击的方式是灌溉，施肥，和其他为使农业产量增加及提高人类生活水平的各种方式。但是很少有人会担心和焦虑。自然界似乎是用之不竭的，甚至到19世纪还有这样的观点。

最后的打击来自医药卫生的发展，它挽救了在过去的不良卫生条件、营养不良和疾病情况下很可能死亡的生命。正是由于这些发展，自然选择对人口数目的缩减被阻止了，它导致了最近150年的人口爆炸。更多的人口，意味着更多的食物需求，更多对森林的破坏，更多对生物小区的破坏，人类世界更多的贫穷。自然选择已经出轨，但仍未停止。它在我们人为的疆界中继续着。从长远看，它被这些疆界朝着对人类和生物圈更加有害的发展方向推进。除非我们立刻采取行动纠正这一进程，自然选择的报复才会消退。

七头，一身

要求传说中的海格立斯(Hercules)所做的12件难事之一是杀死莱内地区的九头蛇，这条神秘的怪蛇据说栖息于希腊南部莱内地区泥沼湖的深处。该蛇有7个头，另有人说，它有9个或50个，甚至100个头。它的头被砍掉后会很容易地长出来，这正好与它的名字相符合(一种以其头的再生而命名的水螅)。在费力地一次次砍掉它的头后，头又一个又一个长出，海格立斯同时砍掉它所有的头而最终杀死了它。他的蛮力最终取得了胜利，但我们会好奇，他为什么不用一用脑子，去攻击怪物的身体呢？

人类由于自身的对生物多样性的无效设计而正在面对一个多头怪兽：滥伐森林，生物多样性丧失，自然资源耗竭，能量过度消耗，环境污染，以及人类自身退化。[4]单独对付每一个头一概无效，同时对付所有头会增加任务的艰巨性。唯一可行的解决方案是：攻击身体，即改变人类自身的行为。

我们未来的一个主要威胁是滥伐森林。全世界超过50%的森林已经消失(其中超过一半是在上个世纪消失的)。而且，由于土地开发、耕种、伐木、焚烧、旱灾、酸雨及其他损害,森林面积正以警戒速率缩减。大片的树木已抵御不了上述因素的影响和人类过度开采、动物数目增加的联合侵袭。沙漠处处侵蚀着贫瘠的土地。过去曾是一片绿洲的撒哈拉沙漠,其面积每年都在数十万公顷地增加。在萨赫勒地区,沙漠以每年4.8千米的速度向前推进。热带雨林的情况更糟,每年丧失约1600万公顷(相当于佛罗里达州的面积)或目前面积的2%。若以目前的速度发展,50年内热带雨林就会消失。

电视将过度滥伐森林所带来的悲惨结局的每一个细节都展现给我们:瘦弱的婴儿伏在母亲干瘪的胸前,母亲眼中绝望的神情,等待死神降临的瘦骨嶙峋的老妪老叟。画面如此熟悉,以至于我们再看到这些画面时竟无动于衷。饥荒在某些局部地区非常严重。世界上的大部分地区都有充足的粮食供给,许多地区都有粮食剩余,谷仓囤积过量,农民因留置休耕地而被罚款。饥饿既是一个生物学问题,也是一个政治经济学问题。而森林消失还有着其他不易看到但更具全球性和难以修复性的后果。

其中之一是生物多样性的消失。没有人知道地球上有多少物种。在最近提交的保护濒危物种的提案中,威尔逊列举了共1 402 900个物种。[5]其中一半以上是昆虫(751 000种),其中还需加上123 400种非昆虫的节肢动物和106 300种其他无脊椎动物。相比而言,只有42 300种为已知的脊椎动物,其中不到10%是哺乳动物。植物有248 400种,真菌69 000种,原生动物57 700种(其中26 900种是嗜光性藻类),细菌仅4800种。人人都同意这些数字有的被粗略地低估了。细菌世界几乎完全没有探明,数百万昆虫物种也有待进一步的探察。威尔逊认为:“地球上物种的总数目介于1000万到1亿之间。”[6]牛津大学的专家梅(Robert M. May)提出更加保守但仍然相当可观的数目:500万—800万。[7]

超过一半的已知物种和上百万的未知物种中，大部分定居于热带雨林。人类为滥伐森林所付出的代价是惊人的。据威尔逊最乐观的估计，按照目前热带雨林的消失速率计算，“每年灭绝的物种是27 000个，即每天74个，每小时3个”。[8]这个数字——史前动物灭绝速率的1000—10 000倍——使世界温带地区濒临灭绝的物种（如大熊猫、斑点猫头鹰或蜗牛镖鲈）的数目相形见绌，而保护主义者为之付出了大量努力。

现存物种的消失不仅是对兰花栽培者、蝴蝶标本采集者和昆虫爱好者的一个打击，而且是一种无可挽回的珍贵信息的丢失。在生物学上，它就如同公元641年焚烧亚历山大（Alexander）图书馆。它是在能读生命之书之前就毁掉其中的大部分，这无可挽回地丢掉了对生物进化和我们自身历史至为重要的线索。有巨大潜在实用价值的资源可能也同样丧失了。随着生物圈的日见缩减，有价值的食物来源或有可能治愈疟疾、艾滋病及其他疾病的分子可能会从此永远消失。

滥伐森林的另一个严重后果，是减弱地球对过剩二氧化碳的抵御能力。森林就像地球的肺，或者说是“反向肺”。树木（和其他植物）可以清除二氧化碳，产生氧气，因此它们可以代偿大量生物所消耗的氧气和产生的二氧化碳，以及日渐增加的由于燃烧化石燃料和木材而引起的此类效应。在亚马逊河流域的广大地区，林木即被这样烧掉了。在过去150年里，以一种稳步上升的方式，氧气的消耗量超过生产量，二氧化碳的生产量超过消耗量。这种不均衡几乎没有影响大气中的氧气浓度，却相当可观地影响了二氧化碳的水平，它比氧气低了3个数量级。1958—1993年，大气中二氧化碳的含量从0.0315%升至0.0360%，并以更快的速度上升。预计2050—2100年，会升至0.060%。[9]许多人相信，这一改变会经由温室效应而导致全球显著转暖。

这一现象是由于单相过滤作用而产生的。温室的玻璃或大气中的二氧化碳，允许来自太阳的可见光通过，但部分阻挡波长较长的红外线并将之反射回去，因此，太阳能被保留下来并引起温室内或星球表面温度的升高。普遍认为：大气中二氧化碳和甲烷（一种家畜饲养中的气化副产品，经由厌氧微生物在反刍类动物的胃中产生）浓度的升高会导致全球变暖。全球气候变暖的范围和程度不可避免地会对暖期和冰川期的交替产生影响，这一问题已被充分讨论。有的科学家预测会有灾难性的气候改变，植被和生物小区组成的显著改变，两极冰川的融化，沿海的大洪水，和其他的大变动。其他科学家减弱了问题的严重性，并同意盖亚理论。然而即便是盖亚理论之父（英国的洛夫洛克）也承认，他"女儿"的反应对扭转人类的大劫难来说可能太迟，作用太小。[10]

森林在水循环中起着重要的作用。它们储存大量的水，调节水在土壤中的流失，并引起降雨。滥伐森林后引起的干旱，充分证明了地球"绿色大教堂"的储水作用。人工灌溉可以恢复沙漠的肥沃，但这需要消耗大量的能源，能源需求使我们面临九头蛇的另外一个头：能源的过度消耗。

人类是唯一的能源消耗超过其维持和繁衍所需量的活物种，额外的能源长久以来只能来自这个活生生的世界。能源主要来自木材，以提供热量；来自动物（或人）的肌肉，以做功。最后，人类找到了帆来利用风能，利用下落的水来推动磨盘。然而，大的转变来自人类找到了利用热能的途径——蒸汽机的发明。几乎是象征性的，第一台蒸汽机被用来从煤矿中泵水。

从一开始，蒸汽机和煤建立了良好的合作关系，一起推动工业时代的发展，使得汽船在海洋中航行，铁路在大陆间畅通，同时鼓舞地质学家去勘探更多的煤，矿工开采更深更富能量的煤层。天空变得灰暗，降雨变酸，地球表面被污染并变得支离破碎，地下洪水和火山喷发吞噬了成千上万人的生命。死于矽肺和结核的人更多。人类毫不在乎地进入了能源挥霍的时代。

接着掀起了第二次浪潮，比第一次更加彻底。内燃机被发明，燃油的价值使人们为了利益而不断利用新型机器开采油井。因此开始了福特-洛克菲勒(Ford-Rockefeller)时代，使得无数“油老虎”像蚂蚁一样奔驰于我们的星球上。

当植物的光合作用超过了异养生物的破坏时，化石生物被大量储存，因此新机器的发展可以远远超过生物圈的供给量。当机器奴隶嗷嗷待哺时，总有足够的煤和石油来喂它们。一个更大的进步是发明了一种设施，能将机械能转化为电能，传输电流，并将电能转化为机械能、热能和光。这些进步使得家家户户和每一家工厂都可以利用大量集中燃烧化石燃料所产生的电力。

如今在美国，男女老少用于运输和使生活舒适所消耗的能源是维持他们基本代谢所需能源的100倍。[11]在这个工业化世界里，其他许多国家的能源消耗也接近这个数字。发展中国家迟滞很多，但它正以更大的能源消耗为代价而努力提高生活水准。世界范围内，人类消耗的许多能源来自化石燃料(煤、石油和天然气)的燃烧，但它们并非免费供应。

化石燃料的过度消耗是产生过量二氧化碳的主要原因，并因此引起温室威胁。此外，燃料燃烧，尤其是煤的燃烧，向大气中释放有毒的硫氧化物和氮氧化物，它们是形成酸雨的主要原因。酸雨损毁森林湖泊，危害人类健康，在世界的许多地区破坏了生态平衡。而且，化石燃料，尤其是石油，作为生产塑料和化学类物质的石油化工工业的主要原料，反过来又增加了地球上的污染。为满足增长的需求，产品的提炼和运输本身并不是不冒风险：露天开采所致的地貌的破坏，煤矿开采和石油提炼而施加于人类生活和健康上的重负，油井燃烧而导致的对环境的破坏，以及损毁的油轮所带来的生态灾难。最为严重的是，化石燃料是一种非再生性资源,终有一天会耗尽。据估计,石油和天然气的生产将会在几年内达到高峰,接下来,在今后的100年,就会趋于完全耗竭。煤的储量稍丰富些,但也是有限的。煤的开采将会在21世纪中期达到高峰,然后在2400—2600年耗尽。[12]

由于20世纪70年代的能源危机,这些事实已为人们所知,并被各国领导人所关注。早在1976年,圣路易斯华盛顿大学的环境和政治活动家康芒纳(Barry Commoner)就尖锐地分析了美国的能源生产和消耗。[13]我们无需接受他对美国经济结构的非难,但应承认他反对目前能源消耗的正确性。依据热力学定律,当前的能源消耗是非常浪费的。

据康芒纳看来,目前的错误是:计算效率时只依据被消耗的能源(燃料燃烧)转化为有用功的比率(第一定律效率,源自热力学第一定律)。它自身并不错,实际上,它启发了节油发动机、节能型居室和其他节能设备的设计灵感。但是我们并没有更多关注能量转换的第二定律效率(源自热力学第二定律),也就是:在最佳情况下,消耗相对最小的能源来完成预计的工作。依据第二条判据,无论发动机的第一定律效率多高,大规模的转运总是优于私人运输。而且,用电力取暖是荒谬的。它是将热转换为电,再将电转换为热,这是浪费。更令人惊奇的是,用热泵取暖而不是烧火取暖会更加节省能源。热泵,例如冰箱这一类机器,它们将热能从一个较冷的环境中(冰箱内部或房子外部)泵出到一个较热的环境中(均为房子的内部)。

许多研究已致力于生产可替代的、不会耗竭的、非污染性的能源,例如风力,自然或人工降雨,潮汐,海浪,洋流,地表与深海的温差,温泉,地热,当然还有太阳能。人类也正努力开发安全、可运输的燃料,以期某一天会替代化石燃料。这一燃料是氢,它可以燃烧为水并且无污染,目前各方面都取得了一定的进展,但尚无重大突破。通常认为,太阳能会是我们这个星球的理想能源,但是对这一能源的大规模开发被许多实际问题所阻碍。无数有待解决的问题之一，就是辐射到地球的太阳光过于分散和不规则，需要大面积的地区以收集太阳光（为满足全美国的需求，需要0.4%的国土面积[14]），还需要巨大的容器，以便在不见天日时保证能源的供给。也许有一天沙漠会再次变为充满生机的绿洲，成千上万的太阳能收集屏将能量供给巨大的产氢植物，它们为全世界提供能源。目前，这只是一个梦想，但它是一个值得追求的梦想。

同时，只有核能可以以一个合理的价格和基本无污染（除对局部水域的加热）的形式提供能源。几个国家，主要是法国和比利时，现在主要依赖此种形式能源的供给。许多其他国家，包括澳大利亚、瑞典和美国，迫于公众压力，不得不放弃或抑制核能的开发。

核能有一个并非完全不符的坏名声。核能的力量丑恶地展现于广岛和长崎，它仍然与战争和大量人口死亡这样的大灾难景象联系着。在公众的心目中，它仍与放射性—— 一种无形但导致癌症、白血病和基因缺陷等令人恐怖的力量——联系在一起。此外，核能的生产并不像有些科学家和工程师所说的那样安全，而是以三英里岛、切尔诺贝利为标志的一个概念。客观的观察者指出：没有什么事是完全无风险的，和平利用核能的代价只占美国每年由车祸或吸烟所致不幸的很小一部分。但对核能的恐惧并不会因冷冰冰的数字而被消除，科学家必须证明对这种强能源的控制能力。

理智地看，核技术除了相对于大车祸的较小危险外，确实有一些严重的缺陷。它产生需要安全储存千年的高放射性废物，这一难题目前仍未解决。此外，世界上铀（它是核反应的主要能源）的供应是有限的。增殖反应堆（其产生的能源超过其消耗的能源）理论上提供了对这一问题的永久解决方案，它可以产生钚这种自制核弹的理想原料，自制核弹展现了核劫持及核恐怖主义的可怕远景。

目前所有在使用的核反应堆都依赖于原子裂变，第一颗原子弹的爆炸就利用了原子裂变这一过程。太阳和氢弹所利用的氢的核聚变，将会更加安全并且几乎无污染。但是在充足的容纳空间中，需要非常高的温度，在实验室中，这些条件基本可以满足，但在现实中尽管已经很努力却还是做不到。掌握这种形式的能源，如果不是数十年，也将是许多年。

污染可能是最邪恶和最难以征服的九头蛇之头。几乎没有工业不产生污染空气、河流、海洋、土壤和珍贵的水资源的副作用。湖泊由于重金属污染而变得死气沉沉，河流中突然充满死鱼，管道中流出臭水，空气中充满烟雾，森林变得寂静，只留下乌鸦的叫声。农田变得贫瘠，只留下几株过去常见于工厂周围的顽强的野草，它们有时会偶尔再现。

许多工业产品也是有害的，莫名其妙或公然地被作为获益的代价。直到卡森(Rachel Carson)提醒人们杀虫剂的弊端以前，它一直被广泛应用于世界各地；氯氟烃(CFC)被当作理想的致冷剂和推进燃料，现在却证实它是一种温室气体，可以破坏保护地球免受来自太阳的过多紫外线辐射的臭氧层；当抗生素第一次被生产出来时，它被正式宣称为神奇药物，但现在它成为危险致病菌的强力选择剂。此类例子不胜枚举。

纯粹就体积而言，即使无害物品也引起环境问题。几乎可以包裹超级市场中每一件物品的塑料容器和包装袋，从实验用品到打火机、照相机、碟子和餐具等“一次性”用品，现在已在无数方面代替了木材或金属的人造材料，替代羊毛、棉花或毛皮的合成纤维。这一切都添加到“塑料圈”里，并且皆不易生物降解，几乎不可能清洁地燃烧。这些废物堆积起来，将土地和海洋变为垃圾场。垃圾本身就是一个大问题，其重要性超过了社会和自然本身。

缩减的森林，扩展的沙漠，消失的物种，短缺的能源，增加的温室气体，被破坏的臭氧层，受到污染的水和空气，恶臭的垃圾场，放射性废物，垃圾山……九头蛇有太多的头需要我们去消灭。

英国最有影响力的科学家之一，曾参加过1972年斯德哥尔摩和1992年里约热内卢全球环境会议的朱克曼勋爵[Lord(Solly) Zuckerman]，在他去世前几个月，总结了他的观感。"像斯德哥尔摩一样，"他写道，"里约热内卢留给我们的最重要教训是每个国家的利益不同，即国家性和全球性环境问题之间有差异；长期和短期的社会和环境问题不属于同一范畴；贫穷国家的发展不仅不可避免地带来了财政和金融问题，也带来了新的环境问题。另一个重要的教训是，实际上，许多环境问题的解决几乎完全依赖于政治和经济的状况。"[15]这种语调中听天由命的成分多于满怀希望的成分。

1992年，盎格鲁-撒克逊世界两个最具权威性的科学团体，美国科学院和伦敦皇家学会发布了联合声明，呼吁世界各国的良知。[16]这一声明提出不祥的警告："如果目前对人口增长的估计是正确的，并且人类对地球的行为不改变，科学技术可能难以阻止不可逆转的环境退化或世界大部分地区的贫穷。"不幸的是，这一文件的结语听起来更像愿望而不是强有力的建议："全球政策亟需更快提高全球经济的发展，建立人类活动的良性环境模式，加快稳定全球的人口数目。"此外，作者们提到："只有不可逆转的环境恶化被及时阻止，才可能实现可持续发展。"[17]

一些专家，尤其是经济学家、社会学家和政治科学家，也有这种谨慎的乐观情绪。他们了解问题的严重性，但是相信人类可以像以往一样胡乱对付过去。他们回想起马尔萨斯(Thomas Malthus)早在200年前，就在他著名的《人口论》[18]中指出，以算术级数增加的能源不可能跟上呈几何级数增加的人口。但是，马尔萨斯并未预见到工业革命，工业革命开发的能源远远超过英国人口增加的需求，并且相当可观地提高了人类的生活水平。技术还没有停步，并且有可能再次挽救人类脱离马尔萨斯式困境。

现在的情形与马尔萨斯的时代不同。尽管尽了所有的努力,世界在过去20年中还是变得更糟,未来看起来更黯淡。原因很简单,九头蛇的头不断从一个身体中吸取营养而顽强生长。地球上的人口已过多,每年增加的人口也过多。如果人口爆炸继续下去,我们人类会被自身的胜利所遏制。

问题的症结

每1秒中会有3个人死去,6个人诞生。100年前,婴儿的死亡率使这两个数字相平衡。由于现代医疗卫生的发展,这再也不会发生了。因此,每年有1亿个人加入到地球的总人口中。[19]

1825年,地球上有10亿人,这个数字在100年里增加了1倍,又在随后50年中增加了1倍,1994年地球人口达到56亿。如果以如此快的速度发展,预计2050年人口总数会超过100亿。我们脆弱的地球能否承受如此异常发达的单一物种还不确定。问题不是我们能否避免地球未来的衰退,科学技术威力的绝对信奉者可能将其视为一个能够达到的目标。问题是如此多的人能否和谐共处。

我们人类并不爱好和平。冲突、入侵、征服、讨伐、大屠杀和战争,历史揭示了人类不间断的战争。其他动物界的成员没有如此在相同物种间争斗的能力。我们的竞赛没有固守的仪式,我们为现实而战。在我们这一物种中,圣雄甘地(Mahatma Gandhi)和德肋撒修女(Mother Teresa)不像亚历山大大帝(Alexander the Great)、成吉思汗(Genghis Khan)、拿破仑(Napoleon)、希特勒(Hiltler)等人那样具有代表性。这些侵略性有多少是遗传的,有多少是后天习得的,仍未明了。无论答案是什么,事实胜于雄辩。我们就是侵略性动物。我们会被动屈从于人口增长的压力吗?不大可能。

一种已经存在的冲突将会使穷人和富人互相敌对，尤其是在大城市中。到2000年，世界上将有23个超过1000万居民的城市，其中的17个在发展中国家。[20]任何参观过圣保罗或纽约的人都能体会到贫穷和绝望的人们赖以为生的非法和暴力的混合。另一种即将发生的冲突，存在于年轻人和老年人之间。[21]或许有一天，在健康人和病人之间，尤其是在人口稳定或减少的医疗发达的国家，冲突亦会爆发。最令人不安的是南北方之间的巨大鸿沟，和由此所致的两者之间不断升级的紧张状态。[22]作为一名生物学家，我观察到两个事实。除了少数例外，发展中国家的人口增长超过他们满足人口增长基本需求的能力。饥饿、流行病、赤贫、社会不安定、政治动荡和其他灾难都在增加，这主要是由于人口与财产增长之间的不平衡。相比较而言，发达国家相对人口稀少，老年人享受着一种南方贫穷老人梦想不到的快乐生活。这一失衡的后果在许多发达国家中是可以预测并且很明显的。

以近期的观点来看（许多政治家若想继续掌权，就一定会接受这一观点），这一趋势似乎没有那么严重。从长远来看，由地球上的生命和人类的历史推知，就像我们在本书里所做的那样，前景堪忧，也令人恐惧。每年有1亿人口诞生，主要是在南方，压力势必存在，反作用不会迟滞太久。大的冲突不可避免。记住过去。我们没有改变。现在还没有。

结论是显而易见的。在不远的将来，如果我们不能以理智的态度成功地控制人口增长，**自然选择就会以前所未有的最严酷方式对待我们**，以无可挽回的损毁对待环境。这就是40亿年来地球生命历史的教训。

科学的角色

也许影响我们未来的最令人困惑的因素，是科学所扮演的角色，它既被颂扬为世界上最好的又被指责为世界上最坏的,这取决于我们如何应用它。科学的好处在我们周围随处可见。健康、舒适、安全、全球通信、无限制的信息存储和这些进展所促进的文化的极大发展,都是科学技术的产物。这些都是我们的狩猎-采集型祖先,甚至几个世纪之前的先辈在很大程度上所不能享有的。但是威胁人类和这个星球未来的所有罪恶也是如此。

科学是好还是坏?这个问题总是不断地被提出来。在19世纪,科学至上主义取得胜利后,尽管它确信科学能解释、技术能解决所有问题,20世纪仍出现了不断增长的反科学浪潮。[23]本书因篇幅所限,没有讨论因这些问题而产生的许多社会的、政治的、经济的和意识形态的问题,但这里有几点值得注意。

除了激进分子,所有人都会认为科学技术的益处远超过它们的缺点。谁想要回到"过去的好时光"?在那时,一半的儿童不到2岁就死去,三分之一的妇女会死于分娩,天花、斑疹伤寒、霍乱和瘟疫肆意流行,肺结核夺去一部分人的生命,肺炎、白喉、脑膜炎和小儿麻痹症使上百万人致死或致残,营养的缺乏阻碍着生长发育,人们恐怖地看着癫痫发作,麦角中毒的受害者被当作巫婆在火柱上被烧死。谁心甘情愿回到人们只是为了活着而必须从早到晚辛苦劳作的时代?成千上万的人仍徘徊在这种不安定的生活方式中,他们的经历告诉他们这意味着什么,他们当然不愿意。

即使返回至稍早的时代是令人想望的,但也是不可行的。没有办法清除科技所获得的成就。它们就存在于此,这不只是一个烧掉图书馆的问题。知识已变成全球性的知识,储存在无数的"记忆"之中,实际上是毁灭不了的。即使由于空间和时间的特定限制,使得人类的需求难以完全满足,人类的本质也不会有一个全球性或长久性的改变。科学是智能的产物,智能本身又是高级脑功能的产物,高级脑功能本身又是人脑发育的产物,人脑本身又是遗传决定程序的产物,遗传决定程序本身又是进化和自然选择的产物:各种特性的直接结果,包括强烈的探索欲望,这些特性使我们成功地实现进化。即使我们想,我们也不大可能突然抛弃我们的遗传性,停止惊奇地观察世界、提出问题并运用我们的聪明才智来解决问题。只有在人类终结时,才能做到这一点。如果科学注定要毁灭我们,它就会这样做,因为我们人类生来就是有缺陷的,是致命突变的牺牲品。

这样一种结果不允许打稍许折扣。对我们的处境所做的客观分析,确实揭示了一个致命的缺陷。我们把成功归功于我们的智能,缺乏相当的智慧会招致我们最终的毁灭。我们有能力获得知识,但可能不会明智地使用它。这一论断几乎不需要什么证明,你只要打开电视机看看新闻就行了。

生存的方式中充满科学,但更多的是智慧。在这一方面,科学不是唯一的引导者,也许甚至不是最好的一个。智慧不一定是与知识、理解力,甚至智力相关的东西。不过,智慧也不会在无知、愚昧、偏见或迷信中找到。在一些社会圈子里,有一种拒绝追求真理的倾向,因此智慧可能被忽视。这种倾向曾走过了头,因为担心研究结果可能会与一些先入为主的观念或意识形态相冲突,而禁止过某些研究。这样的行动可以理解,但它们是完全错误的。它们把人当成未成熟的孩子,不让他们知道真相,这是无理的,也是无用的。真理,不管我们怎么去否认或忽略它,它必定会赶上我们。

过去几十年,在认识自然和生命包括我们人类自身的进化方面所取得的重大进展值得我们注意。我们的领导者迫切需要更好地理解"生命的真相"这个词语的真实意义。我们是生物圈的一部分,并已成为了它的管理者。无论我们有什么其他成见,我们承受不起忽视属于我们自己的大自然的责任。我们必须学习以生物学的观点来思考问题。

科学还是我们解决现在和未来问题的最好方法。的确,方法的选择面临很大的困难。即使有些人认为应该知道任何可知的事物,他们也不主张应该做任何能做的事情,这就是最迫切需要智慧的地方。目前的趋势还有一线希望。

在过去20年里,全球责任意识已有明显提高。主张生态保护的运动,尽管有些过度,还是值得赞扬的。同样值得注意的是生物伦理学的发展。全世界的医院和研究中心现在皆已受多学科委员会的控制。在计划进行有潜在危险的研究或治疗时,都要与他们商讨。与全球健康、环境、经济发展和人口增长有关的世界组织的存在,也是令人鼓舞的,尽管他们的运作经常是迟缓和徒劳的。在不到一个人的生存期的时间内,生物圈获得了道德感,这是运用集体智慧和开明智慧所必需的条件。

下一个50亿年

1953年,查尔斯·G·达尔文爵士(Sir Charles Galton Darwin),老达尔文的孙子,出版了一本书,名为《下一个百万年》。[24]也是在这一年,沃森和克里克宣布了双螺旋结构,而在离波士顿不远的伍斯特基金会里任职的内分泌学家平卡斯(Gregory Pincus),正忙于在墨西哥城的辛特克斯公司实验室里测试一种物质的生物学作用。这种物质由出生于奥地利的美国化学家杰拉西(Carl Djerassi)合成,后来制成了"避孕药丸"。[25]因此,对于那些由于它们的本性,我们无法估计的未来的发现,我们应该谨慎地做出预测。

查尔斯爵士对下一个百万年的见解令人惊讶地平淡,要不是有一些修正,和现在的外推观点几乎没什么不同。他提及了人口问题,但并没有恐慌。他哀叹但默认在损害不可避免的"饥饿边缘"的情况下,人口和食物供应将继续维持平衡。他甚至对发达国家的低出生率表示遗憾,认为这渐渐破坏了文明的壁垒。他承认存在能量问题,但是没提供什么解决方案。他不相信核能,认为太阳能难以利用,倾向于支持水能。这导致了拥有此种能源的山地人在某些谈判场合想与生产食物的平原居民相互争斗的古怪念头。他没有提及污染、过度拥挤或生物多样性的丧失,除了那些人类无法控制的,由气候或宇宙因素引起的可能大灾难之外,他也没有对其他可能的大灾难做任何暗示。

现在有了这些预言,我们能做得更好吗？普林斯顿天体物理学家戈特(Richard Gott)认为是这样。在最近一篇文章里,[26]他采用了他所称的"哥白尼原则"对我们的未来前景加以预测。所谓哥白尼原则,是指无论是在时间上或空间上我们都不特殊这一假设。这就是说,我们只是人类的随机代表。当然,我们也可以不是,但是我们实际上不同于这一理想化平均值的程度,服从统计函数,这点需要考虑。基于这一假设,戈特按未来是过去的一个简单函数的方法,计算出了我们的可能未来。根据他的公式,如果我们生活的时间为t,我们将有50%的机会在$t/3$时间后仍会继续存在,而在$3t$时间后不复存在。在95%的置信水平,极限是$t/39$和$39t$。对人类来说,按照它在200 000年前出现的假设,这种计算得出的极限在50%的置信水平是67 000和600 000年,在95%的置信水平是5100和7 800 000年。简单地说,人类有95%的机会将会继续生存5100多年,而将在从现在开始的7 800 000年后灭绝。我们人类将在600 000年后消失,这一机会已是1/2。注意,如果将人口的上升因素考虑在内的话,95%的下限已降到12年。就像一些街头传教士警告我们的一样,世界末日没准行将到来!

在戈特的计算里,生命本身会过得更好。生命已存在大约38亿年,它有95%的机会仍将存在几百万年,有50%的机会持续110亿年,那就是说，比地球仍能维持生命的时间还要长。根据最近的宇宙学估计，地球会在大约60亿年后被吞没在太阳的爆炸中，在这之前很久就已不适宜居住。[27]

只要地球上的生态位能支撑它，生命就会继续存在。我们并不需要戈特的计算来有把握地做出这些预测。它38亿年的历史告诉我们，尽管有严重的地质和气候变化，甚至是行星大灾难，生命不仅将继续存在，而且会更加繁荣，并向更加多样化和复杂化方向发展。它实际上似乎会在灾难中繁荣兴旺。每次在生命历史中出现大规模的物种灭绝后，接着便会出现新的生命形式的迅速增加。

生命将会继续。但是，是与我们一起，还是没有我们？正如戈特所指出的，大多数物种的平均寿命在100万和1100万年之间，哺乳动物的平均寿命是200万年。这样，他对我们人类寿命的预测大致正确。不过，人们可能会想知道戈特的方法是否受到过挑战。[28]它是否适用于这样一个独特事例：一个物种覆盖整个地球表面，并积累了广大而有力的实际上以不朽的形式存储的共享文化遗产。然而，在非常长的一个时期——每100万年大约40 000代内，人们无法预知会发生什么事情。一个退化性过程，也许由大灾难所触发，已蓄势以待。一个一个的种群在我们这个时代已被消灭，为什么全世界人口在未来某时不会呢？

如果智人灭绝了，将由什么来替代它呢？也许没有什么可以替代的，人类的智慧正如黑暗中瞬间闪过的光，永远也不会再被点燃。“只有一次追思，”正如古尔德(Stephen Jay Gould)所言，“一类宇宙事件，不过是进化的圣诞树上一个花哨的小玩具。”[29]正如我将在下一章所要解释的，我对生命之书的理解是不同的，我在所有关于动物进化的著作中发现，强烈的选择压力有利于复杂性不断增加的神经元网络的产生。如果我们人类消失，我倾向于预测它会被另一个智慧物种所替代，它也许比我们更强大，特别是有更多的智慧。这一物种可能是人类的直接分支，也可能通过与其他种类动物分离的途径出现。地球上的生命有时间1000次重演人类来自与黑猩猩这一最后共同祖先的进化史，20次重演哺乳动物的全部历史。许多令人惊奇的事情仍会在下一个50亿年内发生，毫无疑问将会发生。

另一个可能性：我们人类可能演变成某种行星超生物，在这个社会里，个人为了整个社会的利益将放弃他们自己的一些自由。某些发生在原生生物中的事件结合起来形成最初的多细胞生物，同样，在某种程度上，它们也发生在此种社会性昆虫身上，尽管我推测“人巢”比蜂巢或蚂蚁巢要更复杂，更少一些千篇一律。这样一种转变可能已在进行之中。[30]

第三十一章

生命的意义

我们终于来到了我们旅程的终点。我们在现有知识允许的程度内，一步一步地追溯着地球生命的历史，从最初的生物分子到现有的微生物、真菌、植物和动物，包括我们人类。我们运用我们对塑造这一历程的力量和约束力的认识，对其未来做出冒险的猜测。在最后一章，我在宇宙的背景下沉思了我们星球的生物圈组织，对我们大家都曾问过的问题“所有这一切都意味着什么”，看看它是否能提供一些答案。我从两个相差悬殊的观点开始阐述，这两个观点碰巧都来自法国。

两个法国人的故事

我们的第一个主角是德日进(Pierre Teilhard de Chardin)[1]，1881年出生于奥文省的多山地区，离多尔多涅河源头不远的地方，德日进出生前13年，在其河岸上发现了克罗马努人的遗骸。他成长在那里的一个小城堡里，那些城堡几乎守护着每一个法国村庄，它们与教堂尖塔一起构成了传统美德的成对支柱。德日进生命中的两个重要方面就是这样解释的。周围的山脉使他很早就培养了对地质学和古生物学的热爱，这使他后来投身到在亚洲和非洲发掘人类遗迹的科学事业。*从他受庇护的、崇尚宗教的家庭环境，他获得持久的信仰，促使他在耶稣会教义的严格约束下成为神父。

在他的一生中，德日进一直努力调和科学与信仰的相互冲突的要求。他悉心创建了一种自然主义神学，这招致其上级对他的不信任，并禁止他公开发表他的见解。他一直处于半流放状态，1955年在纽约去世之后，其著作才得以发行。他的主要著作《人之现象》写于1938—1940年，在1947年和1948年又进一步做了修改，最后于1955年出版，这部作品的英文版在1959年问世。[2]

德日进的哲学受到柏格森(Henri Bergson，1859—1941)的影响。柏格森是一个坚定的进化论者，并且是1927年诺贝尔文学奖得主。在1907年出版的《创造的进化》一书中，柏格森支持生物进化的生机论、唯灵论观点，把进化描述为由一种创造力(élan vital)强制性地驱往不断增加的复杂化。德日进采纳了这一看法，把创造力这一看来似乎较正统——尽管同样模糊——的词用“径向能”(物理学上传统描述为“切向的”)来替代。

按照德日进的观点，精神和物质从宇宙形成时即以初级的形式共存，并且通过这两种形式能量的结合和互补，使它们共同趋向于越来越复杂。生命很自然地从这种“复杂化”中突现出来，并继续编织地球生命越来越精致的构造。这种“生物圈”的进化在人类和意识出现时达到顶峰。下一步，他认为目前正在进行的是“智力圈”(noosphere，源自希腊语，意为“精神”或“灵魂”)的创造，这是注定要产生的整个星球的精神实体，也许与宇宙他处产生的其他智力圈一起，共同汇集到奥米伽点，奥米伽点是德日进为他信仰的上帝所取的“科学的”名称。

---

* 德日进于1923年和1926—1946年两次来中国进行地质考察，1929年曾参加鉴定北京人头盖骨化石。——译者

第二个出场的法国人是莫诺(1910—1976)。[3]他是一个卓越法国新教徒家庭的后裔,这个家庭曾产生过若干有影响的哲学家和牧师。莫诺没在他祖先传统的加尔文教徒环境下长大,他在阳光充足的地中海城市戛纳度过了他的童年。他的父亲,一位著名画家,娶了一位美国妻子,这样在莫诺生命的早期即受到拉丁和盎格鲁-撒克逊文化的熏陶。莫诺的妻子是犹太人,是一个拉比的孙女。她祖父曾在著名的德雷福斯(Dreyfus)审判时当过"法国大拉比",即法国犹太人社区的首脑。他们是在战前结婚的。

莫诺的早期兴趣主要是生物学和音乐。他是一个优秀的大提琴演奏家,曾指挥一个唱诗班。如果他当时确信自己能在音乐上达到最高境界,他有可能从事音乐事业。他的哥哥,知道莫诺很优秀,但也许不会是个奇才,评价道:"因此他不会是一个巴赫,而会是一个巴斯德。"这是莫诺足以达到的境界。由于在巴黎的巴斯德研究所(在他去世的时候,他是该所的主任。)完成的工作,他与他的导师勒沃夫(André Lwoff)及比他更年轻的同事雅各布共享了1965年诺贝尔生理学医学奖。

像德日进一样,莫诺寻求把生物学放在更宽广的哲学背景下考虑,但是他的意识形态结构与德日进完全不同。他义无反顾地拒绝接受他的宗教遗产,加入共产党不久又激烈地宣布放弃马克思主义。第二次世界大战期间,他为抵抗组织作战。像许多法国同辈人一样,他最后在萨特(Jean-Paul Sartre),特别是加缪(Albert Camus)的存在主义哲学里找到了思想上的认同。他对加缪推崇备至。莫诺的科学背景也与德日进截然不同。经过生物化学方面的严格训练,并受他在微生物适应性方面的研究所引导,他成为现代分子生物学的奠基者之一。这门学科将具体物质赋予遗传学和进化生物学的抽象概念。

莫诺的"现代生物学的自然哲学评论"——《偶然性与必然性》,于1970年发表。它的英文版于1971年出版。[4]这本著作的主要哲学思想是,生物进化决非是受某种创造力、径向能或其他神秘力量的指挥,而是完全取决于经过自然选择(必然性)筛选的随机突变(偶然性)。生命(甚至智慧生命)的出现和进化过程,没有任何意义、目的或设计。莫诺认为,“宇宙并不孕育生命,生物圈也不孕育人”。[5]他综合简朴的庄严和淡泊的浪漫主义得出结论:“古老的盟约已被撕毁:人最终知道他在宇宙无情的宏大之中是孤独的,也仅仅是偶然出现在其中。人类的命运不可预测,人类的责任也是如此。是上面的王国,还是下面的愚昧:由他自己选择。”[6]当然,莫诺的王国与天堂没关系,这就是他所说的“知识伦理学”,是科学家基于“客观性公设”自由选择、自己施加的规则。莫诺的愚昧是基于任何形式的“动物性”,这是一个包罗万象的词,它包括神话、迷信、宗教信条、生命的生机论和目的论解释等。“古老的盟约”是在一种或另一种动物性的庇护下人与自然之间的古老联盟。

对同一个普遍主题,没有两本书比《人之现象》和《偶然性与必然性》在形式、内容上更加不一致的了。但这两本书皆引发了大量的过度强烈的反应,一些是有利反应,更多的是不利反应。特别是德日进,尽管受一小部分进步的天主教俗人的称赞,却遭受了科学家的严厉谴责,这不是没有原因的。我记得当我读这本书时,就对它夸夸其谈的文体和混乱的科学用语感到特别生气。莫诺用几句尖刻的评论把他打发了事。他写道,德日进的哲学,“要不是它甚至在科学界也取得了惊人成功,根本令人不屑一顾。”[7]他进一步公开承认“受到这一哲学思想的软弱性的影响”。[8]梅达沃(Peter Medawar),英国最著名的有哲学素养的科学家,以更尖刻的话猛烈抨击德日进的书。他怒斥道:“它通篇胡说八道,靠一大堆玄学幻想来愚弄大家……读这本书总会让人感到窒息,感觉被惊扰及鞭笞所包围。”[9]古尔德,美国很受欢迎的生物学作家,甚至控告德日进在“皮尔当人”造假案中犯有欺诈和同谋罪,这个造假案以一个经过化学处理的灵长类动物的下颌骨冒充属于前人类的

"缺环"。[10]

这是对一个在其所处时代的古生物学界非常受到尊敬的人罕见的严厉惩罚。德日进无论如何是一个温和、可爱和谦逊的人。现在的生物学家几乎不再读德日进的书,更不用说注意了。耶鲁大学的生物化学家莫罗维茨(Harold J. Morowitz)是一个例外,他采纳了德日进的观点,并将其纳入神秘的、泛神论的宇宙图景之中。[11]

令人惊讶的是,德日进的哲学在很多专注于永恒之谜的物理学家和宇宙学家中得到了共鸣。为什么宇宙是这样创建起来的?他们的回答是:正是因为这样,它才应该被弄明白。1974年,美国物理学家卡特(Brandon Carter)把这种论证视为"人存原理"(源自希腊语的"人")。这一原理的"弱"形式允许有别的宇宙,但是它们不会被知晓:只有建立像我们这样的宇宙才能产生需要知道它的智慧生命。人存原理的"强"措词表明宇宙必然产生智慧生命。美国物理学家惠勒(John A. Wheeler)提出了这一原则的"参与版",他主张观察者事实上必须将宇宙带到目前这种状态,似乎要求人类在其出现后靠人的心智来进行一些追溯性的创造。

这些推测已成为当前讨论的一个热门话题。例如,1986年英国天文学家巴罗(John D. Barrow)和美国物理学家兼数学家蒂普勒(Frank J. Tipler)以《人存宇宙原理》为标题,出版了内容极为详尽的一部作品,共计700页,600个数学方程,1500条注释和文献。[12]在这本书里,作者罗列了历史、哲学、宗教、生物学、物理学、天体物理学、宇宙论、量子力学、生物化学的证据来支持他们的总看法。对德日进,他们毫不犹豫地说:"他的理论的基本框架确实是唯一的,在其框架内,现代科学的演化宇宙与实在的终极意义相结合。"[13]在思考宇宙的未来时,他们觉得生命和心智正在侵入整个宇宙,正在趋向奥米伽点。他们得出结论(强调是他们自己的):"一旦到达奥米伽点,生命将不只是对单一宇宙而且对逻辑上可能存在的**所有**宇宙中的**所有**物质和力量进行控制，生命将扩展到**所有**宇宙的所有空间，并已存储了无限的信息，包括逻辑上可能知道的**所有**知识。这就是终点。”[14]

振奋人心。人们可能想知道梅达沃会从他的丰富词汇中想出什么词来，在科学的背景下描述这种预言。不幸的是，梅达沃在1987年去世了。然而，物理学家们通过他们的探索已步入如此怪异的领域，远远超过最富于想象力的科幻小说作家所虚构的宇宙远景。在爱因斯坦的相对论、普朗克(Planck)的量子、海森伯(Heisenberg)的不确定性之后，在黑洞、宇宙弦、反物质和眼花缭乱的夸克和胶子之后，他们比其他任何人更知道真实世界比受限于人类时间空间的脑所构思的表象更奇特。

另一个被人存原理所吸引的著名物理学家是戴森，尽管他不提这个术语。他出生于英国，是新泽西州普林斯顿高等研究院(爱因斯坦在这里度过了他生命的最后岁月)的成员。在《宇宙波澜》一书里，戴森写道：“我对宇宙和其体系结构的细节研究得越多，就会找到更多的证据表明宇宙在某种意义上也许已经知道我们到来了。在数字事件的核物理学定律里有一些惊人的例子，似乎共同使得宇宙适于居住。”[15]戴森，像人存原理的拥护者所做的一样，将“数字事件”定义为一系列物理常量的数值，如果它们有所不同，也许会使物质不适合生命的发育。尽管比他的人存原理同事更小心，戴森却能让他的想象力翱翔高飞。他梦想将来人类在“绿色技术”和适当的进化适应作用的帮助下，会入侵并在宇宙空间开拓殖民地。他暗示可能存在“宇宙精神或世界心灵”作为“我们所观察到的心智表现的基础”。[16]

并不是所有的物理学家和宇宙学家都赞同这样一种理想的“人存”观点。美国理论物理学家和诺贝尔奖获得者温伯格(Steven Weinberg)在1977年提出了“宇宙起源现代看法”。他在《最初3分钟》中写道：“它几乎使人毫不怀疑地相信，我们与宇宙有一些特殊关系，人类生命并不是最初3分钟一连串的或多或少意外事件的滑稽结果，我们从最开始时不知何故就被造就了。……很难相信所有这些（当从航天飞机上看地球时）只是完全怀有敌意的宇宙中的一个微小部分。……宇宙看起来越可理解，就越令人不得要领。”[17]温伯格在写这些东西时，可能并没有读过莫诺的书（他没有引用莫诺的话）。然而，除了以“滑稽”代替“偶然性”，以“不得要领的”和“敌对”代替“无感觉”，或者更正确地说是“冷淡”等法文里的最初用语，他的结论与莫诺的惊人地相似——包括人类对无心宇宙的忧虑。

莫诺的书并没有像德日进的书那样招来相同种类的批评。书中的大部分内容是直截了当的科学，以清晰的、极好的术语表达，使更广大的读者都能读懂。可是，在严谨的科学王国外的涉足，使莫诺横遭攻击。甚至一些科学家也否认其主张的正确性，即使现代生物学支持他，比如他关于生命或意识出现是低概率事件的结论。我那时（用法语）写的长篇评论，发表在一本无名的杂志上却无人问津。[18]尽管我寄给莫诺一本杂志，他可能也未读过。另外一个批评家是斯滕特（Gunther Stent），一个德裔美籍分子神经生物学家。他对科学和哲学的历史也有兴趣。他与同他一起工作过的德尔布吕克（现代分子生物学之父）和莫诺的观点有所不同。在《进步的悖论》一书中，[19]出现一个新奇的预言“艺术和科学的终结”。斯滕特指出，莫诺的“知识伦理学”基于康德哲学的演绎，正如“动物性论者”的伦理体系，莫诺没有就知识伦理是自身承担的，而其他的伦理源自一些宗教或信念的意识形态体系这两者的不同进行讨论。

哲学家们对莫诺闯入他们的领域极力而且一致地反对，虽然出于各种各样的原因。顺便说一下，他们的蔑视不只是针对莫诺，也扩展到针对其他大部分科学家，只要是敢越过界线侵入哲学领地的人。例如，在1992年的一本书里，英国哲学家米奇利（Mary Midgley）对莫诺、戴森以及人存原理的拥护者做了公正的“处决”。[20]很清楚，科学家应该只钻研科学，而把哲学留给职业哲学家。

必要的对话

科学和哲学要求都很高，实际上一个人几乎不可能两者都精通，更不用说一个旁观者无法替代一个内行的谙熟者。不过，科学家和哲学家必须对话。除非哲学仅仅是在纯思维上的训练，否则它必须考虑科学。科学家，就像其他人一样，要提出哲学问题，但是他们从他们占优势的专门知识那里寻求答案。

传统上讲，与哲学家的对话主要由理论物理学家和数学家发起，可能是因为他们在抽象概念上具有共同的对话基础。结果，最终的宇宙图景包括了物质世界的所有方面，从基本粒子到星系，但不是忽略了生命，就是让生命和心智以或明或暗诉诸于生机论和二元论的单独实体形式附加在这些图景之上。这是错误的。生命是宇宙的一个组成部分，甚至是已知宇宙中最复杂、最重要的部分。生命的表现应当在我们的宇宙图景中占主导地位，而不是将它排除在外。这在我们对生命基本过程的认识取得革命性进展时尤其必须如此。

在本书里，我以一种特意的方式揭示了潜在的因果关系和驱动力，详述了地球上生命的历史。一种模式出现后，开始时受决定性因素所支配，随着进化的进展，不断地受到偶然性的影响——尽管是在比所想象的更严厉的约束内。看着这一广阔图景，现在我们可能会问：是谁，是德日进还是莫诺更接近真理？

活生生的宇宙

宇宙是生命的温床。当我还是一个学生时,把有机化学看得很神秘,把它看成是仅通过活的生物进行研究的化学,包括有机化学家自身。当然,我们并不相信生机论,但生机论者的一些残存神秘丰富了我们的思维。空间化学粉碎了这些幻想。有机化学只是碳化学,比任何其他化学神秘不了多少,只不过因为碳原子具有独特的极其丰富的结合特性罢了。有机碳化合物无处不在,它们构成20%的星际尘埃,而星际尘埃构成0.1%的银河物质。

有机云弥漫于宇宙,无论哪里只要其物理状况与40亿年前存在于我们星球上的那些状况相似,生命必定会以一种与地球上的分子相差无几的形式产生。这一结论在我看来不可避免。那些宣称生命是一种高度不可几,甚至可能是唯一事件的人,没有充分仔细地弄清生命起源的化学实在。生命或是可再现的,如给定某种条件,这几乎是物质的共同表现;或是一种奇迹。两者之间包含太多的步骤。

如果我是正确的,那么在宇宙里可能有许多能产生并维持生命的行星。正如在第十三章所提及的,哪怕是一个保守的估计,也能使该数字达到兆。除非这种估计完全不正确,我们可以认为有数以兆计的过去、现在或者未来生命灶存在。数以兆计的生物圈沿着数以兆计行星上的空间边缘穿过,将物质和能量转变为进化的创造流。当我们仰望天空时,无论我们向哪个方向转动我们的眼睛,那里都存在着生命。这个事实完全改变了宇宙学图景。地球不是一个怪异星系里围绕一颗怪异恒星的一粒怪异尘埃,从大爆炸开始即迷失在时间和空间猛烈碰撞的巨大的"无情"恒星和星系涡流中。地球,和其他大量的地球样天体一起,是"生机勃勃的尘埃"宇宙云组成的一部分。生机勃勃的尘埃所以存在,是因为宇宙即宇宙。避免提任何设计,在一种纯粹实际的意义上,我们可以说,宇宙是以这样一种方式构建的:这许许多多孕育生命的行星肯定会出现。在构成每一星系的大量恒星中,许多恒星注定要有行星围绕其转动。其中至少有一些大小合适的行星,与它们的太阳的空间方位合适(也许也需要一个月亮来引起潮汐),这样便提供了生命的摇篮。宇宙不是物理学家的无生气宇宙,有一些生命只是为了便于测量。宇宙**就是**生命,它有必要的基础结构,存在于由其他宇宙产生并维持的数以兆计的生物圈之中。

会思想的宇宙

进化在每一个生物圈中都在起作用,遵循同一些普遍原理。偶然突变与环境间不断相互作用,决定着自然选择的进程,任何两个生物圈不会有相同的历史。整个生机勃勃的尘埃云形成一个巨大的宇宙实验室,生命在其中已经历了数十亿年。它所产生的一切皆向人们的想象力挑战。地球上惊人的生物多样性,只是代表整个宇宙生命多样性的一小部分。在这一总的模式中,除了我们自己的生物圈外,其他生物圈产生有意识、会思想的生命的可能性有多大呢?

按照许多进化论者的观点,这种可能性很小,也许小到这种事件在整个宇宙中只发生一次,然后“妙手偶得”。哈佛大学德裔美国生物学家迈尔(Ernst Mayr),在一本总结生物学进化研究的终身成果的书里毫不犹豫地写道:“一个进化论者会对已进化的生命难以置信的不可几性留下深刻印象。”[21]

古尔德在一本关于在布尔吉斯页岩发现的化石的著作中回应了这种观点。布尔吉斯页岩是加拿大洛基山脉的地质学场所,大约有5.3亿年的历史,蕴藏着大量的奇异动物的化石。“把生命磁带倒回至布尔吉斯页岩早期日子，”他写道，“让它从完全相同的起点重放，那么，偶然性变得如此之小，任何像人类智慧的东西都会使这种重演变得优美。”[22]他在书的结尾回到这个主题，断言：“生物学对人类本性、状况和潜能最深刻的洞察在于原始时期，即偶然事件的具体化。”[23]

戴蒙德也相信人类是独一无二的。他的理由是：在澳大利亚、新几内亚岛、新西兰或马达加斯加，没有啄木鸟。“如果啄木鸟某时没有在美洲或旧世界进化出来，在整个地球上极多的生态位将会极端明显地空虚。”[24]戴蒙德的想法是我们不可相信趋同进化。啄木鸟，尽管已完美地适应，却仅仅出现一次。人类也是如此。因此，“为实际的目的，我们在拥挤的宇宙中是独特的、孤独的。”[25]对此，这位“第三个黑猩猩”编年史编者附上了祛魅的“谢天谢地”。

社会生物学鼓吹者威尔逊同样挑选了啄木鸟，但出于相反的原因。“啄木鸟和啄木鸟样生命形式，”威尔逊在《生命的多样性》中写道，“说明了适应辐射和进化趋同的双重模式。在鸟迁移到世界不同地方的过程中，进化出不同的鸟系填充啄木鸟生态位。”[26]不过，威尔逊没有从啄木鸟外推到人，虽然他在另一本与拉姆斯登合著的书里表达了这样的观点，即“围绕某些恒星存在着生命”，“可能也存在高级文明”。[27]

许多进化论者为何相信智慧生命存在的唯一性，其原因很容易理解。人类是一系列关键事件的产物，在这些事件中，偶然性扮演了重要的角色。仅提及其中的一些事件就能说明问题，一些原核生物必须首先进化为原始真核生物，这种转化历时10亿多年，需要大量的遗传革新，尤其是一个特定的环境设置。据我们所知，这种环境设置仅发生一次。至少，在目前存在的生物中，还未发现一条以上的真核生物主干线索。当这一原核生物—真核生物转变继续时，其他主要事件在细菌世界也必须发生，尤其是产氧光养菌和耗氧需氧菌的出现。随后发生的是线粒体和叶绿体祖先的胞内共生性接纳。接着，由一些真核原生生物开始,复杂性不断提高的动物逐渐出现,并伴随植物的优先出现,这些植物是它们赖以为生的基础。有性生殖也被激发。一系列复杂性不断增加的形体构型连续出现:辐射对称的双胚层,两侧对称的三胚层,口-肛门极性反转,体腔的发生,脊索和神经管的形成,陆生生物的适应,两栖动物、爬行动物和哺乳动物的相继出现,灵长类的发育,最后一步,是从猿到人的最具决定意义的转变。

这些决定性步骤的每一步以及连接它们的其他许多步骤,完全依赖于在适当条件下、适当时间内发生适当的遗传改变。如果让某个小的事件不同,则生命的整个历史可能大为改观。它是历史偶然性的一个典型例子,如同由熟悉的"假如"故事所刻画的一样:假如克娄巴特拉(Cleopatra)的鼻子更短一点,假如没有一粒沙阻塞克伦威尔(Cromwell)的尿道,假如……世界的命运可能已经不同。不用废除现代进化论的坚实基础,就可知道这种推理不会出错。它的结论无可辩驳。如果事物在这里或别的某个地方再次开始,其最终的结果不会一样。但是它将如何不同呢?

要回答这个问题,我们必须考虑我所说的受限偶然性。进化不会在有无限可能性的世界里发生,在这个世界里,只有骰子的一掷决定哪种可能性会变成现实。让我列出一些限制。

1. 在完全由偶然性来控制的意义上说,突变不是真正的随机事件。基因组的一些区域比其他区域对诱变的影响更敏感,这种敏感本身随着遗传和环境影响而变化。基因突变性已由自然选择编织于反应的网状构造中,所有的反应,这一种或那一种,以一种有利于生物体的方式促进或阻碍某些基因的突变性。这种复杂的控制甚至使得一些研究人员推测关于"选择性"突变或"适应性"突变的可能性。[28]

2. 不是所有的遗传改变皆同等重要。现在通常认为,简单的点突变,那些只产生在核酸上由一个核苷酸替换另一个,或者在蛋白质上由一个氨基酸替换另一个,很少在我们现在所讨论的即所谓的宏观进化中起重要作用。更多时候,真正有创造性的突变涉及DNA整体的复制、倒位、易位或者重组。

3. 不是所有的基因都是突变同等重要的目标。与不平凡进化步骤有关的基因经常属于小的调节基因,如同源异型基因,很少涉及一般性的“持家基因”。很明显,酶的丢失而不是酶的获得常常伴随进化“发展”。我们人类在这方面特别贫乏,这就是为什么我们必须确保我们的食物里有多种维生素和必要的营养物。这些营养物质由所谓的“低级”生命形式所制造,其实它们比我们在生物化学方面更富裕。

4. 然后,存在体内发生突变的生物体。只有在给定的生物体背景下,给定的遗传改变才能在进化上有影响。先发生的形体构型限制了生育能力改变的可能性。一旦确定一个方向,将来变化的可能范围就缩小,而且随着每一后来的进化步骤变得更窄。这解释了进化路线的发生以及沿这些路线进化的速度不断增快的原因。马的进化是一个教科书范例。猿到人的转变,是特别令人惊异的一个例子。

5. 与先前的情况有关,存在历史的分层因素。在复杂性的每个层次上,不同种类的遗传改变是相关的。只举几个例子。在生命发育的极早期,最具决定性的变化是增加RNA复制准确度的那些因素。在原核生物—真核生物转变的过程中,结构蛋白质的出现,例如肌动蛋白和微管蛋白,是细胞增大的必要条件。在形成多细胞动物时,细胞黏附分子和底物黏附分子成为设定速度的创新,等等。每一个进化期皆有自己的突变类型。

6. 这些众多的内在条件还要加上环境的关键作用。某些有益的遗传改变,只有在某种情况下才被自然选择所保留。通常的情况是,正是环境变化造成此种差异。当我们审视植物和动物的进化时,我们会遇见许多由气候或地质剧变所触发的巨大变化的实例。在我们自己的历史中又一个相关的例子是从森林到大平原的转变，它在人化过程中可能起了关键作用。

7. 最后，并非由自然选择保留的每一遗传改变都同等地具有决定性意义。大多数变化，事实上，对进化的扩展只有边缘的影响，只对继发的生物多样性起作用。生命之树上大多数外端分枝和枝条不过如此，在相同基本主题上的变异，愉快或恶梦的基础，依赖于你的性情，但是对进化历程并不重要。达尔文著名的雀科，在加拉帕戈斯群岛的每个岛上不同地演变而来，是一个恰当的例子。关键的突变是在生命之树中决定主要分叉的那些，例如导致蠕虫形体构型分节的那些变化，在一些环节动物中的极性反转，或在类人猿中的幼态延续。

纽约美国自然历史博物馆的古尔德和他的同事埃尔德雷奇（Niles Eldredge）以"间断平衡说"着重说明坎坷的进化历程这些事实。[29]进化通过被长期停滞或缓慢漂移所分离的短期迅速变化而向前发展。当上面列出的所有条件同时满足时，就发生快速变化。偶然性仍然起一定作用，但是在一系列严格限制的可能性范围内，这些可能性对它的探索开放，进化系统有时必须等待数百万年，以便骰子落在允许的界线之内。

在这一背景下看，地球生命的历史和当前的流行主张相比，未给偶然性和不可预知性留有多少余地。正如闻名的森林由它的树木所隐藏，生命之树本身也由它繁茂的树冠所遮盖（见图7）。偶然性王国主要位于数百万外部枝条和小的分枝上，偶然性在那里按主干提供的任何蓝图完全地发挥作用。修剪这棵树的外部多样性，你就会得到一个由相对较少的主叉所构成的树干，每一个主叉皆引入明显改变了的蓝图。

这里即是偶然事件因内外约束被束缚得最严厉的地方，有时使进化几乎停顿，直到发生恰当的突变。我持这种观点：当环境需要的时候，某种类型的突变，或者至少是适当的突变确实会发生。仅回忆一个例子：当需要蛋白质分子通过自我装配建造坚固的细胞内支架时，适当的突变不只发生一次而是两次，来产生肌动蛋白和微管蛋白。请别误会，我所指的不是某个干预因素，**出于**需要它才产生了恰当类型的突变。我所说的是，产生肌动蛋白和微管蛋白的那种突变大概是相当平凡的事件，它们恰巧在时机成熟时偶然碰上了。其他的关键进化事件，尽管绝不是所有的事件，可能也是如此。其他突变，如果首先发生，会发起其他的分叉，向其他方向发出分枝。在重建已经出现生命的其他行星上不同形状的进化树的发育时，我有很多余地。但是某些方向可带有决定性的选择优势，以至于在别的地方也以极高的概率发生。

导致多神经元回路形成的方向可能在这方面特别有特权，与它相关联的优势也非常大。像神经元这样的东西一旦出现，复杂性递增的神经元网络几乎必定会出现。朝向更大的脑从而朝向更多意识、更高智力、更强交流能力的动力，支配地球上生命之树动物枝干，在其他许多孕育生命的行星上可能也是如此。另一方面，为脑服务并受它控制的身体并不一定和人体相似，尽管它们可能拥有适当的方法来感知、行动和交流。

我的结论是：我们并不孤独。也许不是宇宙中每个生物圈已经进化出或将进化出会思想的脑，但是很多现存生物圈中的重要亚群已拥有智慧，或正处在获得智慧的路上，其中一些也许以比我们的智慧更高级的形式存在。在20世纪60年代，一些科学家认真考虑了这种可能性。他们成功地说服美国航空和航天局投资大笔的钱来寻找地外智慧生命。[30]这一前景极难预料的计划现在不像以前那样受到支持，在某种程度上，是因为人们越来越怀疑地外智慧生命的存在，特别是人们感到应对紧迫的“地球”问题如环境污染、艾滋病和其他社会顽疾给予优先考虑。我赞同第二种原因，而反对第一种。

按照我的看法，无论何时何地，只要条件允许，生命就有产生智慧的本性。在我们周围,在遥远的太空,存在着智慧生命的小岛,它们像我们一样单独地和合作地运用它们的心智来创造文明。意识思维属于这一宇宙学图景,不是作为我们自己生物圈的一些特殊怪异副现象,而是作为物质的基本表现。思维由生命产生和支持,而生命本身由宇宙的其他部分产生和支持。

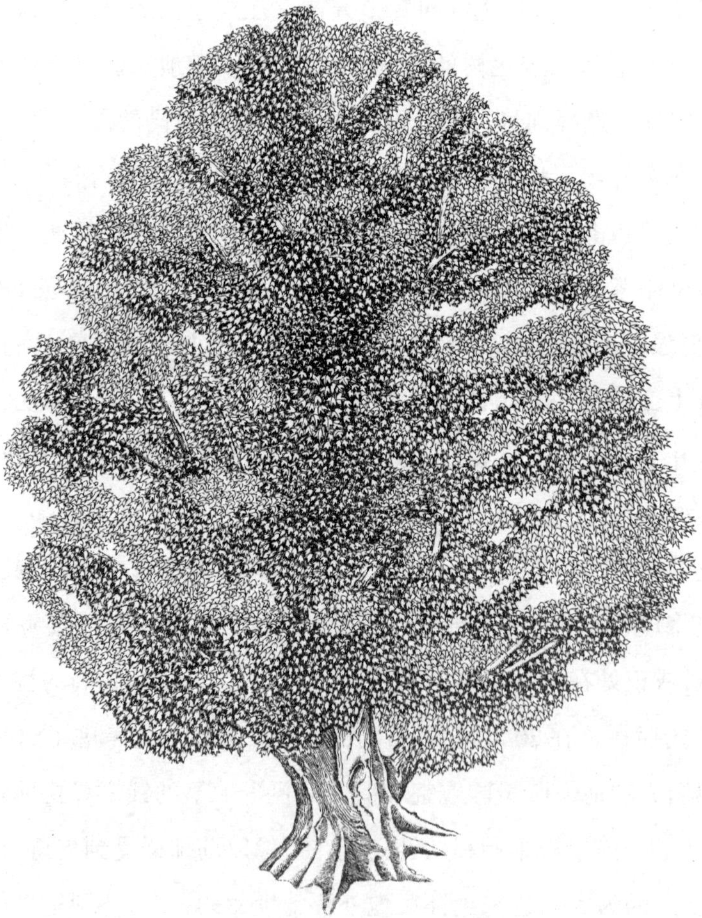

那些思维小岛是否有可能曾经彼此交流，并分享文明？根据物理学定律，仅仅很少部分的宇宙思维能在适当的时间内这么做。应用可采用的最快的通信方式，即某种以光速传播的无线电信号，我们终生都不能与大约30光年远的文明交流——即发送信息和接收回应。我们能征招未来几代人，将这一范围扩展几百光年远，但是肯定不会更远。

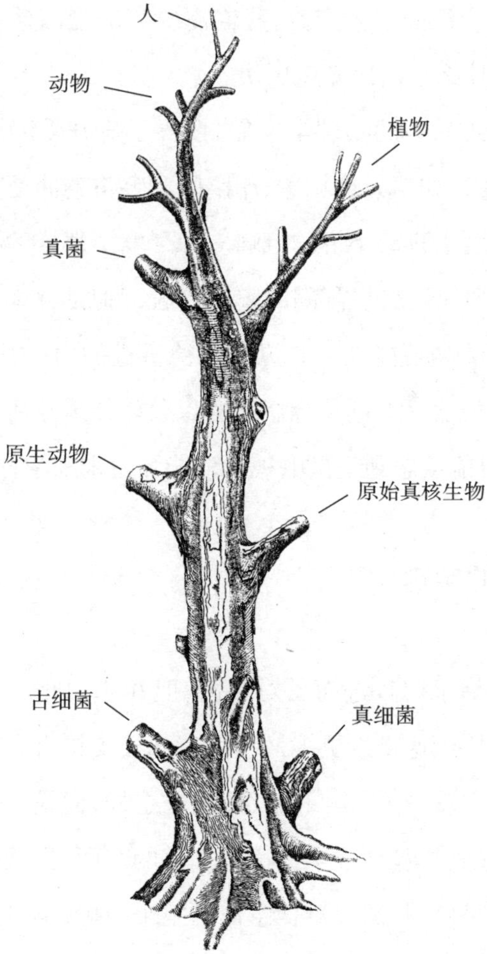

图7　关于生命之树的两种观点

左图所显示的生命之树，由庞大的多样性分枝所组成的树冠遮蔽了主干。上图所显示的是树冠的枝杈。主干的结构及其向着更大的复杂性方向进化的过程都非常清楚。

把这距离与我们星系的直径(大约100 000光年)作比较,你会发现我们的访问必然限制在我们自己星系中的仅仅一部分恒星系统,即宇宙的一小部分。宇宙在离我们数百万和数十亿光年远的地方包含了数十亿个其他星系。如果运气极好,我们也许可与一两个地外文明建立联系,这本身就是非常有意义的成就。因此,寻找地外智慧生命计划——而不是大多数会思想的宇宙,甚至在我们自己的星系内,将永远非我们所能及。为了更广泛的宇宙交流,我们需要突破爱因斯坦相对论的基本假设——没有什么东西比光速更快。

永远富于想象力的物理学家们,摆弄了避开爱因斯坦相对论规则的可能途径,谈论如超光速粒子、超空间和宇宙卷曲之类的事情,但是,这些奇思仍然属于科幻小说的范畴。像彭罗斯那样的柏拉图主义者暗示存在心灵与"柏拉图世界"间的瞬间接触,[31]但是并未提到两个心灵以此方式相互交流的可能性。心灵归入德日进的"智力圈"或戴森的"世界灵魂",目前仍然只不过是诗意般的想象。如果露西有能力构思出这种可能性,她可能会想到卫星电视。谁能知道未来孕育着什么?

有意义的宇宙

似乎我选择了德日进而反对莫诺,但并非如此。我感到在科学上接近莫诺要比接近德日进更多一些。我选择支持有意义的宇宙观而反对无意义的宇宙观,并不是因为我想要它这样,而是因为那是我所读过的科学证据,这其中包括许多莫诺不知道的东西,虽然他知道的要比德日进多得多。另外,我试着概括生命的整个历史,不只是我最了解的部分,而是要对不熟悉的领域进行危险而必要的并吞。

我将宇宙视为有意义的,其理由在于我认识到其内在的必然性。莫诺强调生命和心智的不可几性,及偶然性在它们出现过程中的重要作用,是因为宇宙的荒谬和不得要领以及缺乏设计。我对同样事实的理解大不相同。它赋予偶然性同样的作用,但是在如此严厉的限制之内,这样强制性地产生生命和心智,不是一次而是多次。对莫诺的名言“宇宙并不孕育生命,生物圈也不孕育人”,[32]我的回答是:“你错了,宇宙孕育生命,生物圈孕育人。”

就算生命和心智是罕有的,它们仍将是物质令人敬畏的表现。它们的产物——整个生物多样性,整个人类文化——仍将引起敬畏感和惊奇感。

宇宙具荒谬性的观念可能对科学家有吸引力,因为有“一朝被蛇咬,十年怕井绳”综合征。几个世纪以来,我们因认为自己是只为我们而存在的世界主人而感到自豪。哥白尼(Copernicus)从根本上动摇了我们。随后科学的每一进步都逐渐减小我们的重要性。我们的地球从其宇宙中心位置转移到只不过是围绕太阳运转的行星。太阳本身仅仅是数千亿星系中一个星系里数千亿恒星之一,是遗失在宇宙广漠中的一粒尖埃。最令人震惊的打击来自达尔文。人类从其自我指定的高峰位置跌至生命之树发出的其他许多细枝之中的一个细枝尖端。它成为一种谦恭的教训,产生对外部权威和内在决定性的不信任。我们成了怀疑论者。

这一教训可能负担过重。它不应该转为对“人类的猛烈攻击”,号召科学来贬低人类,来证明我们人类在事物框架里毫无地位的观点。确实不存在适合我们的事物框架。哲学家巴雷特(William Barrett),欧洲存在主义在美国的主要阐释者,抨击了他所视为“现代历史最具有讽刺意味的事件之一:极其着重地显示心力的结构却导致人类心灵的黑暗”。[33]在他之前,匈牙利裔英国科学家和哲学家波拉尼(Michael Polanyi)写道:“以科学客观性的名义否认我们是地球上最高形式的生命,否认我们自己的进化过程是最重要的进化问题,是智力倒错。”[34]

如果宇宙并非无意义,那么它的意义是什么呢?就我而言,其意义将会在宇宙的结构中找到,并恰巧是通过生命和心智所产生的思想。思维进而是宇宙的一种能力,它借此反思本身,发现它自身的结构,理解如此固有的存在,如真、美、善和爱。依我说,这就是宇宙的意义。

这一看法最重要的含义不是绝对真理。也许在我们的发展水平绝对真理难以获得,我们只是追求真理。同样,没有绝对的美,但是有共同的对美的向往;没有绝对的善,但有共同的对善的追求。只要看看不同民族在世界不同地方、不同时代把什么当作美或把什么当成善。对我来说,要义应是对他人宽容和对自己谦虚。我对现代科学有极大的信任,并且已把我的一生奉献给了它。但是我感到科学不应该傲慢。人类心智在进化传奇中可能是唯一的一个环节——也许甚至是一个侧支,这个传奇远未完结,也许某一天产生比我们更有力的心智。根据对太阳寿命的预测,唯独在我们星球上,会思想的生物圈还可存在另外50亿年,这比从猿到人这一步所花的时间要长1000倍。我们必须向神秘鞠躬。

尾　声

对于莫诺和德日进两位样板人物的观点,我难以苟同。这两位哲学家一位貌似荒诞不经,另一位想来心意久远。孰是孰非皆由我们选择,我们会相信麦克白(Macbeth)所言,生命所讲述的"不过是一个傻子说的故事,说得激昂慷慨,却毫无意义",还是如哈姆雷特(Hamlet)所说"何瑞修,宇宙间无奇不有,不是你的哲学全能梦想得到"?

我陈述了我的选择和我的理由。尽管它们有科学依据,这些理由却不无偏颇。作为一个虔诚的耶稣会会士,德日进致力于寻找生命世界中的客观证据以支持其理念。而莫诺则是一个傲慢的存在主义者,在绝望之中探索着生命世界以支撑其孤独感和荒谬感。事实上他们两人都没有把自己当作一个完全诚实而严谨的学者。以我个人的观点，如果此等伟大心灵不能克服自己的偏见就宣称自己公正，将是非常愚蠢的。

我将把另两位法国人的话作为结束语送给读者。帕斯卡尔(Pascal)的《思想录》对探索者来说是神的旨意："安慰你自己吧，假如你不曾发见我，就不会寻找我。"*[35]并非所有人都能得到慰藉，或者慰藉的征兆。那些愿意把空话抛到耳边的人们更愿意与梅达沃一起[36]沿着伏尔泰(Voltaire)在他的《老实人》中所指出的道路走下去："我们必须建设自己的花园。"[37]

---

* 引自[法]帕斯卡尔著《思想录》第245页，何兆武译，商务印书馆1985年第1版。——译者

注 释

注释中的文献号,对应于推荐读物中的书籍。

序

这一引语摘自Einstein首次发表于*The Forum* 1930年10月号的一篇文章,后重印于M. Hill, ed.,*Wise Men Worship*(New York: E. P. Dutton, 1931),p. i。

引言

1. 细胞色素*c*的序列比较数据,来自R. E. Dickerson and I. Geis, *Structure and Action of Proteins*(Menlo Park, Calif.: Benjiamin/Cummings, 1969), pp. 64—65。

2. 在他里程碑式的著作*On the Origin of Species by Nature Selection*(London: Murray, 1859)中,Charles Darwin将自然选择定义为"保存有利变异,排除有害变异"(p. 81),用现代术语重新定义,也就是说,存在遗传差别的生物种群相互竞争有限的资源,在这一过程中,生物被赋予产生最大数量相似后代的遗传能力,渐渐在数量上超出其他种群。这一过程被视为生物进化的驱动力。其余相关资料,见M. Ruse, *Darwinism Defended*(Reading, Mass.: Addison-Wesley, 1982)。

3. 通俗解说大量的古生物微体化石和叠层石所提供的生命古迹的证据,见文献7和L. Margulis and L. Olendzenski, eds., *Environmental Evolution*(Cambridge, Mass.: MIT Press, 1992)。更多的技术性细节,见文献1。

4. 同位素是同一元素原子量不同的一些原子。它们具有相同数目的质子和电子,但原子核中的中子数不同。碳12具有6个核外电子,原子核中有6个质子和6个中子,而碳13有6个质子和7个中子。光养生物的碳吸收在较轻同位素方面有差别。测量碳沉积物中两种同位素的相对比例,就可获得形成碳沉积物时生物活性的相关信息。关于该技术和结果的细节,见文献1。

5. 对地球存在的最初8亿年状况的估计,依赖于大量关于地球形成的模型。见G. Arrhenius in *Earth, Moon and Planets* 37(1987): 187—199。

6. 在文献5中,R. Shapiro对生命起源的主要理论进行了资料性、评论性和趣味性的概括。

7. F. Hoyle和N. C. Wickramasinghe在*Lifecloud*(New York: Harper & Row, 1978)中描述了他们的理论。

8. 直接胚种论假说由F. H. Crick在*Life Itself*（New York: Simon & Schuster, 1981）中提出。

9. Alan Truscott, *New York Times*的桥牌专栏作家，报道了2个关于全手同花牌的传闻，但他告诉我，不排除弄虚作假的可能性。

10. 文献64，p. 145。

11. Hoyle关于波音747的类比，见文献5，p. 127。

第一章　生命起源的探索

1. 地球的形成在文献2中讨论，原始地球的状况在文献1和4中进行了探讨，文献8中许多文章也部分提及。亦见引言注释5。

2. 另一种可能性是，磷酸盐以更加可溶的形式存在于前生命时期的地球。这是G. Arrhenius, B. Gedulin和S. Mojzsis所维护的观点，他们认为磷灰石形成依赖于活的生物体的出现。见C. Ponnamperuma and J. Chela-Flores, eds., *Proceedings: Conference on Chemical Evolution and the Origin of life*（Hampton, Va.: Deepak Publishing, 1993）。

3. 生命一定起源于低温环境的假说，受到无生命化学领域的先驱S. L. Miller的一再捍卫。见文献7，pp. 1—28。

4. 深海水热火山口及其栖息生命形式的资料，见N. G. Holm, ed., *Marine Hydrothermal Systems and the Origin of Life*（Norwell, Mass.: Kluwer, 1992）。亦见A. Lazcano in *Science* 260(1993)：1154—1155的书评，以及T. Gold所提出的引人入胜的建议，即一个巨大的生物圈可能隐藏在地热深处［*Proc. Natl. Acad. Sci. USA* 89（1992): 6045—6049］。属于这一特殊热生物圈的一系列新生物，已被德国微生物学家Karl O. Stetter分离。关于其早期发现的概括，见文献8，pp. 195—219。

5. 该引语源自Charles Darwin写给他的植物学家朋友Joseph Dalton Hooker的一封信，重印于F. Darwin, ed., *The Life and Letters of Charles Darwin*, vol. 2（New York: D. Appleton, 1887）。

6. 见A. I. Oparin, *The Origin of Life on the Earth*, 3d ed.（New York: Academic Press, 1957）。

7. 这一历史性文献，发表于*Nature* 171（1953）：737—738。关于这项发现相反的个人说明，见J. D. Watson, *The Double Helix*［New York: Atheneum, 1968; 亦可见再版及其书评G. S. Stent（New York: Norton, 1980）］，以及F. Crick, *What Mad Pursuit*（New York: Basic Books, 1988）。

8. Stanley Miller的经典论文，发表于*Science* 117（1953): 528—529。

9. 见H. Urey, *The Planets: Their Origin and Development*（New Haven: Yale University Press, 1952）。

10. 关于无生命化学的精彩评论，见J. Oró, S. L. Miller, and A. Lazcano in

Annu. Rev. Earth Planet. Sci. 18（1990）: 317—356。关于这一领域的总结性论断,见S. L. Miller文献7, pp. 1—28。

11. 关于地外化学的评论,见S. Green in *Annu. Rev. Phys. Chem.* 32（1981）: 103—138。文献8中有若干文章讨论了空间化学。

12. A. H. Delsemme在*Orig. Life Evol. Biosp*. 21（1992）: 279—298中总结了他的观点。

13. 出生于1892年的J. B. S. Haldane被视为英国最杰出和最多才多艺的科学家和思想家之一。他对群体遗传学和进化理论作出了重要贡献,曾著有关于一系列主题的大量精彩随笔。他还是一名共产党员,并成为印度的热烈支持者。他在印度度过了一生中的最后几年。他只写过一篇关于生命起源的论文,却是一篇很有影响力的论文。这篇论文发表于1929年的*The Rationalist Annual*［见 J. B. S. Haldane, *On Being the Right Size and Other Essays*, ed. J. M. Smith（Oxford and New York: Oxford University Press, 1985）, 101—112］。

14. 在发表于*Symp. Soc. Exp. Biol*. 12（1958): 138—163关于蛋白质合成的早期论文中,Crick将中心法则定义如下:"一旦'信息'传至蛋白质,它就不能再返回。从细节上讲,从核酸到核酸或从核酸到蛋白质的信息传递是可能的,但从蛋白质到蛋白质或从蛋白质到核酸的信息传递则是不可能的。"

15. 关于核酶的资料,见T. R. Cech in *Sci. Am.* 255, no. 5（1986): 64—75。

16. W. Gilbert in *Nature* 319（1986): 618.

17. W. Gilbert in *Cold Spring Harbor Symp. Quant. Biol*. 52（1987）: 903.

18. 关于RNA样分子,见L. E. Orgel in *Nature* 358（1992）: 203—209。

19. 关于PNA的论文,见D. Y. Cherny et al. in *Proc. Natl. Acad. Sci. USA* 90（1993）: 1667—1670; 以及 P. Wittung et al. in *Nature* 368（1994）: 561—563。

20. 专家所认为的关于RNA前生命合成的难点的若干引语,见文献6, p. 129。亦见G. F. Joyce in *New Biologist* 3, no. 4（1991): 399—407;以及技术上有更多要求的论文集R. F. Gesteland, ed., *The RNA World*（Cold Spring Harbor, N. Y.: Cold Spring Harbor Laboratory Press, 1993）。

21. 关于调和的支持性细节,见我的论文"The RNA World: Before and After?" in *Gene* 135（1993）: 29—31。

第二章 最初的生物催化剂

1. J. Oró. In *Biochem. Biophys. Res. Commun.* 2（1960）: 407—412.

2. R. Shapiro in *Orig. Life Evol. Biosp.* 18（1988）: 71—85.

3. J. D. Bernal, 一位杰出的英国物理化学家和晶体学家,是*The Origin of Life*（London: Weidenfeld and Nicholson, 1968）一书的作者,该书是第一本以生命起源为主题的书。

4. J. P. Ferris and G. Ertem in *Science* 257（1992）: 1387—1389.

5. 至于文献，见引言注释5。

6. G. Wächtershäuser 描述他的模型，见 *Microbiol. Rev.* 52（1988）: 452—484，以及 *Proc. Natl. Acad. Sci. USA* 87（1990）: 200—204。对这一模型的批评，见 C. de Duve and S. L. Miller in *Proc. Natl. Acad. Sci. USA* 88（1991）: 10014—10017。Wächtershäuser 的反驳，见 *Proc. Natl. Acad. Sci. USA* 91（1994）: 4283—4287。

7. R. E. Eakin in *Proc. Natl. Acad. Sci. USA* 49（1963）: 360—366.

8. 蛋白质催化剂在原始代谢中的可能参与，见 L. Dillon in *The Genetic Mechanism and the Origin of Life*（New York: Plenum Press, 1978）; F. Dyson in *Origins of Life*（Cambridge: Cambridge University Press, 1985）; 以及 R. Shapiro 文献5。

9. "类蛋白质"的形成，首次报道见 S. W. Fox and K. Harada in *Science* 128（1958）: 1214。Fox 的最近工作，见他的著作 *The Emergence of Life*（New York: Basic Books, 1988）。

10. T. Wieland 回顾了他的工作，见 H. Kleinkauf, H. von Döhren, and L. Jaenicke, eds., *The Roots of Modern Biochemistry*（Berlin: Walter de Gruyter, 1988）, pp. 213—221。

11. 乙酰辅酶A的发现，为 F. Lynen 和 E. Reichert 宣布于 *Angew. Chem.* 63（1951）: 47—48。

12. 对基团转移在生物合成中所起作用的概述，见文献12的第八章。

13. T. Wieland and W. Schäfer in *Angew. Chem.* 63（1951）: 146—147, and in *Liebigs Annal. Chem.* 576（1952）: 104—109.

14. 对细菌肽由硫酯合成的回顾，见 H. Kleinkauf and H. von Döhren in *Annu. Rev. Microbiol.* 41（1987）: 259—289。F. Lipmann 对这一机制的进化重要性的思考，见 *Science* 173（1971）: 875—884。

15. 在可能的前生命环境中的关键硫酯合成，见于两篇论文 S. L. Miller and G. Schlesinger in *J. Mol. Evol.* 36（1993）: 302—307, 308—314。

16. 原始代谢中催化多聚体的可能性参与，在文献6中进行了讨论。

17. 对氨基酸混合物的催化效应的报道，见 A. Bar-Nun, E. Kochavi, and S. Bar-Nun in *J. Mol. Evol.* 39（1994）: 116—122。

第三章　起始生命的燃料

1. F. M. Harold, *The Vital Force: A Study of Bioenergetics*（New York: W. H. Freeman, 1986）, p. 168.

2. C. E. Folsome, *The Origin of Life: A Warm Little Pond*（San Francisco: W. H. Freeman, 1979）。亦见 H. J. Morowitz, *Cosmic Joy and Local Pain: Mus-*

ings of a Mystic Scientist（New York: Scribner's, 1987），及其*Beginnings of Cellular Life*（New Haven: Yale University Press, 1992）。

3. 见P. S. Braterman, A. G. Cairns-Smith, and R. W. Sloper in *Nature* 303（1983）：163—164, 和Z. K. Borowska and D. C. Mauzerall in *Orig. Life* 17（1987）：251—259。

4. 条带状铁建造的细节，见文献1。

5. E. Drobner et al. in *Nature* 346（1990）：742—744.

6. 关于铁硫蛋白，见R. Cammack in *Chem. Scripta* 21（1983）：87—95。亦见R. V. Eck and M. O. Dayhoff in *Science* 152(1966): 363—366，认为远古的铁硫蛋白起源于四肽。这一事实指出很可能小肽已参与了原始代谢。亦见本章注释15。

7. 高能键与低能键的区别，见F. Lipmann里程碑式的论文，发表于 *Adv. Enzymol.* 1（1941）：99—162。

8. 广泛生物体中无机焦磷酸盐的作用及其在前生命能量传递中的可能性参与，见H. G. Wood（pp. 581—602）和H Baltscheffsky, M. Baltscheffsky, and M. Lundin（pp. 917—922）in H. Kleinkauf, H. von Döhren, and L. Jaenicke, eds., *The Roots of Modern Biochemistry*（Berlin: Walter de Gruyter, 1988）。

9. 关于多聚磷酸盐的火山产物，见Y. Yamagata et al. in *Nature* 352(1991): 516—519。G. Arrhennius 最近讨论了多聚焦磷酸盐合成的无机催化机制，认为它可扮演一个前生命角色。至于文献，见引言注释5。

10. 关于硫酯的前生命角色的细节性讨论，见文献6，亦见文献8中我的论文（pp. 1—20）。

11. A. Weber in *J. Mol. Evol.* 18（1981）：24—29, 和 *BioSystems* 15（1982）：183—189。

12. 见第一章注释5。

13. 极端嗜热菌的良好生存及系统发生的古老起源，由K. O. Stetter在文献8他的文章(pp. 195—219)中给出。亦见第一章注释4。

14. A. Weber in *Orig. Life* 15（1984）：17—27.

15. L. Kerscher and D. Oesterhelt in *Trends Biochem. Sci.* 7（1982）：371—374。亦见本章注释6。

16. 铁与硫的合作是Wächtershäuser模型的特征(见第二章注释6)。由铁硫复合物参与形成的膜，最近被格拉斯哥大学的Michael J. Russell及其合作者在*Terra Nova* 5（1993）：343—347, 以及 *J. Mol. Evol.* 39（1994): 231—243视为可能是前生命能量的传递者。

第四章 RNA的出现

1. 见第二章注释1。

2.P. G. Stoks and A. W. Schwartz in *Geochim. Cosmochim. Acta* 45（1981）: 563—569.

3. A. Eschenmoser and E. Loewenthal in *Chem. Soc. Rev.* 21（1992）: 1—16.

4. 在硫酯的帮助下ATP产生的反应式如下：

R-S-CO-R' + AMP + $PP_i \rightleftharpoons$ R-SH + R'-COOH + ATP

从右至左，该反应目前广泛应用于酸的活化，辅酶A写为R-SH。

5. 见第一章注释10。

6. 见H. B. White III in J. Everse, B. Anderson, and K.-S. You, eds., *The Pyridine Nucleotide Coenzymes*（New York: Academic Press, 1982), pp. 1—17。

7. S. L. Miller and L. E. Orgel, *The Origins of Life*（Englewood Cliffs, N. J.: Prentic-Hall, 1973), p. 185.

8. 我曾听到Miller在讲演中多次用到"robust"一词，但未在正式文章中见到。

9. 在文献7（pp. 1—28)中，S. L. Miller批评了认为生命出现一定经历了相当长一段时间的观念。他提到，10 000年是可行的。但这是对于整个过程而言。我估计数年甚至更短的时间内就可产生RNA。

第五章　RNA取而代之

1. 见第一章注释14。

2. 这一当时未引起注意的关键句出现于一篇短小的论文，见E. Chargaff in *Experientia* 6（1950）: 201—209："但是，值得注意的是，不论其是否具有非偶然性，在迄今为止所检测的脱氧戊糖核酸中，总嘌呤数与总嘧啶数之比和腺嘌呤与胸腺嘧啶及鸟嘌呤与胞嘧啶数目之比皆相同。"在其自传*Heraclitean Fire*（New York: Rockefeller University Press, 1978）中，Chargaff详述了作为一个"令人恐惧的杂家"，他是如何"错过了成为科学博物馆各类名望大厅中闪亮成员的机会"(p. 98)。

3. 见第一章注释7。

4. 见文献11，p. 180。

5. S. Spiegelman的先驱性工作，见*Amer. Sci.* 55（1967）: 221—264。

6. L. E. Orgel in *Proc. R. Soc. London B* 205（1979）: 435—442, and *J. Theor. Biol.* 123（1986）: 127—149.

7. M. Eigen et al. in *Sci. Am.* 244, no. 4（1981）: 88—118.

8. 文献22。

9. M. Eigen and R. Winkler-Oswatitsch in *Naturwissenschaften* 68（1981）: 282—292.

10. A. M. Weiner and N. Maizels in *Proc. Natl. Acad. Sci. USA* 84（1987）: 7383—7387.

11. 最令人震惊的是RNA和精氨酸的反应，见M. Yarus in *Science* 240

(1988): 1751—1758。

12. 最可能的是D型和L型氨基酸共存于前生命时期。特别是,我的模型中的催化多聚体(见第二章)被假设包括了这两种类型的氨基酸(正如细菌肽那样,例如短杆菌肽S,在现今生物中是由硫酯产生的)。

13. 以F. Crick的说法[*J. Mol. Bio.* 38 (1968): 367—379],"并非难以想象的是,原始机制根本不包含蛋白质而完全由RNA组成"(p. 50)。

14. H. F. Noller, V. Hoffarth, and L. Zimniak in *Science* 256 (1992): 1416—1419.

第六章 遗传密码

1. Eigen对这种反馈回路做了理论性研究,称之为"超循环"(见第五章注释7)。在文献62中,S. A. Kauffman将其延伸至对高度复杂系统的研究。

2. F. Lipmann in *Essays in Biochemistry* 4 (1968): 1—24.

3. 至于综述,见D. D. Buechter and P. Schimmel in *Crit. Rev. Biochem.* 28 (1993): 309—322和M. E. Saks, J. R. Sampson, and J. N. Abelson in *Science* 263 (1994): 191—197。

4. 我已描述了氨基酸和RNA分子之间这种原始对应关系,见"The Second Genetic Code"[*Nature* 333 (1988): 117—118]。

5. 见第五章注释9。

第七章 基因组成

1. 见第五章注释7。

第九章 包被生命

1. 见第一章注释6。

2. A. L. Herrera在*Science* 96 (1942): 14中总结了"43年的实验研究"。

3. 见第二章注释9。

4. 见第三章注释1和2。

5. "原始汤之谜",受到C. R. Woese [*J. Mol. Evol.* 13 (1979): 95—101]; C. B. Thaxton, W. L. Bradley, and R. L. Olsen [*The Mystery of Life's Origin* (New York: Philosophical Library, 1984)]; R. Shapiro (文献5); 和G. Wächtershäuser [*Microbiol. Rev.* 52 (1988): 452—484] 等人指责。

6. 见第五章注释7 (p. 101)。

7. 范德华力控制非极性分子之间的相互吸引,与它相反,静电引力和斥力通常被划归库仑力,该名称源于发现这一现象的法国物理学家。这两种力在高分子的结构和所有种类分子间相互作用中扮演基本角色。第五章所提到的氢键便依赖于一类特殊的静电引力。

8. G. Blobel in *Proc. Natl. Acad. Sci. USA* 77（1980）: 1496—1500.

9. T. Cavalier-Smith in *Ann. N. Y. Acad. Sci.* 503（1987）: 55—71.

10. 构成如人体这类复杂生物体的无数细胞中各种不同种类的膜，皆起源于受精卵中相应的膜，通过生长作用并被连续的细胞分裂所打断而形成。因此代与代之间存在一种膜的母系传递的连续性。有理由相信，一定量的拓扑信息——作为某一相似膜类的模板膜，是以这种方式传递的。

11. 对青霉素的故事感兴趣的读者，可参阅D. Wilson, *Penicillin in Perspective*（London: Faber & Faber, 1976），该书试图分辨事实与神话。

第十章　化膜为机

1. 在厌氧发酵中，例如酒精发酵这一葡萄糖到乙醇的转变过程，或乳糖发酵这一葡萄糖到乳酸的转变过程，葡萄糖通过能级A至能级B的依赖硫酯的产ATP的电子传递过程，产生丙酮酸，充当能级B的电子受体，并最终产生乙醇和二氧化碳或者乳酸这两类发酵反应的终产物。正是这一从能级A到能级B的代谢序列，使得发酵过程可不依赖外部电子受体（氧）而接受释放的电子。

第十二章　所有生命的祖先

1. C. F. Amabile-Cuevas and M. E. Chicurel in *Amer. Scient.* 81（1993）: 332—341.

2. C. R. Woese in Sci. *Am.* 224, no. 6（1981）: 98—122, and *Microbiol. Rev.* 51（1987）: 221—271.

3. C. R. Woese, O. Kandler, and M. L. Wheelis in *Proc. Natl. Acad. Sci. USA* 87（1990）: 4576—4579.

4. 根据O. Kandler [*Progr. Botan.* 54（1993）: 1—24]最近的评述，所有最古老的原核生物，包括古细菌和真细菌，都是嗜热菌。这是支持嗜热祖先的一个有力事例。

5. P. Forterre et al. in *BioSystems* 28（1993）: 15—32.

6. M. Sogin in *Curr. Opin. Genet. Dev.* 1（1991）: 457—463.

第十三章　生命的普遍性

1. 关于宇宙他处可能存在的生命的资料，见G. Feinberg and R. Shapiro, *Life Beyond Earth*（New York: William Morrow, 1980）; R. T. Rood and J. S. Trefil, *Are We Alone?*（New York: Scribner's, 1981）；以及R. Breuer, *Contact with the Stars*（San Francisco: W. H. Freeman, 1982）。第一本书以“宇宙充满生命”结尾，另外两本书明显不那么乐观。Frank Drake，寻找地外智慧生命计划的先驱，

最近与D. Sobel合著了一本书*Is Anyone Out There*?（New York: Delacorte Press, 1992），以部分自传的形式描述了这次搜寻。也可参阅书评R. N. Bracewell in *Science* 258（1992）: 1012—1014。

2. 对活的过程进行计算机模拟的新科学和此类研究中的"麦加"（圣菲研究所）感兴趣的读者，可参阅以报告文学体裁写的两本书（文献60和61），可能还需添加S. Levy, *Artificial Life: The Quest for a New Creation*（New York: Cape/Pantheon, 1992）。如要获得更丰富的内容，读者可参阅文献62。若时间匆忙，可翻阅一些文章如S. A. Kauffman in *Sci. Am.* 265, no. 2（1991）: 78—84，或者R. Ruthen in *Sci. Am.* 268, no. 1（1993）: 130—140。

3. 文献62。

4. 文献62，p. 232。关于"混沌边缘"的历史，见第三章注释61。

第十四章　细菌征服世界

1. 阻遏物假说，见里程碑式的论文F. Jacob and J. Monod in *J. Mol. Biol.* 3（1961）: 318—356。Jacob曾在自传*La. Statue Intérieure*（Paris: Editions Odile Jacob, 1987）中描写了这一发现过程，被F. Philip译为英文，名为*The Statue Within*（New York: Basic Books,1988）。

2. F. M. Burnet, *Clonal Selection Theory of Acquired Immunity*（Cambridge: Cambridge University Press; and Nashville, Tenn.: Vanderbilt University Press, 1959）.

3. 关于古细菌的资料，见W. J. Jones, D. P. Nagle, and W. B. Whitman in *Microbiol. Rev.* 51（1987）: 135—177; C. Edwards, ed., *Microbiology of Extreme Environments*（New York: McGraw-Hill, 1990）; M. J. Danson, D. W. Hough, and G. G. Lunt, eds., *The Archaebacteria*（London: Portland Press, 1992）; and O. Kandler in *Progr. Botan.* 54（1993）: 1—24。

4. 出处同上。

5. 见引言注释3。

6. J. W. Schopf最近的数据见*Science* 260（1993）: 640—646。

第十五章　真核生物的产生

1. W. Zillig, P. Palm, and H.-P. Klenk，见文献8，pp. 181—193。

2. 具有DNA基因组的真核生物祖先早于原核生物的假说，见P. Forterre et al.（第十二章注释5）。具有RNA基因组的相似祖先的假说，见H. Hartman in *Specul. Sci. Technol.* 7（1985）: 77—81，以及以某种不同的形式见于M. Sogin（第十二章注释6）。

3. 内共生体理论可追溯至一个世纪以前。它的重新提出，见L. Margulis（当时叫L. Sagan）in *J. Theor. Biol.* 14（1967）: 225—274。她还扩展了这一理论，见*Origin of Eukaryotic Cells*（New Haven: Yale University Press, 1970）；文献23；以及与D. Sagan合著的*Micro-Cosmos*（New York: Summit Books, 1986）。与M. McMenamin合作，她最近编辑了*Concepts in Symbiogenesis*（New Haven: Yale University Press, 1992）的英译本，该书于1979年出版于苏联，其中，L. N. Khakhina评论了苏联生物学家20世纪初关于内共生体概念的先驱性工作。许多与该主题相关的工作，亦见于J. J. Lee and J. F. Fredrick, eds., *Endocytobiology III*［*Ann. N. Y. Acad. Sci.* 503(1987)］；P. Nardon et al., eds., *Endocytobiology IV*（Paris: Institut National de la Recherche Agronomique, 1990）；以及H. Hartman and K. Matsuno, eds., *The Origin and Evolution of the Cell*（Singapore: World Scientific, 1992）。

4. 关于真核藻类微体化石的资料，见T.-M. Han and B. Runnegar［*Science* 257（1992）：232—235］，该化石发现于密执安2.1亿年的铁建造中。如果这种生物被确定为真核生物，则内共生体接纳的时间就将至少提前5亿年。

5. 我关于贾第虫的描述，主要基于K. S. Kabnick and D. A. Peattie发表于*Amer. Sci.* 79（1991）：34—43的评论。另一种不同的观点，见M. E. Siddall, H. Hong, and S. S. Desser in *J. Protozool.* 39（1992）：361—367。关于贾第虫古老状况的报道，见M. L. Sogin et al. in *Science* 243（1989）：75—77。

6. 尽管名称相同，细菌和真核生物的鞭毛在化学成分、结构和功能上都不相同。为避免混淆，L. Margulis（见文献23）长期支持将真核生物的鞭毛和纤毛称为"波动足"，这是源于古老德国文学的一个术语。但这一提法还未被广泛接受。

7. 实际上没有贾第虫吞噬细菌的文献描述。但是，有显著的证据表明这一生物可吞噬细胞外物质和进行细胞内消化。而且，贾第虫最近的一些亲属还是细菌的贪婪吞噬者。我以诗化的言辞委婉描述了贾第虫的觅食行为。

8. "凶猛的捕食者"这一表达，源自*Micro-Cosmos*(见本章注释3)，p. 129。

9. M. McCarty，著名的三人组合的最后幸存者，对其具有纪元意义的发现做了引人入胜的描绘，见*The Transforming Principle*（New York: Norton, 1985）。

10. 参见双滴虫专家G. Brugerolle［*Protistologia* 11（1975）：111—118］的描述，他认为贾第虫没有可检测的高尔基体，这表明在贾第虫祖先从真核生物家系分离出来时这一细胞结构还没有形成。但是，当贾第虫准备被囊并在该过程中形成外部糖蛋白壳时，与高尔基体相关的一个特征性分泌系统却可在贾第虫中被检测到。见F. D. Gillin, D. S. Reiner, and M. McCaffery in *Parasitology Today* 7（1991）：113—116。

11. 关于微孢子虫的古老性，见C. R. Vossbrinck et al. in *Nature* 326（1987）：411—414。

12. 关于有丝分裂器的进化，见D. F. Kubai *in Int. Rev.* Cytol. 43（1975）: 167—227, 和I. B. Health in I*nt. Rev. Cytol.* 64（1980）: 1—80。

第十六章　原始吞噬细胞

1. 与表面褶皱相关联的生长现象可出现于有壁细胞中。前面已提过包被于细胞壁中的巨大细胞，它们包括自由生活的硫细菌，其分离见E. Fauré-Frémiet and C. Rouiller [*Exp. Cell Res.* 14（1958）：29—46]；一种鱼的肠道寄生物，为K. D. Clements and S. Bullivant [*J. Bacteriol.* 173（1991）：5359—5362] 所描述，其被明确定义为原核生物，见E. R. Angert, K. D. Clements, and N. R. Pace [*Nature* 362(1993): 239—241]。这两种生物都具有高度褶皱的细胞膜。

2. 与原始真核生物发育出吞噬作用这一获得性状相关的理论，为C. de Duve and R. Wattiaux [*Annu. Rev. Physiol.* 28(1966): 435—492] 首次提出。R. Y. Stanier [*Symp. Soc. Gen. Microbiol.* 20(1970): 1—38]独立提出了该理论，T. Cavalier-Smith [*Ann. N. Y. Acad. Sci.* 503（1987): 17—54] 对其做了进一步深化。亦见文献6。

3. K. S. Kabnick and D. A. Peattie in *Amer. Sci.* 79（1991）：34—43。与其相对的观点，见M. E. Siddall, H. Hong, and S. S. Desser in *J. Protozool.* 39（1992）：361—367，他们未提及单倍体化，而将双核的出现归因于细胞分裂延迟。

4. 描述单克隆抗体首次产物的关键实验，见G. Köhler and C. Milstein in *Nature* 231（1975）：87—90。关于这一主题的概述，见J. W. Goding, *Monoclonal Antibodies: Principles and Practic*, 2d ed.（New York: Academic Press, 1987）。

第十七章　留下之客

1. 见第十五章注释4。

2. *Lorenzo's Oil*讲述了一对父母为了救治饱受肾上腺脑白质营养不良折磨的儿子，而历尽艰辛寻找良药的故事。这部电影很精彩，但在医学研究大有前景却同时经受许多无理攻击的今天，它所带来的信息却会给人以危险的误导。见F. Rosen发表于*Nature* 361（1993）：695的评论。

3. 见M. Müller in *J. Gen. Microbiol.* 129（1993）：2879—2889，亦见T. Fenchel and B. J. Finlay in *Amer. Sci.* 82（1994）：22—29。

4. 见第十五章注释3，及L. Margulis撰写的那一章，见于L. Margulis and L. Olendzenski, eds., *Environmental Evolution*（Cambridge, Mass.: MIT Press, 1992), pp. 173—199。

5. 内共生体起源于真核生物的核，这一观点的提出见H. Hartman in *Specul. Sci. Technol.* 7（1985）：77—81，M. Sogin提出了另一种不同的形式（见第十二章注释6)。

6. F. Jacob in *Science* 196（1977）：1161—1166.

7. 两类不同的构件，α微管蛋白和β微管蛋白，实际上共同构成了微管。它们非常相似，起源于一个共同的分子祖先。

第十八章 细胞群集的益处

1. 一些细菌菌落的行为类似于真正的生物，见J. A. Shapiro in *Sci. Am.* 258, no. 6（1988）: 82—89。

2. G. M. Edelman, *Topobiology*（New York: Basic Books, 1988）.

第十九章 地球的绿化

1. 一些证据表明，细菌可能早在12亿年前就已在陆地生活。见R. J. Horodyski and L. P. Knauth in *Science* 263（1994）: 494—498。

2. 植物和霉菌进化的精彩概括，见文献16，一种简化描述可参见文献24，后者既具有资料性又具有趣味性。

3. 二叠纪大危机，见文献21，进一步的数据见I. H. Campbell et al. in *Science* 258（1992）: 1760—1763。

4. 文献16, pp. 556—557。

5. P. O. Wainright et al. in *Science* 260（1993）: 340—342.

6. 见第九章注释11。

第二十章 最初的动物

1. 文献18可作为关于动物进化的一般性参考读物。更加简化和有趣的读物可参见文献24。

2. 在文献17中，S. J. Gould对重演律进行了全面而批评性的分析。

3. 中空、球形、单层细胞厚度的多细胞排列由一些细菌（见第十八章注释1）和一些藻类组成。团藻是关于后者的一个教科书范例。

4. 双胚层和三胚层动物之间的系统发生关系仍不确定。通常认为，这两个类群分离得非常早，但是从一个单一的原生生物祖先还是从不同的原生生物发展而来还不清楚。可参见R. Christen et al. in *EMBO J.* 10（1991）: 499—503，他认为"不能排除双胚层和三胚层动物由不同的原生生物独立进化而来的可能性"。依据P. O. Wainright et al. in *Science* 260（1993）: 340—342，所有动物包括真菌都由单一的领鞭毛虫祖先进化而来。

5. 对线虫*Caenorhabditis elegans*研究工作的引人注目的总结，见文献25, pp. 30—38中M. Pines的文章。

6. 寒武纪大爆发的最近资料，见A. H. Knoll in *Sci. Am.* 265, no. 4（1991）: 64—73; J. S. Levinton in *Sci. Am.* 267, no. 5（1992）: 84—91; A. H. Knoll and M. R. Walter in *Nature* 356（1992）: 673—678; A. H. Knoll in *Science* 256（1992）: 622—627; S. C. Morris in *Nature* 361（1993）: 219—225; and S. A. Bowring et al. in *Science* 261（1993）: 1293—1298。

7. Knoll的理论将寒武纪大爆发与大气中氧气的产生相联系，见注释6所引的文章。

8. 见引言注释3。

9. Claude Bernard的主要工作体现于他的著作*Introduction à l'Etude de la Médecine Expérimentale*，该书于1865年出版于巴黎。它的英译本，见H. C. Greene, *An Introduction to the Study of Experimental Medicine*（New York: Macmillan, 1927; New York: Dover, 1957）。

第二十一章　动物充满海洋

1. 对同源异型基因复杂性的简单介绍，见文献25，pp. 18—29中P. Radetsky的文章。

2. 见第二十章注释2。

第二十二章　动物离开海洋

1. 空棘鱼的发现，见文献24。

2. Zallinger的壁画及一系列生动内容被复制，见V. Scully, R. F. Zallinger, and J. H. Ostrom, *The Age of Reptiles*（New York: Abrams, 1990）。

3. 早期关于异常的铱现象的描述，见文献21和24。L. W. Alvarez在他的自传*Adventures of a Physicist*（New York: Basic Books, 1987），及W. Alvarez and F. Asaro在J. Bourriau, ed., *Understanding Catastrophe*（Cambridge and New York: Cambridge University Press, 1992），pp. 28—56中撰写的一章，给出了关于这一异常现象研究的个人描述。最近，引起恐龙和其他许多物种灭绝的小行星撞击事件地点在奇科撒拉布这一证据，见V. L. Sharpton et al. in *Science* 261（1993）：1564—1567。

4. Pasteur的完整表述为："Dans les champs de l'observation, le hasard ne favorise que les esprits préparés."

第二十三章　生命之网

1. Alfred Lotka和Vito Volterra是两个数学生物学家，在20世纪20年代初对捕食者和被捕食者种群的相互影响做了理论性研究。这一研究仍保持其经典性。见文献26。

2. J. F. Kasting in *Science* 259（1993）：920—926.

3. J. Lovelock在文献26中提出了盖亚假说。在文献61中，科学作家R. Lewin描述了他对Lovelock的拜访及两人之间的交谈。

4. 对L. Margulis和她对盖亚假说的支持的生动描写，见C. Mann in *Science* 252（1991）：378—381。

5. 科学家、医生及行政官员Lewis Thomas于1993年12月逝世，由于其收集在*The Lives of a Cell*（New York: Viking, 1974）中的独具风格的科学诗般的随笔和其他一些著作而将被人们永远怀念。这一引语见文献26（p. x）中作者的前言。

6. F. Dyson, *From Eros to Gaia*（New York: Pantheon, 1992）, p. 344.

7. 文献26，p. 236。

第二十四章　无用DNA的用处

1. W. Gilbert in *Nature* 271（1978）: 501, and in *Science* 228（1985): 823—824.

2. L. E. Orgel and F. H. C. Crick in *Nature* 284（1980）: 604—607.

3. DNA自私性的概念借自R. Dawkins（文献22)的书名,这一概念更进一步的发展见W. F. Doolittle and C. Sapienza in *Nature* 285(1980): 601—603, 以及Orgel and Crick（见以上注释2）。亦见文献19的第九章。

4. 文献22，p. 47。

5. 基因持有来自其RNA转录产物的插入序列的证据,见S. M. Berget, C. Moore, and P. A. Sharp in *Proc. Natl. Acad. Sci. USA* 74（1977): 3171—3175, 以及L. T. Chow et al. in *Cell* 12(1977): 1—8。亦见J. A. Witkowski in *Trends Biochem. Sci.* 13（1988）: 110—113。

6. 见以上注释1。

7. 有不断增加的证据表明,蛋白质是积木式结构的产物。其中的一些证据见E. M. Stone and R. J. Schwartz, eds., *Intervening Sequences in Evolution and Development*（New York: Oxford University Press, 1990)。亦见M. Gō and M. Mizutani in H. Hartman and K. Matsuno, eds., *The Origin and Evolution of the Cell*(Singapore: World Scientific, 1992),及评论R. F. Doolittle and P. Bork in *Sci. Am.* 269, no. 4(1993): 50—56。此类积木式部件被原核和真核生物所分享,从而可回溯至基因首次装配那一遥远年代［见P. Green et al., in *Science* 259(1993）: 1711—1716］。有趣的是,这些积木式部件,也称为区域或花色,通常包括与蛋白质结合和对一些分子实体(如DNA或NAD)进行识别的蛋白质部分,这就解释了它们进化上的保守性。但是,外显子是何种程度上的模式编码序列还未获得统一认识。

8. W. Gilbert, M. Marchionni, and G. McKnight in *Cell* 46（1986): 151—154.

9. 见B. Dujon in *Gene* 82（1989): 91—114的评论。

10. B. McClintock在其诺贝尔讲演中回顾了自己的工作。见*Les Prix Nobel 1983*（Stockholm: Almquist & Wiksell, 1984）, pp. 174—193。

11. 根据最近的一篇论文A. Stoltzfus et al. in *Science* 265(1994): 202—207, "基因的外显子理论是站不住脚的"。

12. 据估计大约有7000个外显子,见于R. L. Dorit, L. Schoenbach, and W. Gilbert in *Science* 250（1990）: 1377—1382。对其使用方法的批评,见R. F.

Doolittle in *Science* 253 (1991): 677—679,作者的反驳性见解出处同上,679—680。

第二十五章　通向人类之路

1. Mary Leakey 讲述的发现莱托里足迹的故事,见 *Nation. Geogr.* 155 (1979): 446—457。在这篇文章中,她仅提到了两个人,她所提及的第三个人见一本荷兰文集 *De Evolutie van de Mens* (Maastricht: Natuur en Techniek, 1981)。

2. 少女露茜的发现,见文献32中D. Johanson的文章。

3. 关于人类起源的基本读物,见文献31, 32和34。对这一主题的介绍,见B. Wood in *Nature* 355 (1992): 783—790; K. S. Thomson in *Amer. Sci.* 80 (1992): 519—522; 以及P. Andrews in *Nature* 360 (1992): 641—646。关于人类进化的更多细节,见M. C. Corballis, *The Lopsided Ape* (New York: Oxford University Press, 1991); C. Willis, *The Runaway Brain* (New York: Basic Books, 1993);及文献33。关于早期人类的起源和进化及其生活方式的更加浪漫和清晰易懂的叙述,见P. Angela and A.Angela, *The Extraordinary Story of Human Origins* (Buffalo, N. Y.: Prometheus Books, 1993),由G. Tonne从意大利文翻译而来。该书基本上以历史小说的风格写成,全书以科学资料为基础,并有对该领域许多权威人士的访谈。

4. 非洲夏娃的故事,见R. L. Cann, M. Stoneking, and A. C. Wilson in *Nature* 325 (1987): 31—36; C. B. Stringer in *Sci. Am.* 263, no. 6 (1990): 98—104; L. Vigilant et al. in *Science* 253 (1991): 1503—1507; A. C. Wilson and R. L. Cann in *Sci. Am.* 266, no. 4 (1992): 68—73; A. G. Thorne and M. H. Wolpoff in *Sci. Am.* 266, no. 4 (1992): 76—83; A. Gibbons in *Science* 257 (1992): 873—875; 以及J. Klein, N. Takahata, and F. Ayala in *Sci. Am.* 269, no. 6 (1993): 78—83。亦见文献34及C. Wills著 *The Runaway Brain* (见以上注释3)。确证现代人类的单一非洲人起源,见D. M. Waddle in *Nature* 368 (1994): 452—454; A. M. Bowcock et al., 出处同上,455—457;以及 Y. Coppens in *Sci. Am.* 270, no. 5 (1994): 88—95。

5. P. Lieberman, E. S. Crelin, and D. H. Klatt in *Amer. Anthropol.* 74 (1972): 287—307, and P. Lieberman, *On the Origin of Language* (New York: Macmillan, 1975).

6. 以色列的舌骨化石的发现,长久以来被视为反对Lieberman认为尼安德特人缺少语言能力这一论断的证据。见B. Arensburg et al. in *Nature* 338 (1989): 758—760。近年来,一些作者联合起来捍卫尼安德特人,声称认为其野蛮是错误的。例如,文献34和C. Wills著 *The Runaway Brain* (见以上注释3)。

7. 文献33。

第二十六章　脑

1. 对人脑的结构和进化性发育的精彩介绍,可见文献42。读者若无暇细读,文献46对这一主题进行了极好的概述。

2. 关于Paley及其神学,见文献20。

3. 出处同上。

4. 根据计算机模拟研究,不到1829个相继步骤,经历大约40万代,位于透明的保护层和不透明的色素之间的三明治式的扁平光敏细胞,就能发展成具有折射透镜的复杂成象眼。见D.-E. Nilsson and S. Peiger, *Proc. R. Soc. B* 256（1994）: 53—58。亦见R. Dawkins in *Nature* 368（1994）: 691—692。

5. 对Darwin虔诚的先入之见的讨论,见J. H. Brooke in J. Durant, ed., *Darwinism and Divinity*（Oxford and New York: Basil Blackwell, 1985）, pp. 40—75。

6. 见第二十章注释5。

7. D. H. Hubel and T. N. Wiesel in *Sci. Am.* 241, no. 3（1979）: 150—162.

8. 文献38。

9. G. H. Edelman对其理论的细节性描述,见*Neural Darwinism*（New York: Basic Books, 1987）。在文献47中,他给出了面向大众的该理论的纲要。

10. F. Crick in *Trends Neurosci.* 12（1989）: 240—248.

11. 文献38, p. 272。

12. H. Keller, *The World I Live In*（New York: Century, 1908）.

13. 幼态延续的细节讨论,见文献17。

14. 文献33, p. 48。

第二十七章　心智的运作

1. 见*The Mind's Eye*,这是最初发表于*Scientific American*上文章的文集,附有J. M. Wolfe所作的导言（New York: W. H. Freeman, 1986）;亦见文献48。

2. 在*The Remembered Present: A Biological Theory of Consciousness*（New York: Basic Books, 1989）中,G. M. Edelman详细解释了他关于意识的理论。这本书可接续他的*Neural Darwinism*（见第二十六章注释9）。在文献47中,Edelman面向大众总结了他的主要见解。亦见后一本书的书评（文献47）,实际上为一极富思想性的随笔,见于O. Sacks in the *New York Review of Books*, April 8, 1993, pp. 42—49。读者也可进一步欣赏Steven Levy的文章"Dr. Edelman's Brain"in the *New Yorker*, May 2, 1994, pp. 62—73。

3. 行为主义的简要历史及其被新的认知科学所取代,见文献39。对新近传记感兴趣的读者,也可参阅D. W. Bjork著*B. F. Skinner: A Life*（New York: Basic Books, 1993）。

4. D. Griffin在文献35, 37和44中展示了他的主张。亦见M. S. Dawkins, *Through Our Eyes Only? The Search for Animal Consciousness*（New York: W.

H. Freeman, 1993)。

5. Jane Goodall讲述的这个故事,见于 *The Chimpanzees of Gombe: Patterns of Behavior*(Cambridge, Mass.: Harvard University Press, 1986)。

6. 文献40。

7. 在 *A History of the Mind*(New York: Simon & Schuster, 1992)中,N. Humphrey强调了物理时间(仅仅是一系列相继时刻)和主观时间(一系列相继时间段的重叠片段)的区别。

8. D. C. Dennett 著 *Consciousness Explained*(Boston: Little, Brown, 1991),驳斥了关于意识的流行概念,使其所剩无几。

9. Patrcia Smith Churchland对将神经生物学和哲学联系起来贡献不菲,这两门学科都具有保持自身状态的趋势。在 *Neurophilosophy*(Cambridge, Mass.: MIT Press, 1986)中,她捍卫了"被删除的唯物论"基本原则,她的这一观点也为她丈夫Paul M. Churchland [*Matter and Consciousness: A Contemporary Introduction to the Philosophy of Mind*(Cambridge, Mass.: MIT Press, 1984)] 所支持。"民间心理学"的提法即源自她的书(pp. 299ff.)。

10. 文献45, p. 3。

11. 出处同上。

12. 文献47, p. 157。

13. 文献48, p. 284。

14. Descartes在听到异端裁判所对Galileo的谴责之后,将他的 *Discours de la Méthode* 从1633年推迟至1637年出版。为避免相同的命运,他采取了预防措施,解释说他的理论纯粹是"假设性的",决非绝对真理。该理论的关键内容是人和动物的身体皆可视为完全自动的机器,在脑的作用下以"动物精神"的方式通过神经回路而协调运作。人与动物的区别在于人拥有不灭的灵魂,它是智慧和意识的位点,在松果腺处与动物精神相互作用。

15. 文献36。

16. P. J. G. Cabanis对其哲学思想的总结,见 *Traité du Physique et du Moral de l'Homme*(1802)。

17. J. Moleschott出生于荷兰,在德国度过一生。他的唯物论观点,见他的著作 *Der Kreislauf des Lebens*(1852)。

18. 见以上注释8。

19. G. Ryle, *The Concept of Mind*(London: Hutchinson, 1949).

20. A. Koestler, *The Ghost in the Machine*(New York: Macmillan,1967).

21. *Consciousness Explained*(见以上注释8), p. 268。

22. 见以上注释2。

23. *The Remembered Present*(见以上注释2), p. 308。

24. 文献47, pp. 79—80。

25. *The Remembered Present*(见以上注释2), p. 260。

26. 文献48，p. 3。
27. 出处同上，p. 285。
28. 文献45，p. 212。
29. 出处同上，p. 112。
30. R. Sperry, *Science and Moral Priority*（New York: Columbia University Press, 1983）, p. 79.
31. 出处同上。
32. 文献43，p. 404。
33. 出处同上，p. 408。
34. 出处同上。
35. 出处同上，p. 399。
36. 出处同上，p. 438。
37. 在*Biophilosophy*, trans. C. A. M. Sym（New York: Columbia University Press, 1971）中，B. Rensch提出了一种"泛心论的,同一论的,多宗教律法的"(p. 296)的心灵理论。
38. 出处同上，p. 217。
39. 出处同上，p. 233。
40. 出处同上，p. 310。
41. John 8:32.
42. *Neurophilosophy*（见以上注释9），pp. 299ff。
43. 文献42，pp. 187—192。
44. 文献36，p. 565。
45. 文献45，p. 26。
46. 出处同上，p. 227。
47. 出处同上，p. 228。

第二十八章　心智的作品

1. P. Marler in *Amer. Sci.* 58（1970）: 669—673, and P. Marler and S. Peters in *Science* 146（1981）: 1483—1486.
2. D. R. Griffin的描述,见文献44，p. 41。喝牛奶的山雀的最初报道,见J. Fisher and R. A. Hinde in *Brit. Birds* 42（1949）: 347—357, and R. A. Hinde and J. Fisher in *Brit. Birds* 44（1951）: 393—396。
3. 文献36，pp. 36—50。
4. 文献45。
5. 文献47，p. 216。
6. F. Crick and C. Koch in *Sci. Am.* 267, no. 3（1992）: 152—159.
7. 文献48，p. 314。

8. 文献43，pp. 158ff. 和426ff.。

9. 文献41。

10. 文献39。关于人工智能的最近的历史，见文献63。神经网络模拟的全貌及其与人工智能的关系，见J. D. Cowan and D. H. Sharp in *Daedalus* 117, no. 1（1988）: 85—121。

11. Edelman对其达尔文机器人的描述，见*The Remembered Present*（见第二十七章注释2）。

12. 文献48，p. 282。

13. 出处同上，p. 283。

第二十九章　价值

1. 文献50。

2. 文献22。

3. 关于这场冲突的精彩概述，见文献51，这是关于新法则正反两方面的随笔集。关于社会生物学的主要著作，见文献52和53，以及*Genes, Mind, and Culture*, by C. J. Lumsden and E. O. Wilson（Cambridge, Mass.: Harvard University Press, 1981）；与其相反的观点，见文献54和55。

4. Herbert Spencer在伦理学方面的主要著作，是*The Principles of Ethics*（New York: D. Appleton, 1892）。

5. 关于动物和人中基因与行为之间的关系，详见一个专辑*Science* 264（1994）: 1685—1739。

6. J. B. Gurdon in *Sci. Am.* 219, no. 6（1968）: 24—35.

7. D. Rorvik的*In His Image*（Philadelphia and New York: Lippincott, 1978），讲述了一个百万富翁宣称成功克隆了自己的故事。作者"保护了那些相关人士的身份"。另一方面，他以大量的科学文献支持了这一故事，使得这本书不论真假，都不失为一本有趣的读物。

8. 对人胚胎的成功克隆（在某一限定的发育阶段），已为华盛顿大学医学院J. L. Hall 及其合作者所报道。见R. Kolberg in *Science* 262（1993）: 652—653。

9. 文献50，p. 562。

10. 见以上注释4。

11. T. H. Huxley是*Evolution and Ethics*（New York: D. Appleton, 1894）的作者。在给一位朋友的信中，Huxley讲到他与Bishop Wilberforce的历史性交锋。其引用见G. de Beer in *Charles Darwin*（Garden City, N. Y.: Doubleday, 1964），p. 167。

12. 文献51，p. 23。

13. 文献53，p. 179。

14. A. Flew，文献51，pp. 142—162。

15. 文献43。
16. 文献41。
17. 出处同上。
18. 文献50，p. 561。
19. 我译自文献41，p. 254。
20. 文献64，p. 176。
21. 文献53，p. 76。
22. 出处同上，p. 174。

第三十章　生命的未来

1. 关于人的狩猎活动对大型哺乳动物的灭绝所起影响的讨论，见文献21，29和33。

2. L. L. Cavalli-Sforza, P. Menozzi, and A. Piazza in *Science* 259（1993）: 639—646.

3. 将农业视为“双刃剑”的观点，见文献33。

4. 文献57,58和59。

5. 文献29，p. 136。

6. 出处同上，p. 346。

7. R. M. May in *Sci. Am.* 267, no. 4（1992）: 42—48.

8. 文献29,p. 280。

9. 大气中的二氧化碳自1958年以来在夏威夷冒纳罗亚气象台已有记录。显示二氧化碳成分稳步上升的图表，见文献58，p. 5。

10. 文献26，pp. 156—159。

11. 文献57，p. 164。

12. 出处同上，p. 176。

13. B. Commoner, *The Poverty of Power*（New York: Knopf, 1976）。

14. 文献57，p. 185。

15. Lord Zuckerman in *Nature* 358（1992）: 273.

16. 伦敦皇家学会与美国科学院的联合声明发布于1992年，名为*Population Growth, Resource Consumption, and a Sustainable World*。

17. 幸运的是，继该声明之后，出现了许多积极的行动，虽然只是以倡议的形式。1993年10月以科学界58位院士为代表在纽德尔亥集会，讨论一项联合声明，号召以政府的政策为发端帮助“在当今儿童的一生中成功获得人口的零增长”。见*Population Summit of the World's Scientific Academies*（Washington, D. C.: National Academy Press, 1994）。

18. Malthus的著作对Darwin有重要影响，该书首次出版于1798年。

19. 人口问题在所引用的一系列书中皆有讨论。它是1968年P. Ehrlich的著

作 *The Population Bomb*（文献49）的中心论题，继该书之后，还有 *The Population Explosion*（文献56），它以名为“Why Isn't Everyone as Scared as We Are?”的一章开篇。

20. 文献57，p. 293。

21. S. J. Olshansky, B. A. Carnes, and C. K. Cassel in *Sci. Am.* 268, no. 4（1993）: 46—52.

22. T. F. Homer-Dixon, J. H. Boutwell, and G. W. Rathjens in *Sci. Am.* 268, no. 2（1993）: 38—45.

23. 从J. Rifkin的*Algeny*（New York: Viking, 1983）开始，将科学（特别是生物学）攻击为邪恶神话和危险力量的书不断增加。例如，M. Midgley, *Evolution as a Religion*（London and New York: Methuen, 1985）; R. C. Lewontin, *Biology as Ideology*（New York: HarperCollins, 1991）; B. Appleyard, *Understanding the Present*（London: Picador, 1992）; R. Hubbard and E. Wald, *Exploding the Gene Myth*（Boston: Beacon Press, 1993）；以及文献54，55，66和67。至于抵消的观点，见B. D. Davis, *Storm Over Biology*（Buffalo, N. Y.: Prometheus Books, 1986）; M. F. Perutz, *Is Science Necessary?*（New York: Dutton, 1989）; J. E. Bishop and M. Waldholz, *Genome*（New York: Simon & Schuster, 1990）; B. D. Davis, ed., *The Genetic Revolution*（Baltimore: Johns Hopkins University Press, 1991）; R. Shapiro, *The Human Blueprint*（New York: St. Martin's Press, 1991）; G. Holton, *Science and Anti-Science*（Cambridge, Mass.: Harvard University Press, 1993）; and P. R. Gross and N. Levitt, *Higher Superstition: The Academic Left and Its Quarrels with Science*（Baltimore: Johns Hopkins University Press, 1994）。亦见文献28和30。

24. C. G. Darwin, *The Next Million Years*（London: Rupert Hart-Davis, 1953）.

25. C. Djerassi, *The Pill, Pigmy Chimps, and Degas' Horse*（New York: Basic Books, 1992）.

26. J. R. Gott III in *Nature* 363（1993）: 315—319.

27. 文献3。

28. 1993年7月14日 *New York Times* 的专栏版中发表了一篇题为“Horoscopes for Humanity?”的文章，作者为来自新泽西州劳伦斯维尔的物理学家兼作家Eric J. Lerner，他写道：“Gott先生的预测如同占星术的预言一样，是伪科学，仅仅通过一串数字来把自己伪装成一个似是而非的论据。”通信交换意见，见于 *Nature* 368（1994）: 106—108。

29. S. J. Gould, *Wonderful Life*（New York: Norton, 1989）, p. 44.

30. 对这一观点的捍卫，见G. Stock in *Metaman: The Merging of Humans and Machines into a Global Superorganism*（New York: Simon & Schuster, 1993）。

第三十一章　生命的意义

1. Teilhard的一生及其哲学，详见文献65，亦见H. J. Morowitz, *Cosmic Joy and Local Pain*（New York: Scribner's, 1987）。Teilhard的传记，见C. Cuénot, *Teilhard de Chardin: A Biographical Study*, trans. V. Colimore（Baltimore: Helicon, 1965）。

2. P. Teilhard de Chardin 著*Le Phénomène Humain*于1955年由Editions du Seuil出版于巴黎，英文版*The Phenomenon of Man*由Harper & Row于1959年出版于纽约。

3. Jacques Monod的传记，详见文献11及Monod的合作者François Jacob的自传*The Statue Within*（New York: Basic Books, 1988）。

4. 文献64。

5. 出处同上，pp. 145—146。

6. 出处同上，p. 180。

7. 出处同上，p. 31。

8. 出处同上，p. 32。

9. Sir Peter Medawar（1915—1987），由于其在免疫学领域的杰出工作而获得1960年诺贝尔生理学医学奖，并且著有一些科学和哲学书籍。他对Teilhard著作的批判性评论，见*Mind* 70（1961）：99—106，并收录于其著作*Pluto's Republic*（New York: Oxford University Press, 1982），pp. 242—251。这句话引于该评论的第一页。

10. S. J. Gould in *Natural History*（August 1980）：8—28。根据经验丰富的南非古人类学家Phillip V. Tobias的意见，这一指责无法成立。根据可靠的合理证据，"皮尔当人"造假案的谋划者已被确定，这就是"发现"伪造人骨的当地业余考古学家Charles Dawson，以及Sir Arthur Keith，这位受人尊敬的解剖学家提供了造假所需的专业知识。见*The Sciences* 34, no. 1（1994）：38—42。

11. H. J. Morowitz, *Cosmic Joy and Local Pain*（见以上注释1）。

12. 文献65。

13. 出处同上，p. 204。

14. 出处同上，p. 677。

15. 文献68，p. 250。

16. 出处同上，p. 252。

17. S. Weinberg, *The First Three Minutes*（New York: Basic Books, 1977), p. 148.

18. 我关于Monod著作的批评文章题为"Les Contraintes de Hasard"，见1972年第二期*Revue Générale*（一份比利时文化刊物），pp. 15—42。

19. G. Stent, *Paradoxes of Progress*（San Francisco: W. H. Freeman, 1978).

20. 文献67。

21. E. Mayr, *Toward a New Philosophy of Biology*（Cambridge, Mass.: Har-

vard University Press, 1988）, p. 69.

22. S. J. Gould, *Wonderful Life*（见第三十章注释29），p. 14。

23. 出处同上，p. 320。

24. 文献33，p. 192。

25. 出处同上，p. 195。

26. 文献29，p. 99。

27. 文献53，p. 53。

28. 关于"遗传智力"的启蒙性概述，见D. S. Thaler in *Science* 264（1994）: 224—225。

29. S. J. Gould and N. Eldredge最近庆祝了其理论诞生的21周年，该理论以不规则的进化过程替代了据称由Darwin提出的渐进式进化过程［*Nature* 366（1993）: 223—227］。与其相对的观点，见文献20中名为"Puncturing Punctuationism"的一章。

30. "寻找地外智慧生命"计划已在第十三章提到。

31. 见第二十八章注释8。

32. 文献64，pp. 145—146。

33. 文献66，p. 75。

34. M. Polanyi, *The Tacit Dimension*（New York: Doubleday, 1966），p. 47.

35. "Console toi, tu ne me chercherais pas si tu ne m'avais trouve"源自Blaise Pascal的*Pensées*, section VII, 553。

36. P. B. Medawar, *The Limits of Science*（New York: Harper & Row, 1984），p. 99.

37 ."Il faut cultiver notre jardin"是Voltaire的*Candide*最后一句话。

推荐读物

宇宙学和地球化学

1. *Earth's Earliest Biosphere*, edited by J. W. Schopf（Princeton, N. J.: Princeton University Press, 1983）.

2. *The Solar System*, by R. Smoluchowski（New York: Scientific American Books, 1983）.

3. *Sun and Earth*, by H. Friedman （New York: Scientific American Books, 1986）.

4. *Biogeochemistry*, by W. H. Schlesinger（San Diego: Academic Press, 1991）.

生命起源

5. *Origins: A Skeptic's Guide to the Creation of Life on Earth*, by R. Shapiro（New York: Summit Books, 1986）.

6. *Blueprint for a cell*, by C. de Duve（Burlington, N. C.: Neil Patterson Publishers, Carolina Biological Supply Company, 1991）.

7. *Major Events in the History of Life*, edited by J. W. Schopf（Boston: Jones & Bartlett, 1992）.

8. *Frontiers of Life*, edited by J. Trân Thanh Vân, J. C. Mounolou, J. Schneider, and C. McKay（Gif-sur-Yvette, France: Editions Frontières, 1992）.

生物化学

9. *Principles of Biochemistry*, by H. R. Horton, L. A. Moran, R. S. Ochs, J. D. Rawn, and K. G. Scrimgeour（Englewood Cliffs, N. J.: Neil Patterson Publishers, Prentice-Hall, 1993）.

10. *Biochemistry*, 3d ed., by L. Stryer（New York: W. H. Freeman, 1988）.

细胞生物学和分子生物学

11. *The Eighth Day of Creation: The Makers of the Revolution in Biology*, by H. F. Judson（New York: Simon & Schuster, 1979）.

12. *A Guided Tour of the Living Cell*, by C. de Duve（New York: Scientific

American Books, 1984）.

13. *Molecular Cell Biology*, 2d ed., by J. Darnell, H. Lodish, and D. Baltimore（New York: Scientific American Books, 1986）.

14. *Molecular Biology of the Cell*, 3d ed., by B. Alberts, D. Bray, J. Lewis, M. Raff, K. Roberts, and J. D. Watson（New York: Garland, 1994）.

15. *Molecular Biology of the Gene*, 2 vols., 4th ed., by J. D. Watson, N. H. Hopkins, J. W. Roberts, J. A. Steitz, and A. M. Weiner（Menlo Park, Calif.: Benjamin/Cummings, 1987）.

进化

16. *An Evolutionary Survey of the Plant Kingdom*, by R. F. Scagel, R. J. Bandoni, G. E. Rouse, W. B. Schofield, J. R. Stein, and T. M. C. Taylor（Belmont, Calif.: Wadsworth, 1966）.

17. *Ontogeny and Phylogeny*, by S. J. Gould（Cambridge, Mass.: Harvard University Press, 1977）.

18. *Biological Science*, 2 vols., 5th ed., by W. T. Keeton（New York: Norton, 1993）.

19. *The Extended Phenotype*, by R. Dawkins（San Francisco: W. H. Freeman, 1982）.

20. *The Blind Watchmaker*, by R. Dawkins（New York: Norton, 1986）.

21. *Extinction*, by S. M. Stanley（New York: Scientific American Books, 1987）.

22. *The Selfish Gene*, by R. Dawkins（New York: Oxford University Press, 1976; new expanded edition, 1989）.

23. *Symbiosis in Cell Evolution*, by L. Margulis（San Francisco: W. H. Freeman, 1981; 2d ed., 1992）.

24. *On Methuselah's Trail*, by P. D. Ward（New York: W. H. Freeman, 1992）.

25. *From Egg to Adult*, report no. 3（Bethesda, Md.: Howard Hughes Medical Institute, 1992）.

生物多样性和生态学

26. *The Ages of Gaia*, by J. Lovelock（New York: Norton, 1988）.

27. *Biodiversity*, edited by E. O. Wilson（Washington, D. C.: National Academy Press, 1988）.

28. *Discordant Harmonies*, by D. B. Botkin（New York: Oxford University Press, 1990）.

29. *The Diversity of Life*, by E. O. Wilson (Cambridge, Mass.: Harvard University Press, 1992).

30. *Green Delusions*, by M. W. Lewis (Durham, N.C.: Duke University Press, 1992).

人类起源

31. *Origins*, by R. E. Leakey and R. Lewin (New York: Dutton, 1977).

32. *Lucy: The Beginnings of Humankind*, by D. C. Johanson and M. Edey (London: Granada, 1981).

33. *The Rise and Fall of Third Chimpanzee*, by J. Diamond (London: Radius, 1991).

34. *Origins Reconsidered*, by R. E. Leakey and R. Lewin (New York: Doubleday, 1992).

脑与心

35. *The Question of Animal Awareness*, by D. Griffin (New York: Rockfeller University Press, 1976).

36. *The Self and Its Brain*, by K. R. Popper and J. C. Eccles (New York: Springer International, 1977).

37. *Animal Thinking*, by D. Griffin (Cambridge, Mass.: Harvard University Press, 1984).

38. *Neuronal Man: The Biology of Mind*, by J.-P. Changeux, translated by L. Garey (New York: Pantheon, 1985). Original edition: *L'Homme Neuronal* (Paris: Librairie Arthème Fayard, 1983).

39. *The Mind's New Science* by H. Gardner (New York: Basic Books, 1985).

40. *Mind from Matter?* By M. Delbrück (Palo Alto, Calif.: Blackwell Scientific Publications, 1986).

41. *Matière à Pensée*, by J.-P. Changeux and A. Connes (Paris: Odile Jacob, 1989).

42. *Evolution of the Brain: Creation of the Self*, by J. C. Eccles (London and New York: Routledge, 1989).

43. *The Emperor's New Mind*, by R. Penrose (New York: Oxford University Press, 1989).

44. *Animal Minds*, by D. Griffin (Chicago: University of Chicago Press, 1992).

45. *The Rediscovery of the Mind*, by J. R. Searle (Cambridge, Mass.: MIT Press, 1992).

46. *Mind and Brain*, a special issue of Scientific American 267, no. 3 (1992): 48—159.

47. *Bright Air, Brilliant Fire*, by G. M. Edelman (New York: Basic Books, 1992).

48. *The Astonishing Hypothesis: The Scientific Search for the Soul*, by F. Crick (New York: Scribner's, 1994).

社会问题和政治问题

49. *The Population Bomb*, by P. R. Ehrlich (New York: Ballantine, 1968).

50. *Sociobiology: The New Synthesis*, by E. O. Wilson (Cambridge, Mass.: Harvard University Press, 1975).

51. *The Sociobiology Debate*, edited by A. L. Caplan (New York: Harper & Row, 1978).

52. *On Human Nature*, by E. O. Wilson (Cambridge, Mass.: Harvard University Press, 1978).

53. *Promethean Fire*, by C. J. Lumsden and E. O. Wilson (Cambridge, Mass.: Harvard University Press, 1983).

54. *Not in Our Genes*, by R. C. Lewontin, S. Rose, and L. J. Kamin (New York: Pantheon, 1984).

55. *The Dialectical Biologist*, by R. Levins and R. Lewontin (Cambrodge, Mass.: Harvard University Press, 1985).

56. *The Population Explosion*, by P. R. Ehrlich and A. H. Ehrlich (New York: Simon & Schuster, 1990).

57. *Only One World, Our Own to Make and to Keep*, by G. Piel (New York: W. H. Freeman, 1992).

58. *Earth in the Balance*, by A. Gore (Boston: Houghton Mifflin, 1992).

59. *Preparing for the Twenty-first Century*, by P. Kennedy (New York: Random House, 1993).

复杂性

60. *Complexity: The Emerging Science at the Edge of Order and Chaos*, by M. M. Waldrop (New York: Simon & Schuster, 1992).

61. *Complexity: Life at the Edge of Chaos*, by R. Lewin (New York: Macmillan, 1992).

62. *The Origins of Order: Self-Organization and Selection in Evolution*, by S. A. Kauffman (New York: Oxford University Press, 1993).

63. *AI: The Tumultuous History of the Search for Artificial Intelligence*, by

D. Crevier（New York: Basic Books, 1993）.

哲学

64. *Chance and Necessity*, by J. Monod, translated by A. Wainhouse（New York: Knopf, 1971）. Original edition: *Le Hasard et la Nécessité*（Paris: Editions du Seuil, 1970）.

65. *The Anthropic Cosmological Principle*, by J. D. Barrow and F. J. Tipler（New York: Oxford University Press, 1986）.

66. *Death of the Soul: From Descartes to the Computer*, by W. Barrett（Garden City, N. Y.: Anchor Press/Doubleday, 1986）.

67. *Science as Salvation*, by M. Midgley（London and New York: Routledge, 1992）.

68. *Disturbing the University*, by F. Dyson（New York: Harper & Row, 1979).

图书在版编目(CIP)数据

生机勃勃的尘埃:地球生命的起源和进化/(比)克里斯蒂安·德迪夫著;王玉山等译.—上海:上海科技教育出版社,2019.2(2023.1重印)

(哲人石丛书:珍藏版)

ISBN 978-7-5428-6910-4

Ⅰ.①生… Ⅱ.①克… ②王… Ⅲ.①生命起源—普及读物 Ⅳ.①Q10-49

中国版本图书馆CIP数据核字(2018)第303146号

责任编辑 潘 涛 王世平

叶 锋 伍慧玲

封面设计 肖祥德

版式设计 李梦雪

生机勃勃的尘埃——地球生命的起源和进化

[比]克里斯蒂安·德迪夫 著

王玉山 等译

出版发行 上海科技教育出版社有限公司

(201101上海市闵行区号景路159弄A座8楼)

网 址 www.sste.com www.ewen.co

印 刷 常熟市华顺印刷有限公司

开 本 720×1000 1/16

印 张 27.5

版 次 2019年2月第1版

印 次 2023年1月第5次印刷

书 号 ISBN 978-7-5428-6910-4/N·1049

图 字 09-2018-1013号

定 价 68.00元